普通高等教育“十二五”规划教材
高等职业院校重点建设专业系列教材

水文地质勘察技术

主　编　杨绍平　邵虹波
副主编　张　恒　闫　胜
　　　　王子忠　高大勇
主　审　阳光辉

中国水利水电出版社
www.waterpub.com.cn

内 容 提 要

本教材结合《供水水文地质勘察规范》(GB 50027—2001)、《水利水电工程水文地质勘察规范》(SL 373—2007) 等相关专业技术规范的要求，介绍了目前国内在水文地质勘察工作中的主要工作流程与技术方法。教材编写过程中以项目引导、任务驱动模式展开。全书分为 4 个项目 12 个任务，4 个项目分别是水文地质勘察基本方法、供水水文地质勘察、水利水电水文地质勘察、地下水污染调查与评价。

本教材结合高等职业教育教学特点，在教学内容、教学手段和教学模式等方面做了改进，在重点章节中穿插工程实例，以加深学生对知识点的掌握，提高学生解决实际工程问题的能力。

本教材适合大中专院校的在校学生使用。

图书在版编目（CIP）数据

水文地质勘察技术 / 杨绍平，邵虹波主编. -- 北京：中国水利水电出版社，2015.7(2023.8重印)
普通高等教育"十二五"规划教材　高等职业院校重点建设专业系列教材
ISBN 978-7-5170-3391-2

Ⅰ. ①水… Ⅱ. ①杨… ②邵… Ⅲ. ①水文地质勘探－高等职业教育－教材 Ⅳ. ①P641.72

中国版本图书馆CIP数据核字(2015)第163059号

书　　名	普通高等教育"十二五"规划教材 高等职业院校重点建设专业系列教材 **水文地质勘察技术**
作　　者	主编　杨绍平　邵虹波　　主审　阳光辉
出版发行	中国水利水电出版社 (北京市海淀区玉渊潭南路 1 号 D 座　100038) 网址：www. waterpub. com. cn E - mail：sales@mwr. gov. cn 电话：(010) 68545888 (营销中心)
经　　售	北京科水图书销售有限公司 电话：(010) 68545874、63202643 全国各地新华书店和相关出版物销售网点
排　　版	中国水利水电出版社微机排版中心
印　　刷	北京印匠彩色印刷有限公司
规　　格	184mm×260mm　16 开本　11.75 印张　278 千字
版　　次	2015 年 7 月第 1 版　2023 年 8 月第 2 次印刷
印　　数	1501—2300 册
定　　价	**39.00** 元

前言

本教材结合高等职业教育教学特点，在教学内容、教学手段和教学模式等方面作了改动。教材编写过程中以项目引导，任务驱动形式展开，在项目中穿插工程实例，以加深学生对生产实践技能的掌握，培养学生解决实际工程问题的能力，目的是培养在水文地质勘察一线工作的高素质、实用型人才。

本教材在编写过程中得到四川省水利水电勘测设计研究院向彬教授级高级工程师及勘察分院副院长李叶高级工程师、四川省交通运输厅交通勘察设计研究院地质专业总工代绍述高级工程师、中电集团成都勘测设计研究院地质处施裕兵教授级高级工程师、四川沃土项目投资管理有限公司赵大金高级工程师、四川名扬勘察设计咨询有限公司张炯董事长及陈聪高级工程师、成都市勘测测绘研究院刘宏高级工程师、四川省乐山市水利电力建筑勘察设计院勘察负责人高大勇高级工程师、四川省地质工程勘察院副院长阳光辉高级工程师、西南交通大学地球科学与环境工程学院副院长胡卸文教授、成都理工大学环境与土木工程学院许模教授等专家的支持并提出宝贵意见，在此表示衷心感谢。

在编写过程中，本教材大量引用了有关专业文献和资料，未在书中一一注明出处，在此对有关文献的作者表示感谢。由于编者水平有限，编写时间过于仓促，对于教材中存在的疏漏和不足，敬请使用者批评指正。

编者

2015 年 5 月

目录

绪论（课程介绍）

1. 水文地质勘察的概念、内容与任务

水文地质勘察指为查明水文地质条件、开发利用地下水资源或其他专门目的，运用各种勘探手段而进行的水文地质工作。一般在水文地质普查的基础上进行，采用较大的比例尺，如供水水文地质勘探、水利水电水文地质勘探、矿床水文地质勘探、地热水文地质勘探等。在工作中一般要投入较多的勘探工程量。与工程的设计阶段相适应，专门性的水文地质勘探常可分为初步勘探和详细勘探两个阶段，每一阶段工作的结果都要提交专门性的水文地质勘探报告和有关的图件。本课程是一门综合性和实用性很强的水文地质勘察方法原理和技术课程，是水文地质工程地质专业、地下水科学与工程专业、水文与资源工程专业、地质工程等专业的主干核心课程之一。本课程主要包括水文地质勘察基本方法、供水水文地质勘察、水利水电水文地质勘察、地下水污染调查与评价四部分。

（1）水文地质勘察基本方法。主要介绍水文地质勘察的基本技术方法，即地质、地貌、地下水露头及地表水体的调查测绘、与地下水有关的环境地质问题；水文地质剖面实测方法；水文地质物探方法；水文地质钻孔布置原则及钻探方法；水文地质试验方法；岩、土、水样采集相关要求；室内数据资料整理分析及报告编写阶段。

（2）供水水文地质勘察。主要介绍地下水资源的分类及特点；地下水水质评价及地下水资源量计算；地下水资源开发、利用与管理的相关法律、法规及地方政策；地下水开发利用途径、水源地的选取、取水构筑物的选择及设计。

（3）水利水电水文地质勘察。讨论渗漏的地质分析（渗漏通道分析、漏水通道连通性分析），水库渗漏水文地质勘察手段的选取；坝（闸）址区岩土体渗透结构类型划分及渗透性分区；防渗、排水工程设计及应用。

（4）地下水污染调查与评价。地下水污染源及污染途径调查；地下水污染监测手段及样品采集要求；地下水污染评价。

本课程的基本任务是使学生学会水文地质勘察的基本方法，在具体工作中能合理选择工作方法和布置工作量，能分析和解决实际问题，培养学生的生产、科研能力和解决实际问题的能力。

2. 我国水文地质勘察工作的发展概况

我国是世界上最早寻找、调查、开发利用地下水的国家之一，开发利用地下水的历史悠久。上海市郊青浦河段发现的直筒形水井，距今已有6000多年，是迄今为止我国发现的最古老的水井。浙江余姚河姆渡井，据^{14}C测定，有5700多年的历史，属新石器时代中期所建。这都充分说明我国凿井开采利用地下水的历史久远。

在凿井技术方面，据记载，四川在公元前250年左右已在广都（今成都附近双流一带）凿井开采卤水制盐。280年，在江阳（今四川自流井一带）有彝族人梅泽，凿一井自喷卤水，便称之为“自流井”，这是世界上最早开凿的自流井。到宋朝（11世纪中叶），创造了“冲击式顿钻凿井法”，大大促进了我国古代凿井技术的发展。1835年，四川自贡燊海井打至1001.42m深，为世界上第一口超1000m深井，钻入三叠系嘉江灰岩中，大规模地开发了自流井中的天然气和卤水资源。

秦汉时廊道元的《水经注》中，列举了全国温泉41处，明末记载温泉500余处，明朝学者李时珍在《本草纲目》中按成分对泉进行了分类等。从上述史实可以看出，我国开发利用地下水的历史最悠久。

新中国成立前，我国仅有极少数的地质工作者，做了少量的水文地质调查与凿井工作。上海于1860年开始凿深井，到1921年有深井22口，年开采量在30万t以上，北京的几口自流井开凿于1920年前后，深30.48m左右，自溢，水质好。但真正运用地质科学的理论与方法，进行地下水的调查研究，开端于20世纪30年代。谢家荣在1929年发表了《钟山地质与南京井水供给的关系》。1933年，朱庭枯等人在南昌附近、王钰等人在河南做过农田灌溉用水的调查，写有《江西南昌附近之地下水》和《河南安阳、林县、甚县、睿显一带地下水》两册报告。傅健1935年发表了《陕西西安市地下水》，梁文郁于1948年写有《兰州附近水源地质之研究》等调查报告。

新中国成立后，我国的水文地质工作得到了迅速发展，即水文地质学。20世纪50年代为初始阶段（或创业阶段）。主要工作是适应经济建设的需要，建立水文地质、工程地质队伍，兴建大专院校和建立科研机构。水文地质学逐步成为一门独立的应用地质科学。进行了一些大中城市的供水水文地质工作，勘探建设了一批水源地，满足急需。

20世纪60年代为开创和前期阶段。主要在东部几个大平原上开展了农田供水和土壤改良的水文地质工作，尤其是华北平原开展了大规模的抗旱打井运动，即60年代农业水文地质学的开创阶段。另外，20世纪60年代，我国还对上海市许多水矿床进行了水文地质勘探工作，开展了基岩山区的水文地质调查工作，开展了上海市由于过量抽水引起地面沉降的研究，编制出版了各种“勘察规范”和“图系”，出版了一些结合我国实际的水文地质教材和专著，60年代后期的“文化大革命”，使水文地质工作严重受阻。1978年出版了《中华人民共和国水文地质图集》。20世纪70年代，也是环境水文地质学的开创阶段，在该时期，区域环境水文地质的研究、污染环境水文地质的研究、地下水资源开发负环境效应的研究，环境水文地球化学或医学环境水文地质的研究得到广泛应用和发展。

20世纪80年代主要为综合研究阶段，同时，也是水资源水文地质学的开创阶段。该时期，在水文地质勘探与试验方面，加强了深部钻探和各种物探工作，一些地区应用同位素技术开展了地下水的人工补给研究。在水文地质计算方面，广泛应用了电子计算机技术，采用了非稳定流数值法，建立了各种物理模型及数学模型，在大面积地下水和局部浅层地下水资源评价方面，取得了可喜的成绩。矿床及矿井水文地质工作取得很大进展，大部分矿区都进行了水文地质勘探，基本上杜绝了较大灾害性的突水事故，矿床水文地质调查方法、分类、涌水量预测等方面均有较大创新或突破。全国性的地下水动态观测网初具规模，建立了相应的数据库，开展了一流环境水文地质工作，改水防病取得明显成效，在较多项目中采用系统工程理论和最优化技术，开展了地下水资源管理模型的研究工作台（如石家庄市、河北平原等）及水质模型的研究（山东济宁市等）。

另外，20 世纪 80 年代，国家还加强了环境保护和水资源的立法工作，先后颁发了《中华人民共和国水污染防治法》（1984 年颁布，1996 年修正）、《中华人民共和国水法》（1988 年颁布，2002 年修正）、《中华人民共和国环境保护法》（1989 年）等法规，做到依法治水。

20 世纪 90 年代，开始进入地下水资源科学管理、保护和优化开采的新阶段。地下水资源评价和管理工作深入开展。实行了“三水”（地下水、地表水、降水）的综合评价与管理，人工调蓄地下水资源的工作得到进一步加强，深入开展环境地质的调查研究，初步走上了“依法治水、依法管水”的轨道。对北京等 25 个重点城市和京、津、唐等 8 个重点经济区地下水资源开发利用和 7 个主要城市到 2000 年的水资源环境做了大量科研和调查工作，先后完成了全国地下水资源分区评价与总汇，全国水文地质区划等工作，地下水资源管理和优化开采取得明显成效，矿泉水及热矿水的开发利用取得明显的经济效益。90 年代也是信息水文地质学的开创阶段，为保证提供建立模型所需要的大量水文地质信息，就必须建立相应的信息—检索系统和数据库。例如，河南省环境水文地质总站开发的“河南省地下水资源数据管理系统”和“地下水均衡观测数据处理系统”等，均运行良好。国土资源部全国地质环境监测总站，于 1997 年建立了全国水文地质信息数据库系统。

20 世纪末 21 世纪初，水文地质工作向立体化和纵深方向发展，并得到了全方位的广泛应用，在水文地质理论、应用、技术广泛等方面均有较大发展，初步形成了现代水文地质科学体系。尤其是在水资源的科学管理、节约用水、水污染防治、水资源的优化配置和合理开发利用等方面取得较大进展，获得丰硕成果，信息技术得到广泛应用，完成覆盖全国 960 万 km^2 和 40 多个重点城市、汇集 1017 个图幅的 1：20 万区域水文地质图数字化建设，建成全国性 1：20 万数字区域水文地质图空间数据库。

新中国成立以来，我国水文地质获得了巨大的发展。由单一工种向多工种、多方法、多手段和综合化方向发展，由定性描述到定量评价，由水文地质普查到综合研究，由稳定流计算发展到非稳定流及数值法，由单一勘察目的到考虑综合利用，由盲目开采到优化开采和科学管理，在水文地质科学理论和实践的诸多方面，已步入世界先进行列。已基本形成了具有多个分支学科的现代水文地质学科科学体系。

由于地下水与地表水是具有统一联系的一个整体，因此，今后水文地质工作的发展趋势是：应加强地下水、地表水的综合调查研究和统一规划，把地下水的研究与全球环境变化结合起来。探讨如何从技术、经济、设计、行政、法律等方面合理开发、利用、保护和科学管理地下水资源，使地下水资源得到永续利用。同时“多 S”技术、同位素技术、地下水三维数值模拟、非线性技术等新技术方法将得到广泛使用，成为水文地质工作的有效工具，研究手段更加多样化、综合化。新的理论和技术的应用，会使地下水研究向信息化、数字化方向发展，极大地提高水文地质研究成果的实用性和可操作性。

总之，今后水文地质工作将与时俱进，在社会主义现代化建设中发挥更大的作用，作出更大的贡献。

开采阶段的比例尺应大于1∶2.5万。由于它带有研究的性质和地下水系统的区域性，所以不一定开展更小比例尺精度的全面勘察工作，而是针对开采后出现的问题作具体分析，然后选择不同的勘察方法加以解决。

上述各阶段的具体勘察方法及工作内容，可参见表1.1。普查阶段和详查阶段的技术指标可分别参见表1.2和表1.3。运用这些具体指标时，还应注意结合当地的水文地质条件，适当地增减工作量。

表1.1　　　水文地质勘察各阶段的工作方法

工作内容＼勘察阶段	普查阶段	详查阶段	开采阶段
水文地质测绘	比例尺 1∶10万～1∶20万	比例尺 1∶2.5万～1∶5万	比例尺 >1∶2.5万
水文地质物探	以航空物探成果为主，地面物探在局部重点地区进行；点线结合	以进行详细的地面物探为主，线网结合；并配合钻探和试验进行专门性的物探工作	以井下物探为主，并结合勘探工作进行专门性物探模拟试验
水文地质钻探	钻探工作为单孔和控制性基准钻，了解不同深度的含水层	以勘探线网为主，勘探深度以地下水开采层位为主	充分利用开采井孔资料进行综合研究
水文地质试验	单孔抽水为主，必要时进行多孔抽水试验	抽水孔数在基岩地区占钻孔总数80%以上；在岩性变化不大的松散地层抽水孔占30%～50%；在变化较大的松散地层占50%～80%。要进行必要的群孔、分层和干扰抽水试验	除进行群孔、干扰抽水试验外，选择典型地段进行人工回灌试验
水文地质参数测定及地下水资源评价	根据经验数据，所搜集的资料和部分实测资料，估算地下水的资源量	大部分为实测的参数。根据实测的参数初步评价地下水资源	数据全部为实测，并根据开采井的水量和水位观测资料，进行水文地质参数的计算与地下水资源评价
地下水动态长期观测	以访问为主，实测枯水期的地下水动态	布置长期观测网，观测时间要求不少于一个水文年，并进行简易入渗观测	布置长期观测网，观测时间要求不少于3个水文年；进行地下水动态预报
实验室工作	以水质的简分析为主，进行部分岩样、土样的鉴定和孢粉分析	水质的简分析和部分的全分析；进行少量的岩石水理性质测定	除水质分析外，进行岩样、土样水理性质的测定

表1.2　　　1∶25万水文地质调查主要技术定额

地区类别		观测路线/(km/100km²)	观测点/(个/100km²)	水点占观测点比例/%	勘探钻孔数/(个/100km²)	水质分析/(组/100km²)
平原地区	简单地区	10～40	5～20	40～60	0.1～0.5	2～10
	中等地区	20～50	10～30	—	0.1～0.7	5～15
	复杂地区	30～60	20～50	—	0.2～1.0	10～20

续表

地区类别			观测路线 /(km/100km²)	观测点 /(个/100km²)	水点占观测点比例/%	勘探钻孔数 /(个/100km²)	水质分析 /(组/100km²)
干旱地区	山区	简单	5~30	5~20	20~40	0~0.2	1~10
		复杂	20~50	10~30	—	0.1~0.4	5~15
	戈壁平原	简单	5~20	2~10	20~50	0.1~0.3	1~5
		复杂	10~30	5~20	—	0.2~0.4	5~10
	细土平原	简单	20~50	10~30	30~50	0.2~0.4	5~15
		复杂	25~60	15~50	—	0.3~0.6	10~25
黄土地区	黄土丘陵		20~50	15~40	20~40	0.2~0.8	5~15
	黄土塬区		10~40	10~30	30~50	0.1~0.6	10~15
	河谷平原		15~45	15~35	40~60	0.4~1.0	15~30
滨海地区	滨海平原		20~60	20~50	40~60	0.2~2	5~20
	丘陵台地		15~50	15~40	20~40	0.1~1.0	5~15
	岛屿		30~80	20~60	20~40	不定	5~15
基岩地区	河谷平原		20~60	20~35	40~60	0.2~1.0	5~20
	复杂山区		15~50	15~30	20~40	0.1~0.5	2~10
	简单山区		15~30	5~20	20~40	0~0.3	1~5
岩溶地区	裸露区		40~80	30~50	40~60	0~1	5~20
	覆盖区		10~60	5~30	30~70	0.5~3	1~15
	埋藏区		10~50	5~20	20~70	0~0.5	1~5

注 已进行过 1∶20 万或更大比例尺的区域水文地质调查地区，观测路线和观测点工作量可减少 20%~50%。应用遥感解译，观测点数量可根据解译效果减少 10%~20%。

表 1.3 **水文地质详查阶段的技术指标** 单位：个/100km²

比例尺	水文地质点	机井和民井抽水试验	水样	勘探孔
1∶5 万	30~60	6~10	15~30	3~6
1∶2.5 万	100~200	10~20	30~50	8~15

任务 1.1 野外资料调查收集

1.1.1 水文地质测绘

水文地质测绘是为了解水文地质条件，而进行的一种以地面观察测绘为主的野外工作。其工作内容是按一定的路线和观察点对地貌、地质和水文地质现象进行详细的观察记录，在综合分析所有观察、测绘、勘察和试验等资料的基础上，编制出测绘报告和水文地质图。

水文地质测绘是以地面调查为主，对地下水和与其有关联的地质、地貌、地表水等现象进行现场勘察、描述、测量、记录和制图的一项综合性水文地质工作。水文地质测绘是水文地质勘察的基础，通过观察、记录及填绘各种界线与现象，以及室内的进一步分析整理，最终编制出从宏观和三维空间上反映区内水文地质条件的图件及相应的测绘成果。

进行水文地质测绘时，要求有相同比例尺的地质图作为底图，如无地质图或已有地质图的精度不合要求时，则要同时进行地质测量，这时称为综合性地质—水文地质测绘，此种测绘所用地形底图的比例尺，一般要求比最终成果图比例尺大一级。

水文地质测绘的目的是通过对调查区内地质、地貌、第四纪地质、地下水露头和地表水状况的观察分析，了解岩性、构造、地貌以及水文、地质构造、气象与地下水的关系，通过综合分析研究，初步确定主要含水层的位置和地下水的补给、径流及排泄的关系。

水文地质测绘的任务是：①调查研究地层的空隙性及含水性，确定调查区内的主要含水层或含水带及埋藏条件，隔水层的特征与分布；②查明区内地下水的基本类型及各类型地下水的分布特征、水力联系等；③查明地下水的补给、径流、排泄条件；④各种构造的水文地质特征；⑤概略评价各含水层的富水性，区域地下水资源量和水化学特征；⑥论证与地下水有关的环境地质问题；⑦了解区内现有地下水供水、排水设施以及地下水开采情况。

水文地质测绘的主要内容为：①地质调查；②地貌及第四纪地质调查；③地表水的调查；④地下水露头的调查；⑤地植物及自然物理地质现象的调查；⑥与地下水有关的环境地质调查。

1.1.1.1 准备工作时期

水文地质测绘准备时期的工作，主要体现在宏观方面，包括对调查区相关资料的收集、对即将开展的勘察工作工作量的确定及现场踏勘工作，具体工作内容如下。

（1）收集与熟悉测绘区自然地理、地貌、地质及水文地质资料。

（2）确定各项工作量，对测绘点，测绘路线作出合理安排。

（3）对航卫片进行解释。

（4）现场踏勘，建立地层层序，确定标志层。

（5）按照“规范”编制各项技术要求、工作规程和成果标准，制定有关的规章制度。

1.1.1.2 野外工作时期

水文地质测绘方法具体就是水文地质填图，大致分为下列几个步骤：确定控制性剖面、路线测绘及水文地质编图。进入工作区开始填图之前，应从工作区有代表性和控制性的典型剖面开始工作，这样就可以在填图之前，就某些基本问题统一认识和工作方法，确定重点调查的目标。典型剖面研究的基本内容如下：

（1）查明地层层序、厚度、年代及其接触关系，确定标志层。

（2）了解各类地层的岩石成分、岩性变化与构造特点，了解岩石裂隙的发育特征。

（3）分析岩石的成分和透水性对地下水化学成分的影响。

（4）研究岩层产状、地貌条件及其与地下水的循环关系；研究地下水露头和有关的物理地质现象，并对地下水的补给、径流、排泄特点作出分析。

（5）校核已有的地质图、地质剖面图及其他资料。

控制性剖面的研究方法，在基岩裸露的山区，可以通过实测露头来完成。在第四纪冲积物发育地区，根据已有钻孔、水井及物探资料来解决。如果研究区缺少这种资料，亦可借用相邻地区条件相似的钻孔资料，或者补打少量钻孔进行控制性剖面的测绘。

路线测绘是水文地质测绘成图的重要阶段，路线测绘方法的实质就是在工作区范围内布置一定数量的观测线，由这些观测线控制测绘范围，并填绘此范围内的水文地质平面图。在进行路线的垂直方向上，适当进行追索观察，注意各个方向上的地质现象的变化，将这些现象按地质制图法则填绘在平面地形图上。

编图是水文地质测绘的最后一道工序，也叫地质测绘的内业整理，是体现测绘成果的重要阶段，因而非常重要，一般都在现场进行，以便在需要补充或修正时进行实地调查。本阶段应编绘的主要图件有如下：

1）地质图，是水文地质测绘的基础，可以援引别人成果，但在测绘中要根据自己的需要进行校订和补充。

2）第四纪地质及地貌图。表示第四纪沉积物的时代、成因、岩性、地貌形态及主要的物理地质现象。

3）综合水文地质图。表示含水层（组）的分布及其富水性，重要的和有代表性的水点，地下水位标高和埋深，地下水化学成分类型和矿化度以及水文地质分区界线等，综合水文地质图应辅以相应的水文地质剖面图。

4）地下水水点分布图。地下水的天然露头和人工露头，如泉、井、钻孔等，除地下水水点分布图外，还应附上详细的水点调查统计表。

5）地下水的水位、水质以及水温、水量的动态变化曲线图。

6）水文、气象等要素综合过程曲线图。

7）钻孔、管井等深孔的钻孔柱状图。

8）水文地质测绘实际材料图。图上应标明所有工作量和位置，包括观测点、观测线、物探的勘探点或剖面、钻孔、水井、取样位置以及长期观测点等。

水文地质测绘外业结束后，有时为突出某些内容还可编制相应的图件，如地下水埋藏深度图、地下水等水位线图、地下水水化学图等。

除上述图件外，还应编写水文地质测绘报告。主要内容包括：绪言、自然地理、地貌及第四纪地质、地层及地质构造、水文地质概况、专门水文地质问题、进一步应解决的问题及勘探布置建议、结论及下段工作意见。具体详见本书项目 2 中任务 2.3 的内容。

水文地质测绘关于测绘精度的要求，主要是通过图幅的比例尺大小和描绘的精确度来反映。不同比例尺填图的精确度，取决于地层划分的详细程度和地质界限描绘的精度，以及对工作区的地质、水文地质现象的研究和了解的准确度、需阐明的详细程度。

（1）测绘填图时所划分单元的最小尺寸，一般规定为 2mm，即大于 2mm 的相应比例尺的闭合地质体，宽度大于 1mm、长度大于 4mm 的构造线，长度大于 5mm 的构造线均应标示在图上。

（2）地层单位：为了保证精度，岩层单位不宜太大。以 1∶5 万比例尺为例，褶皱岩层厚度不得超过 500m，缓倾斜岩层厚度不超过 100m。岩性单一时可适当放宽。

（3）根据不同比例尺的要求，规定了在单位面积内必须有一定数量的观测点及观测路线（表 1.4）。以 1∶5 万的地形图为例，一般每隔 1～2cm 需要布置一条观测线，每隔 0.5～1cm 应布置一个观测点。条件简单者可以放宽一倍。观测点的布置应尽量利用天然露头。当天然露头不足时，可布置少量的勘探点，并选取少量的试样进行实验。

表 1.4 水文地质实地调查的观测点数及观测路线长度

测绘比例尺	地质观测点数/(个/km^2)		水文地质观测点数/(个/km^2)	观测路线长/(km/km^2)
	松散层地区	基岩地区		
1：10万	0.10～0.30	0.25～0.75	0.10～0.25	0.50～1.00
1：5万	0.30～0.60	0.75～2.00	0.20～0.60	1.00～2.00
1：2.5万	0.60～1.80	1.50～3.00	1.00～2.50	2.50～4.00
1：1万	1.80～3.60	3.00～8.00	2.50～7.50	4.00～6.00
1：5000	3.60～7.20	6.00～16.00	5.00～15.00	6.00～12.00

观测线的布置应：①从主要含水层的补给区向排泄区，即水文地质条件变化最大的方向布置；②沿能见到更多的井、泉、钻孔等天然和人工地下水露头点及地表水体的方向布置；③所布置的观测线上应有较多的地质露头。

水文地质点应布置在泉、井、钻孔和地表水体处、主要的含水层或含水断裂带的露头处，地表水渗漏地段等重要的水文地质界线上，以及布置在能反映地下水存在与活动的各种自然地理的、地质的和物理地质现象等标志处。对已有取水和排水工程也要布点研究。

(4) 为了达到所规定的精度要求，一般在野外测绘填图时，采用比例尺较提交的成果图大一级的地形图为填图的底图，如要进行1：5万比例尺的水文地质测绘时，可采用1：2.5万比例尺的地形图作为外作业的底图。外作业填图完成后，再缩制成1：5万比例尺图件作为正式提交的资料。

如果只有适合比例尺的地形图而无地质图时，应进行综合性地质—水文地质测绘。

水文地质测绘是一项综合性的调查研究工作，主要内容如下。

1. 地质调查

地下水的形成、类型、埋藏条件、富水性等都严格地受到当地的地质条件的制约，因此地质调查是水文地质测绘中最基本的内容，地质图是编制水文地质图的基础。但水文地质测绘中对地质的研究与地质测绘中对地质的研究是不同的：水文地质测绘中对地质的研究目的在于阐明控制地下水的形成和分布的地质条件，也就是要从水文地质观点出发来研究地质现象。因此，在水文地质测绘中进行地质填图时，不仅要遵照一般的地层划分的原则，还必须考虑决定含水条件的岩性特征，允许不同时代的地层合并，或将同一时代的地层分开。

(1) 岩性调查。岩性特征往往决定了地下水的含水类型、影响地下水的水质和水量，如第四纪松散地层往往分布着丰富的孔隙水；火成岩、碎屑岩地区往往分布着裂隙水，而碳酸岩地区则主要分布着岩溶水。对于岩石而言，影响地下水水量的关键在于岩石的空隙性，而岩石的化学成分和矿物成分则在一定程度上影响着地下水的水质。因此，在水文地质测绘中要求对岩石岩性观察的内容如下：

1) 观测研究岩石对地下水的形成、赋存条件、水量、水质等诸多影响因素。

2) 对松散地层，要着重观察地（土）层的粒径大小、排列方式、颗粒级配、组成矿物及其化学成分、包含物等。

3）对于非可溶性坚硬岩石，对地下水赋存条件影响最大的是岩石的裂隙发育情况，因此，要着重调查和研究裂隙的成因、分布、张开程度和充填情况等。

4）对于可溶性坚硬岩石，对地下水赋存条件影响最大的是其岩溶的发育程度，因此要着重调查和研究岩石的化学、矿物成分、溶隙的发育程度及影响岩溶发育的因素等。

（2）地层调查。地层是构成地质图和水文地质图的最基本要素，也是识别地质构造的基础。在水文地质测绘中，研究地层的方法如下：

1）如测区已有地质图，在进行水文地质测绘时，首先要到现场校核和充实标准剖面，再根据其岩性和含水性，补充分层（把地层归纳为含水岩组和隔水岩组）。

2）如测区还没有地质图，就需要进行综合性地质—水文地质测绘。在进行测绘时，首先要测制出调查区的标准剖面。

3）在测制或校核好标准地层剖面的基础上，确定出水文地质测绘时所采用的地层填图单位，即要确定出必须填绘出的地层界限。

4）野外测绘时，应实地填绘出所确定地层的界限，并对其做描述。

5）根据测区内地层的分布及其岩性，判断区内地下水的形成、赋存等水文地质条件。

（3）地质构造调查。地质构造不仅对地层的分布产生影响，它对地下水的赋存、运移等也起很大作用。在基岩地区，构造裂隙和断层带是最主要的储水空间，一些断层还能起到阻隔或富集地下水的作用。在水文地质测绘中，对地质构造的调查和研究重点如下：

1）对于断裂构造：要仔细地观察断层本身（断层面、构造岩）及其影响带的特征和两盘错动的方向，并据此判断断层的性质（正断层、逆断层、平移断层），分析断裂的力学性质。调查各种断层在平面上的展布及其彼此之间的接触关系，以确定构造体系及其彼此之间的交截关系。对其中规模较大的断裂，要详细地调查其成因、规模、产状、断裂的张开程度、构造岩的岩性结构、厚度、断裂的填充情况及断裂后期的活动特征；查明各个部位的含水性，以及断层带两侧地下水的水力联系程度；研究各种构造及其组合形式对地下水的赋存、补给、运移和富集的影响，如研究区内存在地下热水，还要研究断裂构造与地下热水的成因关系。断层的水文地质分类见表 1.5。

表 1.5　断层水文地质分类

类型		水文地质特征	断层性质	两盘岩性
按富水程度划分	富水断层	断裂带具有较大储水空间，能够汇集两盘岩层中的地下水，断裂带地下水丰富	各种力学性质断层	厚层半脆性可溶岩
			张性及张扭性断层	厚层半脆性岩层
	储水断层	断裂带透水性较好，两盘岩层透水性较差，断裂带多形成脉状含水带	张性及张扭性断层	脆性和硬柔性岩层
	无水断层	断裂带和周围岩层透水性较差	各种力学性质的岩层	软塑性岩层
按导水性划分	导水断层	断裂带透水性强，能使不同含水层发生水力联系	张性和张扭性断层	脆性半脆性岩层及夹有柔性岩层的互层结构
	阻水断层	（1）构造岩或充填的岩脉透水性差，使两盘含水层无水力联系； （2）断层断距大，使两盘含水层与阻水层接触	（1）压性、压扭性断层； （2）各种性质断层	（1）脆性半脆性岩层； （2）脆、柔岩层互层

续表

<table>
<tr><th>成因类型</th><th colspan="2">地貌单元</th><th>主导的地质作用</th></tr>
<tr><td rowspan="4">岩溶地貌</td><td colspan="2">岩溶盆地</td><td>地表水、地下水强烈溶蚀作用</td></tr>
<tr><td colspan="2">峰林地形</td><td>地表水强烈溶蚀作用</td></tr>
<tr><td colspan="2">石牙残丘</td><td>地表水的溶蚀作用</td></tr>
<tr><td colspan="2">溶蚀准平原</td><td>地表水的长期溶蚀作用和河流的堆积作用</td></tr>
<tr><td rowspan="8">冰川地貌</td><td colspan="2">冰斗</td><td>冰川刨蚀作用</td></tr>
<tr><td colspan="2">幽谷</td><td>冰川刨蚀作用</td></tr>
<tr><td colspan="2">冰蚀凹地</td><td>冰川刨蚀作用</td></tr>
<tr><td colspan="2">冰碛丘陵、冰碛平原</td><td>冰川堆积作用</td></tr>
<tr><td colspan="2">终碛堤</td><td>冰川堆积作用</td></tr>
<tr><td colspan="2">冰前扇地</td><td>冰川堆积作用</td></tr>
<tr><td colspan="2">冰水阶地</td><td>冰川侵蚀作用</td></tr>
<tr><td colspan="2">冰碛阜</td><td>冰川接触堆积作用</td></tr>
<tr><td rowspan="5">风成地貌</td><td rowspan="3">沙漠</td><td>沙漠</td><td>风的吹蚀作用</td></tr>
<tr><td>石漠</td><td>风的吹蚀作用和堆积作用</td></tr>
<tr><td>泥漠</td><td>风的吹蚀作用和水的再次堆积作用</td></tr>
<tr><td colspan="2">风蚀盆地</td><td>风的吹蚀作用</td></tr>
<tr><td colspan="2">沙丘</td><td>风的堆积作用</td></tr>
</table>

地貌野外调查中应注意的问题如下：

(1) 地貌观测路线大多是地质观测线，观测点的布置应在地貌变化显著的地点，如阶地最初发育的地段，冲沟、洪积扇、山前三角面以及岩溶发育地点等。

(2) 划分地貌成因类型时，必须考虑新构造运动这个重要因素。新构造运动是控制地形形态的重要因素，中国是一个多山的新构造运动强烈的国家，从第三纪末期至今的新构造运动对于中国各地地貌的形成起着十分重要的作用。新构造运动强度的判别，在很大程度上还依赖于对地形（河流切割深度、古代剥蚀面隆起所达到的高度、水文网分布情况、阶地的变形、沉积厚度等）的分析。如果新构造运动强烈上升，会形成切割强烈的高山；而新构造运动下降，常形成宽谷、沉积平原等。洪积扇发生前移或后退现象也是新构造运动作用的标志。

地质构造的影响有时也可以反映在地形的特征上，如单斜构造在地形上常表现为单面山，断层构造常表现为断层陡坎。

(3) 注意岩性对地形形成的影响。岩石性质对地形形成的影响也十分明显，因为岩性不同常能形成不同成因及形态的地形，很多峡谷与开阔盆地的形成，是与岩性的软硬有关的。

(4) 应编制地貌剖面图。编制地貌剖面图是地貌观测工作中的一种极其重要的调查方法，它能很明显地、准确地和真实地反映出当地的地貌结构、地层间的接触关系、厚度及成因类型。地貌剖面法是沿着一定方向（尽可能沿直线）来详细地研究当地地形的成因与变化的一种方法。剖面线应布置在这样的一些地方，在该地方可以很好地断定最重要的地形要素的性质和相互关系，并获得关于整个地形成因和发展史的资料。

3. 地表水调查

在自然界水循环中，地下水和地表水有着密切联系，可以相互转化。只有查明两者之间的相互转化关系，才能进行地下水资源评价，预测地下水的污染变化或设计给排水措施。

地表水调查的主要任务是确定地下水与地表水之间的补排关系。同时根据调查和收集的地表水水位、流量和流速等资料，可以初步确定其补排水量。必要时可以选择专门地段进行测量。此外还应记录河流切割地层、岩性和地质构造特征，以查明地下水与地表水之间关系的地质条件。为了计算地下水资源，还要根据河流流经区内地层岩性分布情况，设置地表水的观测点，定期观测。特别是在地下水是河流唯一排泄途径的丘陵山区，利用所测流量资料计算地下水径流模数能获得较好的效果。为了评价地下水质，还应注意污染源的调查和地表水样的专门分析。

4. 地下水露头的调查研究

对于寻找和认识地下水来说，地质、地貌调查仅是一种间接手段（方法），对地下水露头的调查研究，则是直接可靠的方法。地下水露头的种类如下：

地下水的天然露头：泉、地下水溢出带、某些沼泽湿地、岩溶区的暗河出口及岩溶洞穴等。

地下水的人工露头：水井、钻孔、矿山井巷及地下开挖工程等。

在地下水露头调查中利用最多的是水井（钻孔）和泉。

（1）泉的调查研究。泉是地下水的天然露头，泉水的出流表明地下水的存在。泉的调查研究内容如下：

1）查明泉水出露的地质条件（特别是出露的地层层位和构造部位）、补给的含水层，确定泉的成因类型和出露的高程。

2）观测泉水的流量、涌势及其高度、水质及泉水的动态特征，现场测定泉水的物理特性，包括水温、沉淀物、色、味及有无气体逸出等。

3）泉水的开发利用状况及居民长期饮用后的反映。

4）对矿泉和温泉，在研究前述各项内容的基础上，还应查明其特殊组分及其出露条件与周围地下水的关系，并对其开发利用的可能性作出评价。

通过对泉水出露条件和补给水源的分析，可帮助确定区内的含水层层位，即有哪几个含水层或含水带。根据泉的出露标高，可确定地下水的埋藏条件。泉的流量、涌势及其高度、水质及其动态，在很大程度上代表着含水层（带）的富水性、水质和动态变化规律，并在一定程度上反映出含水层是承压水还是潜水。根据泉水的出露条件，还可判别某些地质或水文地质条件，如断层、侵入体接触带或某种构造界面的存在，或区内存在多个地下水系统等。

（2）水井（钻孔）的调查。地下水人工露头的研究比泉更有直接意义，尤其是水井

(钻孔)。调查水井，能可靠地帮助确定含水层的埋深、厚度、出水段岩性和构造特征，反映出含水层的类型；调查水井，有助于确定含水层的富水性、水质和动态特征。调查内容如下。

1）调查和收集水井（孔）的地质剖面和开凿时的水文地质观测记录资料。

2）记录井（孔）所处的地形、地貌、地质环境及其附近的卫生防护情况。

3）测量井孔的水位埋深、井深、出水量、水质、水温及其动态特征。

4）查明井孔的出水层位，补、径、排特征，使用年限，水井结构，用后的反映。

在泉、井调查中，就地取水样，测定其化学成分；需要时，应在井孔中进行抽水实验，以取得必需的参数。

5. 地植物及自然物理地质现象的调查

（1）地植物的调查。在干旱、半干旱草原、沙漠及滨海平原地区，利用不同种类植物在不同季节的生产特征，配合遥感技术进行水文地质填图，可以发现地下水的存在，甚至判明潜水埋深、矿化类型及矿化度和土壤含盐情况等。在水文地质测绘中，应首先判断地植物种属对反映地下水埋深、矿化度等的指示意义，配合航片、卫片解译等方法，可以准确确定其分布范围。

（2）自然物理地质现象调查。物理地质现象的出现，如滑坡、土壤沼泽化和盐渍化以及潜蚀现象等，一般都反映了地下水活动的影响，并表明地下水埋藏较浅。因此在水文地质测绘中，应作好自然物理地质现象调查。

6. 与地下水有关的环境地质调查

地下水是导致许多环境地质作用的最活跃、最重要的因素。许多环境地质问题的产生，都可不同程度地反映出地下水的存在及地下水的埋藏条件或活动情况。因此，在供、排水的水文地质测绘中，应对现存的或可能发生的环境地质问题进行观察研究。

（1）环境地质问题的类型如下：

1）在天然条件下，与地下水活动有关的环境地质问题有滑坡、地震、塌陷、崩坍、沼泽化、盐渍化、冻胀以及地方病等。

2）在供、排水条件下（人为条件下），与地下水作用有关的环境地质问题有地下水位持续大幅度下降、地面沉降、塌陷、地裂缝、崩坍、地震、井（泉）水枯竭、水质恶化、海水入侵、土地沙漠化、植被衰亡、次生盐碱化及地方病等。

上述有些问题，在天然条件下可以发生，在开采条件下（人为条件下）也可以发生，调查中应仔细区分。

（2）调查研究的内容如下：

1）研究、调查区内地下水开采或排水前后产生的环境地质问题的类型、规模。重点放在供、排水后可能发生的环境地质问题上。

2）调查、研究各种环境地质现象与区域地质构造、地下水状况和开发利用间的关系。

3）了解各种环境地质作用的时、空变化规律，预测其发展趋势。

4）对现存和预测出的环境地质问题，提出防治措施；对同一地区的供、排水及环境保护，做到统一规划与管理。

水文地质调查测绘记录卡片见表1.7。

表 1.7　　水文地质调查测绘记录卡片

<table>
<tr><td rowspan="2">编号</td><td>统一编号</td><td></td><td rowspan="2">类型</td><td rowspan="2" colspan="2">泉井（上升、下降）</td><td rowspan="2">天气</td><td rowspan="2"></td></tr>
<tr><td>野外编号</td><td></td></tr>
<tr><td>位置</td><td colspan="2"></td><td>底图名称</td><td colspan="4"></td></tr>
<tr><td>地理坐标</td><td colspan="7">经度：　°　′　″　　纬度：　°　′　″</td></tr>
<tr><td>地面标高
/m</td><td></td><td>水位埋深
/m</td><td></td><td>井深
/m</td><td></td><td>水位标高
/m</td><td></td></tr>
<tr><td>井口直径
/m</td><td></td><td>成井时间</td><td></td><td>开采方式</td><td></td><td>井（泉）
水用途</td><td></td></tr>
<tr><td rowspan="2">开采量或流量
/(t/d)</td><td rowspan="2"></td><td rowspan="2" colspan="2">地下水类型</td><td rowspan="2" colspan="2"></td><td>气温/℃</td><td></td></tr>
<tr><td>水温/℃</td><td></td></tr>
<tr><td colspan="4">物理性质测定</td><td rowspan="2" colspan="2">照片编号</td><td>统一编号</td><td></td></tr>
<tr><td>色</td><td>味</td><td>嗅</td><td>透明度</td><td>野外编号</td><td></td></tr>
<tr><td colspan="8">井（泉）所在地水文特征</td></tr>
<tr><td colspan="8">地形：
地貌：
构造：
地层及岩性：

补给：
沉淀物：
季节变化特征：
污染情况：
其他：</td></tr>
<tr><td colspan="4">平面图</td><td colspan="4">剖面图</td></tr>
<tr><td colspan="4"></td><td colspan="4"></td></tr>
</table>

记录：　　　　　　校核：　　　　　　　　　　调查日期：　　年　　月　　日

1.1.1.3　室内时期

室内时期是完成编写测绘成果的阶段，是整理、分析所得资料，编写出高质量报告的关键时期。主要工作如下：

（1）仔细核实、检查野外获得的全部原始资料，一旦发现问题需返回现场做补充工作。

（2）进行实验室工作，完成水、土、岩样分析，实验和鉴定工作。

（3）确定图件报告的编制原则。

（4）正式编制图件和编写文字报告。

（5）按规定评审报告，并按评审意见进行修改与补充。

（6）按要求将资料存档。

野外资料整理是把通过测绘工作所得到的实际资料综合起来，加以系统化，以便及时发现问题并及时解决，对指导测绘工作的顺利进行有很大的帮助。野外资料整理一般分为经常性整理、阶段性整理和野外测绘工作结束后的整理三个阶段。

1. 经常性的资料整理

野外工作期间，应进行当天观察结果的整理工作，做到当天资料当天整理，避免积压及以后发生遗忘，造成差错。经常性的资料整理内容如下：

（1）检查、补充和修正野外记录簿和草图，并进行着墨。检查地质点在图幅内的坐标位置，修正地质草图，编制各种综合图及辅助的地质剖面图。对野外所拍摄的照片或录像资料进行编号和附文字说明。

（2）整理实验结果，并进行有关的计算，按规定绘制相关的图表。

（3）整理和登记所采集的各种样品及标本。对各种标本、样品应按统一的编号进行登记和填写标签，并分别进行包装。

（4）与邻区进行接图，进行路线小结，以及时发现问题并找出补救办法。

（5）进行航空照片判读，研究和确定次日的具体工作路线与工作方法。

2. 阶段性的资料整理

在野外工作期间，应每隔10～15天进行一次阶段性的资料整理，其主要内容如下：

（1）综合整理各种野外原始资料。

（2）编制各种草图（包括实际材料图）。

（3）检查野外记录本及各种取样登记本。

（4）清理并选送各种鉴定分析的标本和样品。

（5）讨论研究存在的各种问题，确定下一阶段的工作计划和工作重点。

（6）编写野外阶段性小结。

3. 野外测绘工作结束后的资料整理

野外工作结束后，应立即组织力量，编写地面测绘工作报告和编制有关图表。具体内容和要求详见项目1任务1.2中的1.2.3。

工程实例——水源地水文地质测绘

通过对太行山前某水源地进行水文地质测绘，确定了水源地的主要补给来源，为水资源的合理开发和应用提供了指导。

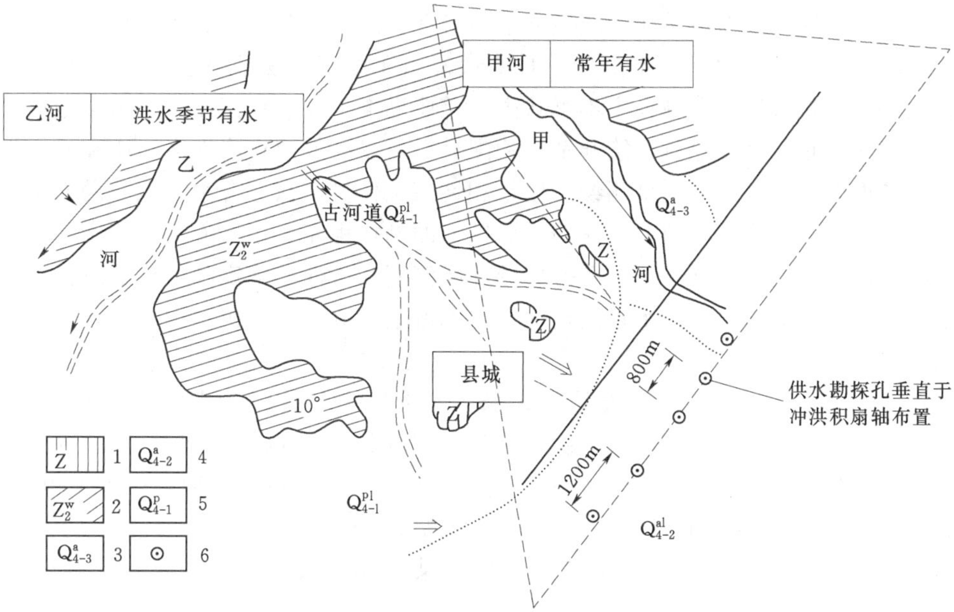

太行山前某水源地水文地质钻孔布置图

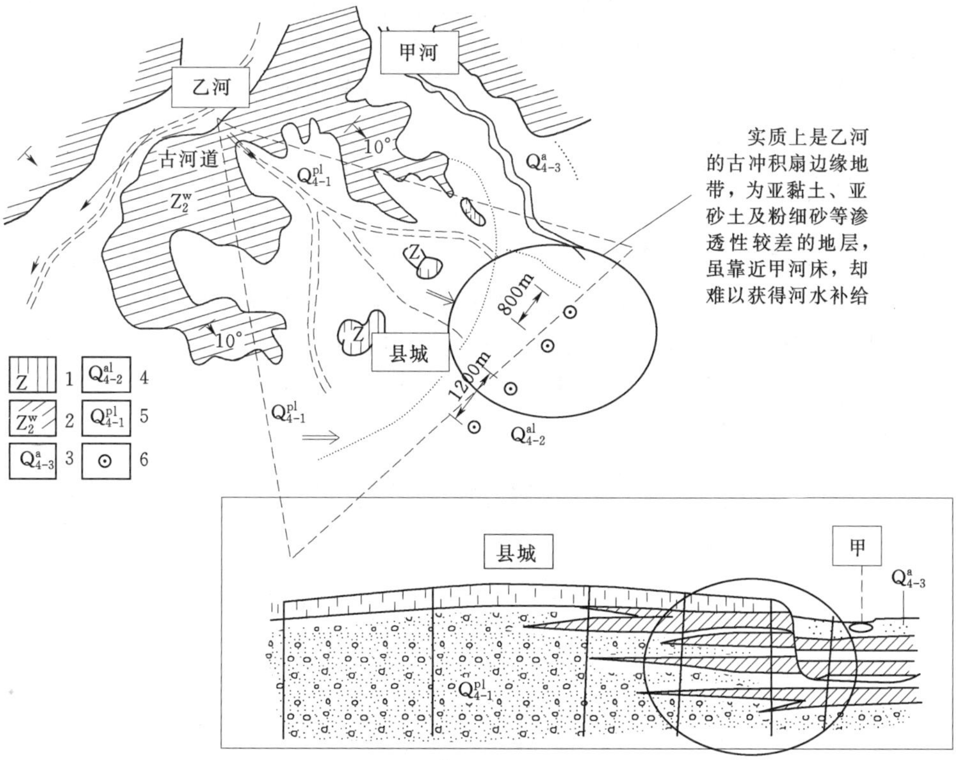

1.1.2 水文地质物探及遥感技术

水文地质物探是根据地质结构或地下水本身存在的物性差异，利用物理方法来间接勘查地质、水文地质体及地下水本身的一种手段。由于物探方法成本低，速度快，用途广泛，因此，物探是水文地质调查中不可缺少的重要勘查手段。物探已成为水文地质勘察的重要手段之一，它与水文地质测绘和钻探相配合，可以有效地查明许多地质和水文地质问题，能节省很多工作量，特别是测绘工作量和钻探工作量。在综合水文地质勘察中，一般应遵循在水文地质测绘的基础上，先物探后钻探的勘探程序。物探方法一般用来揭示地下含水层的岩性、厚度及其分布，了解基岩的埋藏深度和岩性，确定隐伏构造的位置，岩溶发育地段，寻找地下淡水、热水；测定地下水的流速、流向；分析地下水的补给、径流和排泄条件等。

物探方法之所以能够探明某些地质、水文地质条件，主要是因为不同类型或不同含水量的岩石，或不同矿化程度的水体之间存在着物性上（包括导电性、导热性、热容量、温度、密度、磁性、弹性波传播速度及放射性等）的差异。因此，我们可以借助各种物探测试仪器，测定出某一方向、某一深度或某一范围内岩石或水体的某些物理特征值的变化，从而分析、推断出某一方向和某一深度或范围内的岩性、构造和岩层含水性能的变化。

1.1.2.1 地面物探技术

地面勘探方法已被证实是探测地下岩性、划分地层和确定地质构造的有效手段之一。几乎所有的地面物探方法均可用于寻找地下水和判定地下水的某些特征。地面物探包括电法勘探、地震勘探、重力勘探、磁法勘探和放射性勘探等多种方法。

1. 电法勘探

电法勘探是物探的主要方法之一，它是通过对天然电场和人工电场的研究，来获得岩石不同电学特性的资料，以判断有关水文地质问题。电法勘探用途广泛，它可用于探测盖层的厚度、断层裂隙、岩石单元、海水入侵等。电法勘探具有设备简单、搬运轻便、成本低廉、效率高等优点，近年来还具有通过卫星，实践同步遥测等功能。

根据电场建立的方法、场源的性质、方法所依据的电学性质及测量方式特点的不同，电法勘探可分为直流与交流电法勘探两大类，而每一类方法又分为很多种，它们在水文地质工作中的应用亦各有侧重，见表1.8。

表1.8 电法勘探的种类及其在水文地质勘察中的应用情况

电源类别	场的性质	方法名称			应用
直流电法	天然场	自然电场法		电位法 梯度法	测地下水流向；河床、水库渗漏点；地下水与地表水之间的补排关系
	人工场	电阻率法	剖面法	联合剖面法 对称四极剖面法 复合四极剖面法 中间梯度法 偶极剖面法	填图；追索断层破碎带；探测基底的起伏情况；查明岩溶发育带

续表

<table>
<tr><th>电源类别</th><th>场的性质</th><th colspan="3">方法名称</th><th>应用</th></tr>
<tr><td rowspan="3">直流电法</td><td rowspan="3">人工场</td><td>电阻率法</td><td>测深法</td><td>对称四极测深法
三极电测深法
环形电测深法
偶极电测深法</td><td>划分近水平层位；确定含水层的厚度、埋深；划分咸、淡水分界面；查清地质构造；探测基底的埋深、风化壳的厚度等</td></tr>
<tr><td colspan="2">激发极化法</td><td></td><td>划分含泥质地层；查明溶洞、断层带</td></tr>
<tr><td colspan="2">充电法</td><td>电位法
梯度法</td><td>追索地下暗河、充水断层带；测地下水流速、流向；查坝基渗漏点；研究滑坡及测定下滑速度</td></tr>
<tr><td rowspan="6">交流电法</td><td>天然场</td><td colspan="3">大地电场法</td><td>查区域构造</td></tr>
<tr><td rowspan="5">人工场</td><td colspan="3">甚低频电磁场法</td><td>定性确定低阻体（断层带或岩溶发育带）位置</td></tr>
<tr><td colspan="3">电磁法（交变电磁场法）</td><td>探查构造；填图；找水</td></tr>
<tr><td colspan="3">频率测深法</td><td>探测地下构造；划分地层</td></tr>
<tr><td colspan="3">地质雷达法</td><td>探测浅部地下空洞、管线位置，覆盖层厚度等</td></tr>
<tr><td colspan="3">无线电波透视法</td><td>探查溶洞、暗河、断层</td></tr>
</table>

以下简要介绍几种水文地质勘探技术：

（1）自然电场法。当地下水在孔隙地层中流动时，毛细孔壁产生选择性吸附负离子的作用，使正离子相对向水流下游移动，形成过滤电位。因此做面积性的自然电位测量，可判断潜水的流向。在水库的漏水地段可常出现自然电位的负异常，而在隐伏上升泉处则可获得自然电位的正异常。自然电场法的使用条件，主要决定于地下水渗透作用形成的过滤电场的强度。一般只有在地下水埋藏较浅、水力坡度较大以及所形成的过滤电场强度较大时，才能在地面测量到较明显的自然电化异常。为加强其异常显示，可采用人工场的充电法。

（2）充电法。在井孔的含水层段注入盐水并对其充电，可形成随地下水流动而运移的带电盐水体。在地表观测到的等电位线形状与带电盐水体的分布形态有关，根据不同时间观测的等电位线可以判断地下水的流向并估算其实际流速。充电法还可用于岩溶区地下暗河的连通性试验或探查地下埋设的金属管道等。

（3）激发极化法。激发极化法是根据供电及断电后，由电化学作用引起的岩石和地下水放电电场（即二次场）的衰减特征来寻找地下水。激发极化法和电阻率法一样，分为测深法和剖面法。其中，激发极化测深法用得最多，主要用于寻找层状或似层状分布的含水层以及较大的溶洞含水带，并可确定它们的埋藏深度。还可根据含水因素和已知钻孔涌水量的相互关系，大致估计设计钻孔的涌水量。由于激发极化法所产生的二次场值小，故该方法不适用于覆盖层较厚（如大于 20m）和工业游散电较强的地区。

（4）地质雷达（法）。地质雷达是交流电法勘探中的一种，它是利用对空雷达的原理，由发射机发射脉冲电磁波，其中一部分沿着空气与介质（岩土体）的分界面传播的直达波，经过时间 t_0 后到达接收天线，被接收机所接收；另一部分则传入介质内，若在其中遇到电性不同的另一介质体（如地下水、洞穴、其他岩性的地层），就会被反射和折射，

经过时间 t_s 后回到接收天线，称为回波。根据所接收的两种波的传播时间差，就可判断另一介质的存在并测算其埋藏位置。地质雷达具有分辨能力强、判译精度高，一般不受高阻屏蔽及水平层、各向异性的影响等优点。它对探查浅部介质体，如地下空洞、管线位置、覆盖层厚度等的效果尤佳。

近年来电法探测的仪器和技术都取得了较快的发展。电法仪器比较成功地移植了地震仪成熟的经验技术，现其主要的技术指标（如动态范围、采样间隔、模数转换等）几乎与地震没有什么差别。其中最令人瞩目的是以下三种：

（1）地面核磁共振（NMR）。地面核磁共振找水技术是目前唯一可用于直接探测地下水的物探技术。利用该项技术可以获得除什么地方有水、有多少水的资料之外，还可以获得含水层的有关信息。自 1978 年起，苏联科学院西伯利亚分院化学动力和燃烧研究所（ICKC）开始了利用核磁共振技术找水的全面研究。他们用三年时间研制出原始仪器，并在其后的 10 年间对仪器进行改进，开发出世界上第一台在地磁场中测定 NMR 信号的仪器，称为核磁共振层析找水仪（Hydroscope）。该仪器作为新的探测地下水的重要手段，于 1988 年在苏联和英国申请了专利。1992 年俄罗斯的核磁共振层析找水仪在法国进行了成功演示。两年后法国地调局（BRGM）的 IRIS 公司购买了该仪器的专利，并与原研制单位 ICKC 合作，着手研制新型的核磁共振找水仪—核磁感应系统（NUMIS）。法国在 1996 年春推出商品型 NMR 找水仪，并生产出 6 套 NUMIS 系统。法国 IRIS 公司研制的 NUMIS 系统是在俄罗斯 Hydroscope 的基础上改进的。到目前为止，拥有 NUMIS 系统的国家除俄罗斯和法国外，还有中国和德国。

1997 年年底中国地质大学（武汉）引进了法国 IRIS 公司研制的 NUMIS 系统，这是中国引进的第一套 NUMIS 系统。1999 年中国地质科学院水环所、新疆水利厅石油供水办公室各引进一套 NUMIS。2001 年春水利部牧区水利科学研究所引进一套 NUMIS 系统的升级找水设备 NUMIS+。上述单位利用 NMR 找水方法先后在湖北、湖南、河北、福建、内蒙古、新疆等 11 个省（自治区）进行了找水实践，并找到了地下水。研究成果填补了中国用 NMR 技术直接找水的空白，使中国跃居使用该技术找水的世界先进国家行列。

NMR 找水原理：NMR 找水方法就是以核磁共振现象为基础的，它通过建立非均匀磁场和地球物理 NMR 层析，研究地下水的空间分布。除油层、气层外，水（H_2O）中的氢核是地层中氢核的主体。H^+ 具有非零磁矩，并且处于不同化学环境中的同类原子核（如水、苯或环乙烷中的氢原子）具有不同的共振频率，当施加一个与地磁场方向不同的外磁场时，氢核磁矩将偏离磁场方向，一旦外磁场消失，氢核将绕地磁场旋进，其磁矩方向恢复到地磁场方向。通过施加具有拉摩尔园频率的外磁场，再测量氢核的共振信号，便可实践核磁共振测量。在给定的频率范围内，如果存在 NMR 信号，那就说明试样中含有该种原子核类型的物质。NMR 找水的成功应用使物探技术从间接找水过渡到直接找水，是一项技术性的革命。但目前 NMR 技术尚处于发展的初级阶段，在仪器和应用技术方面都还存在一些需要改进的问题，比如提高仪器抗电磁信号干扰能力、加大勘查深度、减轻仪器重量、降低仪器成本以及 NMR 信息的反演等问题。

（2）瞬变电磁法（TEM）。它利用接地电极或不接地回线通以脉冲电流，在地下建立起一次脉冲磁场。在一次场的激励下，地质体将产生涡流，其大小与地质体的电特性有关。在一次磁场间歇期间，该涡流将逐渐消失并在衰减过程中，产生一个衰减的二次感应电磁场。通过设备将二次场的变化接收下来，经过处理、解释可以得到与断裂带及其他与水有关的地质资料。

由于瞬变电磁法仅观测二次场，与其他电性勘探方法相比，具有体积效应小、纵横向分辨率高、对低阻体反应灵敏、工作效率高、成本低廉等优点，是解决水文地质问题较理想的探测手段。此外，常规物探方法受环境限制大，难于开展水上作业，而瞬变电磁法则受环境影响较小，可以用于水上作业。

近年来，数字技术的发展促进了一批 TEM 仪器的出现（如 Geonics PROTEM 47，Sirotem MK3，Zonge Nano TEM，Bison TD 2000 等），它们对 10～200m 浅层具有较高的探测能力。另外，还开发出 TEM 资料处理的新技术，有可能在事前没有较多可用地下资料的情况下，制作出逼真的解释模型。

（3）电磁法成像系统 EH－4。电磁法成像系统 EH－4 是一套电磁信号自动采集和处理的系统，由美国 EMI 和 Geometrics 公司联合开发生产。该仪器将可控源音频大地电磁法（CSAMT）和大地电磁法的两种仪器有机地结合起来，能实现 10Hz～100kHz 范围内信号的连续采集。该系统轻便灵活，分辨率高，不受高阻盖层的影响，可以用于单点和连续剖面测量。完成各测点测量后，可获得视电阻率、相位、相关度、一维反演等资料，如在现场取得三个以上连续测点资料时，它能提供出拟二维反演成果。EH－4 系统可用于水文地质调查及基岩填图等，目前它已是中国在干旱缺水的西北地区找水勘察的重要手段之一。

2. 地震勘探

地震勘探是通过研究人工激发的弹性波在地壳内的传播规律来勘探地质构造的方法。由锤击或爆炸引起的弹性波，从激发点向外传播，遇到不同弹性介质的分界面，将产生反射和折射，利用检波器将反射波和折射波到达地面所引起的微弱振动变成电信号，送入地震仪经滤波、放大后，记录在相纸或磁带中。经整理、分析、解释就能推算出不同地层分界面的埋藏深度、产状、构造等。常用于探测覆盖层或风化壳的厚度，确定断层破碎带，在现场研究岩土的动力学特性等。

地震勘探可分为折射波法和反射波法两种，如根据地震探测的深度不同，它又可分为深层地震勘探和浅层地震勘探两种。

几十年来，地震勘探以其高信噪比、高分辨率、高保真度、高精确度、高清晰度和高可信度等赢得了广大用户的信任，成为找油找气的关键技术。

在水文地质工作中，通常使用浅层地震勘探方法，探测深度由几米到 200m。浅层地震勘探在水文地质勘察中可解决如下问题：

（1）确定基岩的埋藏深度，圈定储水地段。

（2）确定潜水埋藏深度。当没有严重的毛细现象时，潜水面为良好的地震界面，利用折射法能求得潜水位埋深。

（3）探测断层带。一般是采用折射波资料来判定。

（4）探测基岩风化层厚度。风化层可能是良好的含水层。当基岩风化层不十分发育，且与上覆地层有波速差异时，可用折射波法求得风化壳厚度；当风化层厚度相对地震波长或风化层与上覆地层的波速无明显差异时，则效果不佳。

(5) 划分第四纪含水层的主要沉积层次，如细砂、中砂与砂砾石等。要解决这样的任务，其他物探方法有时得不到令人满意的效果，折射波也只能在一定的条件下解决部分问题。目前发展起来的浅层反射波法对于上述各种地质界面均有明显的反映，能解决划分第四纪含水层的有关问题。

3. 重力勘探、磁法勘探和放射性勘探

重力勘探是根据岩体的密度差异所形成的局部重力异常来判断地质构造的方法，常用以探测盆地基底的起伏和断层构造等。采用高精度重力探测仪有可能探测到一些埋深不大并且具有一定体积的溶洞。

磁法勘探是根据岩石的磁性差异所形成的局部磁性异常来判断地质构造的，在水文地质勘察中，大面积的航空磁测资料可为寻找有利的储水构造提供依据。

这两种物探方法目前都主要用于探测区域构造，它们在水文地质勘察中还应用不多，只是在寻找与构造成因关系密切的地下水（如热水）方面有成功的例子。

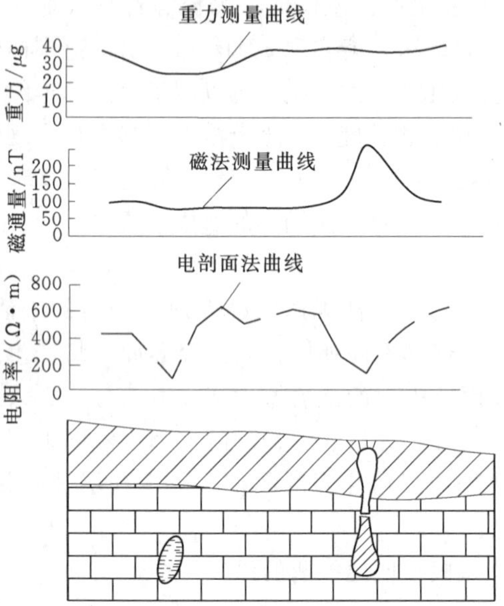

图 1.2 岩溶地区综合物探的应用（桂林瓦窑）

由于不同的岩石所含放射性元素的含量不同，因此可通过探测放射性元素在蜕变过程中产生的 γ 射线强度来区分岩性。近年来人们通过测量 γ 强度、能谱、α 径迹法等找水获得过不少成功的经验。

天然伽马（γ）法测量，包括地面、车载和航空放射性测量，可用于填图、寻找基岩裂隙水。据报道，日本利用放射性勘探在山区寻找基岩裂隙水方面取得了多个成功的实例。

放射性物探方法在地下水勘察方面可解决如下问题：

(1) 测定地下水位和含水层埋深、厚度及其分布。

(2) 圈定地下水的富集部位。

(3) 测定地下水的矿化度（或咸淡水界面）或污染范围。

(4) 研究地下水的动力学特征。放射性同位素常用作研究地下水及其溶质运动的示踪剂。

4. 综合物探技术

由于各种物探方法都有一定的局限性，而大多数勘察场地又都存在着显示相同物理场的多种地质体，如果只用单一的物探方法解释异常比较困难。因此，可在同一剖面、同一测网中用两种以上的物探方法共同工作，将数据资料相互印证、综合分析，就有利于排除干扰因素，提高解译的置信度。

图 1.2 是运用综合物探寻找含水溶洞的实例。该区用电测剖面法探查时，发现充水溶洞

与被土充填的溶洞电性差异很小，收效差。然而从地质调查中了解到，充填于溶洞中的土是因上部土洞与灰岩中的溶洞贯通而淤积的，由于淋滤作用，土中含铁磁性矿物局部富集，其重度也较大。为此，沿原电剖面测点布置了磁法勘探和重力勘探。结果被土充填的溶洞出现了明显的磁力高异常，而充水溶洞测得较低的重力值。通过三种物探方法比较，有效地区分出充水溶洞与被土充填的溶洞，排除了电法成果的多解性，取得了正确的地质结论。此工区经综合物探方法所确定的9个含水溶洞，经钻探揭露证实，置信度达100%。

1.1.2.2 井下物探技术（地球物理测井）

水文地质测井在水文地质勘察工作中日益得到广泛应用，其主要是在钻孔内进行物探测井工作，用于钻孔剖面的岩性分层、判断含水层（带）、岩溶发育带和咸淡水分界面位置（深度）及确定水文地质参数等。当采用无芯钻进或钻进取芯不足时，物探测井更是不可缺少的探测手段。物探测井的地质—水文地质解释精度远比前述的地面物探方法精度高。目前井下物探技术在水文地质工作中的应用日益广泛，已成为水文地质勘察的重要手段之一。

综合测井法可以详细地划分钻孔的地质剖面，探测软弱夹层，确定断层及裂隙、破碎带的位置与产状，测定地层的电阻率、弹性波速度、孔隙度、密度、含沙量、含水量，确定含水层的位置，测定地下水的矿化度和流速、流向等。下面主要以第四系松散孔隙地区及在岩溶和裂隙发育地区为例介绍测井的目的与任务。

1. 第四系孔隙水地区

在第四系孔隙水中主要用于查明含水层的分布及其埋藏条件，为合理开发第四系地下水资源提供依据，具体内容如下：

（1）确定含水层、隔水层的埋深与厚度。

（2）划分地层组，编录钻孔柱状剖面，并根据全部测井资料，进行区域性地层对比，以了解地层纵横向的变化规律。

（3）确定各含水层之间的水力联系。

（4）划分咸淡水分界面，测定含水层中地下水矿化度，确定层位与厚度。

（5）测定含水层水文地质参数，如孔隙度、渗透系数、地下水渗透速度、天然流向、涌水量等。

（6）估算水文地质参数，如地下水矿化度、孔隙率、渗透系数、流速及涌水量等。

（7）测量地层的物性参数，如电阻率、弹性波速度、密度、磁性等。

（8）钻孔技术状况测定，包括井斜、井径、封井质量检查，指示井下故障点（如套管漏水、断管位置等）。

2. 在岩溶和裂隙发育地区

在岩溶和裂隙发育地区主要用于查明含水层的埋藏条件和补给关系，具体如下：

（1）确定裂隙、含水裂隙和溶洞的部位、产状与厚度；编录钻孔柱状图；确定钻孔中含水层之间的补给关系和水力联系等。

（2）配合抽水试验确定漏水位置，提供具体的补漏部位；提供套管止水位置和堵孔位置；检查套管止水质量和堵孔疏导。

（3）估算水文地质参数和进行地层物性参数测定。

(4) 钻孔技术状况测定。

目前，水文地质钻探中常用的测井方法及应用情况见表1.9。在实际工作中，各种测井方法要相互配合以提供更多、更可靠的地质、水文地质信息。另外，物探测井要与钻探取芯和水文地质观测资料密切配合，才能取得最佳效果。

表1.9　　常用的地球物理测井方法及应用情况

类别	方法名称		应用情况
电法测井	视电阻率法测井	普通电阻率测井	划分钻井剖面，确定岩石电阻率参数
		微电极系测井	详细划分钻进剖面，确定渗透性地层
		井液电阻率测井	确定含水层位置（或井内出水位置），估计水文地质参自然电位测井
	自然电位测井		确定渗透层、划分咸淡水界面，估计地层中水的电阻率
	井中电磁波法		探查溶洞、破碎带
放射性测井（核测井）	自然伽马法测井		划分岩性剖面、确定含泥质地层，求地层含泥量
	伽马—伽马法（γ—γ）测井		按密度差异划分剖面，确定岩层的密度、孔隙度
	中子法测井	中子—伽马法	按含氢量的不同划分剖面，确定含水层位置以及地层的孔隙度
		中子—中子法	
	放射性同位素测井		确定井内出水（进水）点位置，估计水文地质参数
声波测井	声速测井		划分岩性、确定地层的孔隙度
	声辐测井		划分裂隙含水带、检查固井质量
	声波测井		区分岩性、查明裂隙、裂隙发育规律
热测井	温度测井		探查热水层、研究地温梯度，确定井内出水（漏水）位置
钻孔技术情况测井	井斜测井		为其他测井资料解释提供钻孔的倾角和方位参数
	井径测井		为其他测井提供井径参数，确定岩性变化
流速测井	流速测井		划分含水层、隔水层及其埋深、厚度，测定各含水层的出水量、检查止水效果和井管断裂段位置及其渗端址，确定合理井深

尚需指出，水文地质人员应根据工作任务，工作区的地质、水文地质条件和物探人员一起合理确定物探方法，选定物探测线、测点的布置方案和测量装置等。最好能使用综合物探手段完成同一项任务，以相互验证，取长补短，提高成果解释的可靠性和精度。

值得注意的是，各种物探方法都有其局限性，其成果具有多解性。物探曲线常反映了探测对象本身和其他多种自然或人为因素的综合影响，因此，只有了解具体的地质—水文地质背景和各种干扰因素的可能影响，才能进行正确的解释，否则对于测量成果常常可以作出多种或错误的解释。所以在使用物探方法时，应针对具体地质环境，进行分析对比，综合研究，以便客观地反映地质和水文地质条件，从而使所得资料更为真实可靠。因为含水层或富水段没有固定不变的异常标志，为了提高测量成果解释的可靠性，最好首先在露头较好地段或已有勘探井旁进行试验，确定出探测对象异常的形态、性质和幅度，从而制定出可靠的解释标志。例如，在视电阻率较高的石灰岩、岩浆岩和砂岩中，一般以低阻异常作为有水的标志，但在视电阻率本来就较低的碎屑岩及结晶片理发育的岩石中，高阻异常带则常常是有水的标志。因此，符合已有水井旁试验得出的解释标志，才是可靠的。

目前，水文地质测井主要以电测井和 γ 射线测井应用最广。近年来，一些单位还应用流速测井（包括井径测井）和电视测井（也叫井下电视），可以直接观察确定含水层或断裂破碎带的位置。测井还可用来配合无岩芯钻进，以提高钻进的效率和降低成本。

由于各种测井方法都有一定的应用条件，在解释方面都存在着多解性，因此，在实际工作中还应重视采用综合测井方法，即一般每个钻孔至少有三种以上的参数曲线为宜，以便相互印证、综合分析，提高解译的可靠性。

1.1.2.3 遥感技术在水文地质勘察中的应用

遥感技术（RS）是 20 世纪 70 年代以来蓬勃发展起来的一项高新技术。自 1839 年摄影相机问世，到 1913 年摄影技术在地质研究中的应用，遥感走过了它的早期阶段。1937—1960 年，由于军事的需要，航空摄影机、电视摄像机、图像扫描仪及航空大孔径成像雷达技术有了显著的进步，记录图像的波长范围从近紫外到远红外，并扩大到微波，成为遥感技术的发展阶段。1960 年至今，遥感技术实现了从航空遥感到航天遥感的飞跃，特别是自 1972 年美国发射第一颗地球资源技术卫星以来，从真正意义上实现了对地观测的需要，遥感技术也由此进入全新的航天遥感时代。

1. 遥感技术的基本原理和分类

遥感技术是利用现代化运载工具和仪器，从离开地球表面一定的距离对地表和近地表的目标物，用紫外到微波的某些波段的电磁波的辐射（发射、吸收、反射和透射等）特征的信息，通过接收、传输及处理三个过程，从中提取有用信息。再依据不同目标物具有不同辐射特征进行探测，从而得到识别目标物的理论和方法。这里的目标物主要指的是地表或近地表的地质体或某些地质现象，包括地形物等目标物在内。

遥感技术，可分为两种：①被动遥感：即通过遥感器（如人的眼睛、照相机、辐射仪等）接受地质体的发射信号，而不需同被研究对象或现象进行直接接触，就可以测量、记录远距离目标物的性质和特征；②主动遥感：即利用仪器发射信号（如雷达或激光雷达波和声纳等），并通过接受其反射回来的信号而了解被研究对象或现象的性质和特征。

按国际上的习惯，我们可以把遥感遥测理解为摄影测量、电视测量、多光谱测量、红外测量、雷达测量、激光测量和全息摄影测量等，而不包括使用航空物探方法。陆地资源卫星照片属于多光谱测量的资料，又称遥感影像。

2. 遥感技术在水文地质勘察中的应用

遥感技术在水文地质学中的应用是近 30 年的事情。迄今它已走过了从定性评价到半定量、定量评价，从指示要素分析到计算机模型模拟，从单一解译到综合方法互补等阶段。已充分显示了其信息量大、宏观、快速、节省经费，且具有多时相动态监测等优势。

根据传感器类型不同，遥感图像可分为可见光摄影、红外摄影和扫描、多光谱扫描、微波雷达和成像光谱图像等。近10年来，传感器技术迅猛发展，主要表现在：①图像分辨率提高，卫星图像分辨率已达到米级；②具备立体观察功能；③应用波段数增加，机载高光谱成像仪已投入使用。

30年来，遥感技术依靠传感器技术、图像处理技术及计算机技术的提高，在水工环保领域的应用取得了长足的发展。遥感水文地质开始逐步发展成为一门独立的学科。传统的遥感水文地质着重于水文地质测绘系统中对定性特征的解释和对特殊标志的识别，近期的研究则扩展到应用热红外和多光谱影像进行地下水流系统内的地下水分析与管理，目前的研究重点则集中到了地下水空间的补给模式、污染评价中植被、区域测图单元参数的确定和空间地下水模型中地表水文地质特征的监测。

目前很多研究已表明，应用遥感图像可以填图及对水资源进行定性、定量的评价。Van Der Somen 等人讨论了应用断面二维地下水流模型来区分火山区上部、中部和下部水流系统的作用，以便进行水文地质填图。印度 S. K. Nag 等人运用垂向电测深及地面地质调查岩层裂隙，在印度普鲁利亚地区指出了四种不同找水前景区。I. V. Povkh 等人运用遥感数据及其技术，在俄罗斯罗斯托夫东部地区，应用空间图像的地质、构造解译结果，通过植被指示在解译主题图上绘制矿化度分级，作出该区地下淡水分布预测图。法国和比利时联合在非洲吉布提共和国首都吉布提市用 SPOT 图像辅助找水，在初步确定该市南部最有找水前景后，快速评价该区可再生资源和定出井位，建立10m、20m网距的数字高程模型 DEM 模拟地表排泄网，并确定：①每个排泄流域和子流域；②沿每一水道各点的水流量；③每个干谷平均河道面积。运用地质数据、含水层水文地质数据（含有流速）和降雨地表水文数据在 GIS 上进行整理，评价了丰水期的渗入量，并根据裂隙的方向和性质组合，确定出60个井位，为吉布提市提供了12万 t/a 以上的水源地。另外，热红外影像及雷达图像在水文地质调查中有特殊的作用。热红外影像可以反映因地下水露头或浅层地下水存在而导致的地物热异常，雷达图像对地表水点及土壤湿度反应敏感，用于探测浅层地下水及含水古河道等效果较好。傅磬宏曾运用 Igndsat TM 热红外遥感数据定量反演干旱地区地下水富集带的温度信息，结果表明：遥感反演的温度与当地3月下旬地表实际温度误差在0.8K以内，地下水富集带的温度比地表水体的温度高5K左右，而比其他类型的低7K以上。据此，可利用热红外遥感技术有效地探测干旱地区地下水富集带的信息。用热红外遥感方法勘查地下热水资源的效果更佳。在美国亚利桑那州斯塔福得附近红外成像时，发现山脚处地表温度比其他地方的高，后经钻探证实，在地表下127m深处有118℃的热水。苏联也曾用红外技术在西伯利亚地区找到过大量的地下热水。

3. 不同水文地质区遥感找水技术及应用效果

遥感技术在水文地质勘查中应用的一般步骤为：确定数据源→选取合适的数据时相及光谱的波段→图像处理→提取地下水信息。由于中国地域辽阔，东西部地区气候差异较大，故对不同水文地质区进行遥感解译时，要有针对性地选择遥感数据源。通过获得的卫星图像可以推断出岩石类型、结构、地层及地层中岩石的组成。总体来说，对航空相片或卫星图像的分析应在实地调查之前进行，这样可以排除含水较少的地层，确定需要进一步调查的区域。地下水遥感信息提取的基本流程一般包括图像处理、地下水提取方法、富水区圈定、专题图制作等内容（图1.3）。

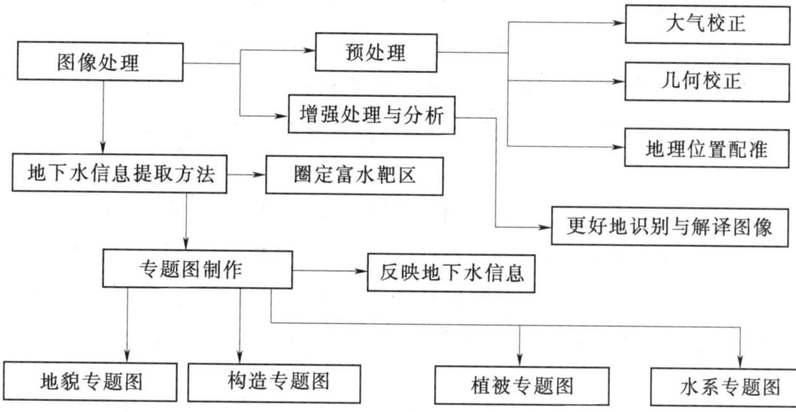

图 1.3 地下水遥感信息提取流程图

从遥感数据中能够获取地下水的信息量的多少，取决于区域地质、气候条件和地表覆盖类型等因素。在干旱、半干旱地区，地表覆盖物较少，很容易从遥感图像上解译出地质特征。在有植被覆盖的地方，航空和卫星图像的解译结果需要结合实地调查进行。

合成孔径雷达（SAR）数据在干旱、半干旱地区地下水的监测中有很大的潜力，由于长波雷达的穿透能力和雷达具有探测土壤含水量的能力，使得 SAR 在干旱地区地下水探测中成为一个比较重要的工具。下面结合不同的水文地质单元区，就遥感在圈定地下富水地段应用方面予以介绍。

（1）内陆盆地山前平原区遥感技术的应用。内陆盆地的地形、地貌具有明显的水平分带性，遥感技术主要用于解译不同地貌类型的水平分布区范围，建立不同地貌类型地下水解译标志，达到勘查松散岩类孔隙水、构造裂隙水的目的。

1）数据源选取方法。通过对不同数据源光谱分辨率、空间分辨率等特征参数，地下水勘查应用现状及效果，数据源价格等多种因素综合分析对比，确定数据源选取的顺序为 ETM、TM、SPOT（陆地卫星定点仪）、SAR。在有条件的地区，结合航空相片效果会更好。

2）数据源及光谱波段选取。对于盆地周边冲洪积扇区松散岩类孔隙水的勘察，应以秋、冬季节可见光、红外波段影像为主要数据源；沙漠-绿洲交错地带寻找泉水出露点或地下水溢出带以春初或秋末热红外图像反映效果好；对活动断裂、隐伏构造及埋藏古河道地下水的勘查应以秋末、春初红外、热红外波段及微波图像为主要数据源。

3）遥感图像处理方法。利用相应解译比例尺地形图，将所选用的图像数据进行地理位置配准，统一图像的空间分辨率。如要对图像进行增强处理，则可利用三个波段的多光谱数据（TM/ETM）进行假彩色合成，以增强图像的光谱分辨率，用以区分山前平原区不同植被及土壤湿度，对植被覆盖区以 TM5、TM3、TM2（ETM5、ETM3、ETM2）波段组合效果较好。利用 ETM6 热场数据、微波雷达数据和 ETM8 全色高分辨率数据的融合，还可提高图像的空间分辨率，增强冲洪积扇区水系纹理的影像特征，增强影像中山前断裂带、隐伏构造地下水信息及平原区、沙漠区埋藏古河道的含水信息。

4）地下水信息的提取。利用遥感图像提取地下水信息，除地下水溢出带和泉水出露点外，主要提取地表土壤含水量较高的“湿地”和可能存在浅层水的信息。深层水信息只有通过对其出现地段的水文地质条件和环境分析及与地下水储存空间的相互关系分析才能获得。地下水信息的提取是在经过数字图像预处理和增强处理的基础上，进行分类以获得地下水的专题信息，结合GIS地理信息系统及GPS精确定位系统，可生成地下水信息专题图像。

5）应用效果。以塔里木盆地为例，由于塔里木盆地广泛分布咸水，利用遥感技术识别出盆地及周边地区淡水资源是地下水勘查工作的主要目标。为此，在秋季选取美国陆地卫星TM数据和加拿大Radarsat雷达数据作为遥感数据源，通过多波段的彩色组合实践，对浅层地下水信息进行提取，并对地形地貌、植被、构造进行解译分析，最终圈定地下水富水段。

（2）黄土覆盖区遥感技术的应用。黄土覆盖区利用遥感图像建立黄土塬、黄土梁峁、杖形地、掌形地、碟形地等微地貌解译标志，以勘查黄土裂隙水和基岩构造裂隙水为主要目标。

1）数据源选择方法。黄土裂隙水的解译以TM影像为数据源，进行中小比例尺水文地质遥感调查，确定地下水赋存区，利用较高分辨率的ETM、SPOT或SAR图像，有条件时可利用大比例尺黑白或彩色外航片进行重点区地下富水部位的圈定。数据时相选取冬、春季节为佳；对黄土下伏基岩裂隙水、构造裂隙水、深部岩溶水的解译，数据源选择基本与内陆盆地相同，用TM/ETM热红外波段效果较好。

2）图像处理与地下水信息提取。黄土裂隙水遥感图像处理与地下水信息提取一般采用TM5、TM3、TM2或ETM5、ETM3、ETM2波段组合，也可以采取比值组合，增强区分土壤不同含水程度信息；黄土下伏基岩裂隙水、构造裂隙水、深部岩溶水的图像处理与地下水信息提取方法基本与内陆盆地相同。

3）应用效果。以宁夏南部山区为例。宁夏固原县属黄土覆盖区，应用遥感技术提取水文下垫面诸要素是勘查地下水的有效方法。结合水文地质工作需要，采用美国陆地卫星Landsat－TM/ETM数据和加拿大Radarsat数据作为遥感信息源，对图像进行处理和找水信息的提取，运用遥感技术获取联系地表水、浅层地下水、深层地下水之间的时空分布关系和变化规律的地貌类型、水系分布、岩石构造、植被等下垫面等要素特征，评价了地下水资源的潜力并圈定了找水靶区。

在宁夏南部缺水地区地下水调查中，利用遥感技术探测地下水异常信息，结合水文地质遥感信息分析确定找水靶区，实践证明这是快速、有效的勘查途径。

（3）基岩山区遥感技术的应用。基岩山区地貌地质单元种类较多，既有山间盆地、河川谷地，又有构造盆地、熔岩台地。地下水类型较多，补、径、排关系复杂，应用水文地质遥感信息分析与环境遥感信息分析相结合，可以解译不同地貌、不同地质单元的分布范围，建立不同地下水类型的解译标志。

1）数据源的选择方法。基岩山区地下水勘查，主要数据源应选择TM/ETM，而寻找基岩裂隙水、构造裂隙水以红外波段及微波图像为主；为解译河谷川地地下水溢出带、泉水出露点等，应以TM6/ETM6图像为主。数据时相选择应为受干扰因素较少的冬、春季节，热红外图像选择春初、秋末季节较好。

2）图像处理与地下水信息提取。基岩山区多为基岩裸露或覆盖物较少，图像处理应侧重区分不同的地层岩性、增强断裂构造特征信息，以提高图像的可读性，利于地下水信息的提取。采用多光谱图像波段组合或波段比值组合，能起到增强和突出构造形态和地层岩性特征信息的作用，以 TM 图像为主，TM7、TM4、TM1 及 TM5、TM4、TM3 波段组合，效果较好。

3）应用效果。以辽西丘陵山区为例，在辽宁西部丘陵山区地下水勘查中遥感技术应用是根据遥感技术的特点，结合勘察区的水文地质条件，以寻找基岩裂隙水和松散层孔隙水。在松散层中提取地下水遥感信息效果较好，提取时宜选用 ETM 图像；基岩断层在影像上的特征明显，水信息异常在主断裂层反映较好，但小断层反映异常较差。

（4）红层地区遥感技术的应用。红层地区地形起伏不大，水文地质单元分区不明显，植被发育，基岩较少裸露，利用环境遥感信息分析技术建立地层岩性、微地貌解译标志，能达到勘查浅层风化裂隙水和构造裂隙水的目的。

1）数据源选择方法。红层地区碎屑岩孔隙裂隙水，量小而分布广泛，可作为居民分散供水水源，寻找浅层孔隙裂隙水遥感数据源的选择以春季 ETM 图像为主，勘查深部基岩裂隙水、构造裂隙水选用 TM、ETM 及 SPOT 或 SAR 图像。

2）图像处理与地下水信息的提取。由于红层地区主要分布在四川盆地及云南、贵州的少部分地区，气候湿润，植被发育，对该区遥感图像的处理主要以 TM/ETM 可见光波段图像假色彩合成，或采用 TM/ETM 与 SAR 图像融合进行图像增强处理，在图像经过增强处理的基础上，采用主成分分析方法，提取与地下水信息有关的因子进行专题图分析解译。

3）应用效果。以红层丘陵区为例，利用遥感技术寻找红层丘陵区浅层风化裂隙水，除解译地层岩性、地质构造外，微地貌条件的解译是圈定富水靶区的主要目的。实践表明，在红层地区，利用地下水遥感技术对调查浅层风化裂隙水效果较好；构造裂隙水也可通过遥感技术来解译出岩性、断层的位置，再与其他方面信息进行综合分析即可确定出找水靶区。

4. 遥感的未来应用展望

除监测浅层地下水和排泄区外，任何先进的技术或先进的传感器都不可能实现从空间平台直接监测到地下水位，但随着遥感技术的不断完善和多光谱遥感数据（可见光、红外线、热辐射和雷达）的逐步投入使用，可以使得每个光谱信息都能最大限度地得到发挥利用，它们融合后就可以产生更真实、更详尽的图像。

地下水的航空勘探近来已发展到电磁勘探传感器技术。这种技术已用于编制深度大于 200m 的含水层分布图。未来，随着遥感领域的不断发展，特别是宽波段传感器的改进和计算机解译技术的进步，地下水勘探技术将会有更大的发展。

到目前为止，遥感在地下水调查中的应用主要依赖定性方法，该方法需要水文地质经验。立体航空相片、多波段图像和主动微波图像的信息提取已经证明了它们在编制与更新水文地质图，确定相对补给量大小的应用价值。随着计算机技术的快速发展，我们已能结合航空航天技术和地面数据，获取地面以下的信息。卫星图像丰富的地面信息促进了地下水模型的不断完善，遥感信息的充分利用使模型方法得到改善。

近年来，遥感技术（RS）与地理信息系统（GIS）和全球定位系统（GPS）的综合应用，成为遥感技术应用的主流。GIS是数据库管理、数据图形处理、各专题图件叠加、制图的重要工具。GPS可以对地面控制点精确定位，提高遥感数据的空间精度。另外，在具体手段配合上，也出现了遥感技术与物探技术、钻探技术等相结合的新方法，不断拓展着遥感技术的应用领域。

工程实例——物探在水文地质调查中的应用

在温峡口水库渗漏探查中，采用无线电波透视和充电法，成功地圈定了漏水通道。在乌江彭水坝址野猫洞去向探查中，用无线电波透视法查明了埋深近百米的溶洞通道的去向。葛洲坝二江上游围堰渗漏，用自然电场法准确查明了漏水部位。

1.1.3 水文地质钻探

水文地质钻探（或称水文钻探）是水文地质勘察中最重要的勘探手段和主要工种之一，是直接探明地下水的一种最重要、最可靠的手段，同时也是开采地下水的主要方法，是开发利用深层地下水进行钻井工程的唯一技术手段。水文地质钻探的基本任务是在水文地质测绘、水文地质物探的基础上，进一步查明含水层的岩性、层次、构造、厚度、埋深分布及水量、水质、水温等水文地质条件，解决和验证水文地质测绘与物探遥感工作中难以解决的水文地质问题，以及利用钻孔进行各种水文地质试验，获取水文地质参数，为评价和合理开发利用地下水资源提供可靠的水文地质资料与依据。另外，许多水文地质试验也是在钻孔中进行的。同时，水文地质钻探是对地下水调查、水文地质物探成果所作地质结论的主要检验方法。水文地质钻探必须在水文地质测绘与水文地质物探的基础上进行。

水文地质钻探，由于其设备复杂沉重，成本昂贵，施工技术复杂且工期长，对整个勘查项目的完成和勘查项目的投资，均起决定性作用。

根据钻探孔担负的主要任务，可把水文地质钻探孔分为四类：①勘探孔：主要是获得地质、水文地质基本资料，了解地质、水文地质基本条件；②试验孔：除担负勘探孔的任务外，还要进行水文地质试验；③观测孔：主要进行水文地质观测和取样；④开采孔：取得水文地质资料后，扩成开采井。通常，勘探孔称为一般性水文地质钻孔，后三者称为专门性水文地质钻孔。

1.1.3.1 水文地质钻探孔及钻进方法的特点

与一般地质钻探相比，水文地质钻探不单纯是为了采取岩芯，研究地质剖面，而且还必须取得各含水层和地下水特征的基本水文地质资料，以及进行地下水动态的观测和开采地下水等。水文地质钻探有以下几个主要特点：

（1）水文地质钻探孔的孔径较大。一般地质勘探孔的主要任务是取岩芯，故口径较小（直径一般小于150mm）。水文地质钻孔，除取岩芯外，还必须满足抽水试验或作为生产井取水的要求，为保证在钻孔中安装抽水设备并进行抽水试验，在孔壁不稳定的钻孔中下过滤器，以及在抽水时能获得较大的涌水量，水文地质钻孔的直径通常较大。当前水文地质钻孔或水井的直径一般均在300～500mm，最大孔径可达1000mm或更大。另外在松散岩层中一般应大于200mm，在基岩地层中，一般应大于100mm。抽水试验观测孔过滤器骨架管的外直径，一般不大于 75mm。对于探测结合的生产井，应按供水井的要求决定其钻探口径，一般采用的过滤器口径比勘探抽水井大，在中细砂层中常用 300mm，在砂粒卵石层中用 350～400mm。

（2）水文地质钻探孔的结构较复杂。水文地质钻孔为了分层取得不同深度含水层的水质、水量及动态资料，或为阻止非开采层以外含水层中的劣质地下水进入水井之中，常需对揭露的含水层采取分层止水的隔离措施，变径下管止水是最为有效的隔离方法（图 1.4）。有时，为了减轻随钻进深度增加而加大的钻机荷载或为节省井壁管材，也需变径。另外，为了滤水避沙或防止塌孔，在钻孔揭露的含水层段，常需下入过滤器。

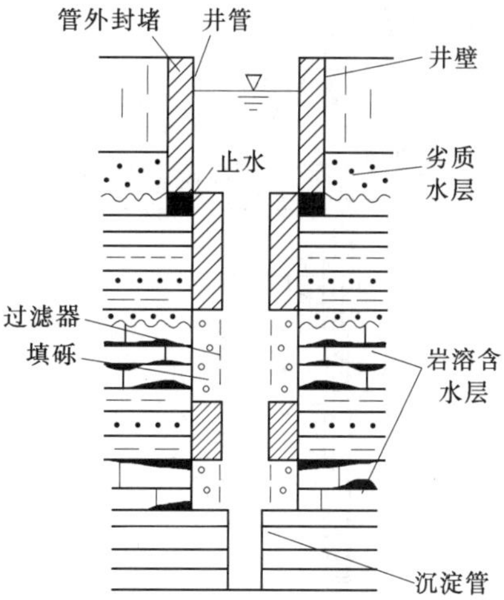

图 1.4　水井结构图

（3）水文地质钻探对所采用的冲洗液要求很严格。这是为了不破坏或少破坏含水层的天然状况，以便能准确测定水文地质各要素（如水位、水质、涌水量）以及为今后能顺利抽水，一般要求清水冲洗液钻进，条件许可也可用稀泥浆钻进。近年来，空气钻进技术在水文地质钻探和找水中已有较多应用。空气钻进技术的实质主要是用压缩空气代替常规钻进时用水或泥浆循环，起冷却钻头、排除岩屑和保护井壁的作用，具有减少用水成本，提高钻速的优点。多工艺空气钻进技术（如空气泡沫钻进、空气潜孔锤、气举反循环等）与常规用泥浆循环钻进相比，钻进速度可提高几倍到十几倍，尤其在缺乏水源的贫水区效果更好。无论采用何种冲洗液钻进，前提是要求所用的冲洗液不能堵塞井孔内的岩石空隙。

（4）钻进方法和技术有其特点。目前，我国水文地质钻探和凿井工程中，常用的钻机有：转盘式钻机、岩芯回转钻机、反循环回转钻机、钢丝绳冲击钻机、复合式钻机等。钻进方法分为：回转钻进、冲击钻进、冲击—回转钻进、振动钻进四大类。一般水文地质钻探多采用转盘式钻机进行回转钻进，在卵砾石地区常用机械冲击式钻机进行冲击钻进。由于钻进过程中，要变径下管止水，用黏土、水泥等止水材料进行封堵，下过滤器等，所以钻探工序较复杂，且工期长，消费大，成本高。

（5）水文地质钻进过程中观测的项目多。为了判断钻进过程中水文地质条件的变化，在钻进中除了观测描述岩性变化外，还要观测孔内的水位、水温、冲洗液的消耗情况及涌水量等多个项目。

钻进中水文地质观测工作的主要目的如下：

1）及时发现孔底地层岩石的变化，并进行观测以弥补岩芯采取率的不足。

2）及时发现钻孔是否揭露了某个含水层（带）。

3）帮助确定含水层（带）的埋藏深度、厚度及其富水性。

4）分别取得不同含水层的水头、水温和水化学成分的资料。

5）为最终确定水井的成井结构提供所需地质依据。

水文地质钻探设备及钻进示意图如图 1.5 所示。

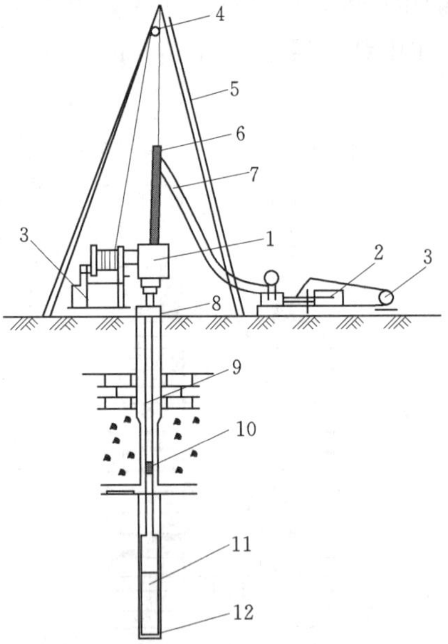

图1.5 水文地质钻探设备及钻进示意图
1—钻机；2—泥浆泵；3—动力机；4—滑轮；5—三脚架；6—水龙头；7—送水胶管；8—套管；9—钻杆；10—钻杆接头；11—岩芯；12—钻头

鉴于上述特点，为了确保水文地质成果质量，水文地质钻探有其本身的一套技本规程，应严格桉其技术要求进行设计、施工和观测编录工作。

1.1.3.2 一般性水文地质钻孔的布置原则和方法

1. 水文地质勘探孔的布置原则

勘探工作应以最少的工作量、最低的成本和最短的时间来获取完整的水文地质资料。为此，勘探线、网的布置，应以能控制含水层的分布，查明水文地质条件，取得水文地质参数，满足地下水资源评价的要求，查清开采条件为基本目的。

在普查阶段应以线为主，详查阶段和开采阶段以线、网相结合为主。布孔时，必须考虑工农业供水的要求及当地水文地质条件的研究程度。例如，在群众打井资料较多，水文地质情况较清楚的地区，可以不布或少布置钻孔；在含水层比较稳定，地下水资源较丰富的淡水区，钻孔间距可适当减小；在水文地质条件不清时或在水资源评价断面上的勘探钻孔应加密，抽水孔的数量也要适当增加。总之，布置水文地质勘探孔需要遵循以下原则：

（1）以线为主，点线结合。钻孔的布置应能全面控制地区的地质—水文地质条件。既要控制地区含水层的分布、埋藏、厚度、岩性、岩相变化及地下水补给、径流、排泄条件等，又要控制和解决某些专门的水文地质问题（如构造破碎带的导水性，岩脉的阻水性，含水层之间的水力联系等）。一般而言，应沿地质—水文地质条件变化最大的方向布置一定数量的钻孔，以便配合其他物探、浅井、试坑等手段，以取得某一方向上的水文地质资料。由于钻探的成本较高，不可能在调查区内将勘探线布置得过密。在勘探线上控制不到的地方，可布置个别钻孔。

（2）以疏为主，疏密结合。禁止将勘探孔平均布置。对水文地质条件复杂的、或具有重要水文地质意义的地段，如不同地貌单元及不同含水层的接触带，或同一含水层不同岩性、岩相变化带，构造破碎带，与地下水有密切联系的较大地表水体（流）附近，岩溶发育强烈处以及供水首先开发的地段，或矿区首先疏干和建井的地段等，均应加密孔距和线距。对一般地段可以酌量减少孔数或加宽线距。

（3）以浅为主，深浅结合。钻孔深度的确定主要取决于所需要了解含水层的埋藏深度。勘探线上钻孔应采取深浅相兼的方法进行布孔。

（4）以探以主，探采结合。在解决各种目的的水文地质勘探时，必须以探为主。在全面取得成果的同时，尽量做到一孔多用。如用作供水、排水及长期观测等。对这些一孔多用的钻孔，在钻孔设计时，必须预先考虑其钻孔结构方面的要求。

（5）一般任务与专门任务结合。布孔时，必须考虑最终任务的要求。例如，为供水勘探布孔时，除满足揭示工作区一般的水文地质规律外，还必须满足相应勘探阶段对地下水资源计算的要求及长期观测的要求。因此，当确定地下水过水断面的流量时，某些地区（如山前扇形地）过水断面的方向与水文地质条件变化最大的方向往往不一致，此时就要两者兼顾。或在某些地区（如河谷地区）两种任务勘探线相符，也要在孔距、孔深、孔径等几个方面满足地下水资源计算的需要。

（6）设计与施工相结合。在不影响取得全部成果质量的前提下，布孔时尽量考虑钻探施工的便利条件（如交通运输、供水、供电等）。

布孔方案在实施过程中还可以根据实际情况进行修改。例如，经过一段钻探工作后，发现某一地段地质、水文地质条件变化不大，而现有的资料已足以阐明其变化规律时，则可适当地削减原设计方案中的勘探工作量。相反，如果发现某一地段的地质、水文地质条件变化很大，而按设计中的钻孔数量又不足以揭示其变化规律时，应适当增加钻孔数量。

2. 水文地质勘探孔的布置方法

水文地质勘探孔的布置方法有如下两种：

（1）垂直布置法：无论山区或平原，勘探线都必须垂直于地下水的流向，而在地下水流向不明的地区，则应垂直河流、冲洪积扇轴部、山前断裂带、盆地长轴、向斜轴、背斜轴、岩溶发育带、古河道延展方向、海岸线等布置勘探线。

（2）平行布置法：为了评价地下水资源，在某些地区布置勘探线要与上述水文地质要素平行。在石灰岩裸露地区要沿岩溶发育带布置或沿现代水系布置。

在同一地区，勘探线、网应采取平行与垂直地下水流向相结合的办法布孔。这种布孔方法同时也适用于水文地质试验、地下水长期观测及水文地质物探勘察线的布置。

1.1.3.3　水文地质钻孔结构设计及钻探特点

1. 钻孔的结构

（1）钻孔（井）的结构。钻孔（井）的结构包括孔径、孔段和孔深三个方面。

除勘探孔外，井身结构应包括：①井管：包括井壁管、过滤管、沉淀管的直径、孔段和深度；②填砾、止水与固井位置及深度。

（2）典型钻孔（井）结构型式：

1）一径成孔（井）。除孔口管外，一径到底的钻孔，即一种口径、一道管柱的钻孔。这类钻孔通常是在地层较稳定的第四纪松散地层或基岩为主的水文地质钻孔、探采结合孔或观测孔。有下井管、过滤管并填砾或不填砾及没有井管、过滤管的基岩裸孔等几种。下井管、过滤管并填砾孔的孔径一般应比管子直径大 150～200mm。

2）多径成孔（井）。具有两个或两个以上变径孔段的钻孔，即多次变径，并用一套或多套管柱的钻孔。通常是上部为第四纪松散层、下部为基岩或具有两个以上主要含水层的水文地质钻孔、探采结合孔及地质孔。通常是在第四纪地层中下井管、过滤管，并填砾或不填砾；在基岩破碎带、强烈风化带下套管。其余情况下的孔一般为裸孔。

2. 钻孔结构设计

水文地质钻孔的结构设计是根据钻探的目的、任务、钻进地点的地质、水文地质剖面以及现有的钻探设备等条件，对钻孔的深度、孔径的变换，以及止水要求等提出的具体设计方案。钻孔的结构设计是否合理，关系到水文地质钻探的质量、出水量、能耗、安全等方面的重要环节。

(1) 钻孔深度的确定。主要取决于含水层底板埋藏深度，原则上应揭穿当地具有供水意义的全部含水层。若含水层厚度很大，应根据勘探目的，结合生产要求和技术条件，来确定钻孔深度。对于勘探开采孔，还要考虑增加沉淀管的深度。孔深误差不大于2‰。

(2) 孔斜的要求。在现有钻探技术的条件下，钻孔在一定深度内产生一定的孔斜是难免的。但如孔斜过大，不但加大设备的磨损，增加孔内事故，而且还影响孔内管材和抽水设备的安装及正常运转。特别是当孔斜过大，而又采用深井泵抽水时，还可能造成立轴和进水管折断，等等。因此对孔斜必须有一定的要求。按《机井技术规范》(SL 256—2000)第3.3.2条的规定：井孔必须保证井管的安装，井管必须保证抽水设备的正常工作。泵段以上顶角倾斜的要求是安装长轴深井泵时不得超过1°，安装潜水电泵时不得超过2°；泵段以下每百米顶角倾斜不得超过2°，方位角不能突变。

(3) 孔径的确定。钻孔孔径首先决定于所设计的钻孔类型，是整个钻孔设计的中心环节。钻孔直径的大小，与选用的钻探设备、钻探方法、井管的类型以及抽水方法等关系密切。对于水文地质勘探试验孔而言，设计钻孔直径时，以将来能在孔内顺利地安装过滤器和抽水设备，并能使抽水试验正常进行为原则，因此要按抽水试验的要求，并根据预计的出水量和是否需要下过滤器及其类型，以及拟用的抽水设备等，来确定其终孔直径。一般的要求是：勘探抽水井的过滤器骨架管的内直径，在松散地层中，应大于200mm；在基岩地层中，应大于100mm。对于探采结合的生产井，应按供水的要求决定钻孔直径，一般采用的过滤器直径比勘探抽水井大，在中细砂层中常用300mm，砂卵石层中采用350～400mm。具体可参考表1.10和表1.11。

表1.10 钻孔出水量与井管（过滤管）直径的关系表

出水量/(m^3/h)	<50	<70	≤100	<150	<200
井管内径/mm	100	125	150	200	254

表1.11 钻孔类型（用途）与终孔直径的关系表

钻孔类型		终孔直径
地质钻探孔（以取岩芯为主）		91mm
一般水文地质钻孔	抽水孔	较过滤器直径大1～2级，填料时大150～200mm
	观测孔	较过滤器直径大1级
探采结合孔		探采结合孔，较过滤器直径大2级，填料时大150～200mm

探明一般水文地质条件的勘探孔和地下水动态测孔，孔径一般为130～250mm，一般为异径；而供水目的的抽水孔和探采结合孔，则要求设计较大口径，一般在松散地层中多在400mm以上，在基岩岩层中一般应大于200mm，多为同径到底。

孔径与钻孔结构有关。常见的供水勘探钻孔结构如图1.6所示。一般孔深小于100m的浅孔，可采用一个口径的孔身结构；孔深为100～300m的中深孔，采用1～2个口径的孔身结构，孔深大于300m的深孔，采用2～3个口径的孔身结构。

孔身直径还决定于抽水段和止水段的层数、孔内结构和填料的要求（图1.6）。为简化水井结构，应尽可能"一径到底"。当不得不变径时，变径的位置，多在含水层下部的

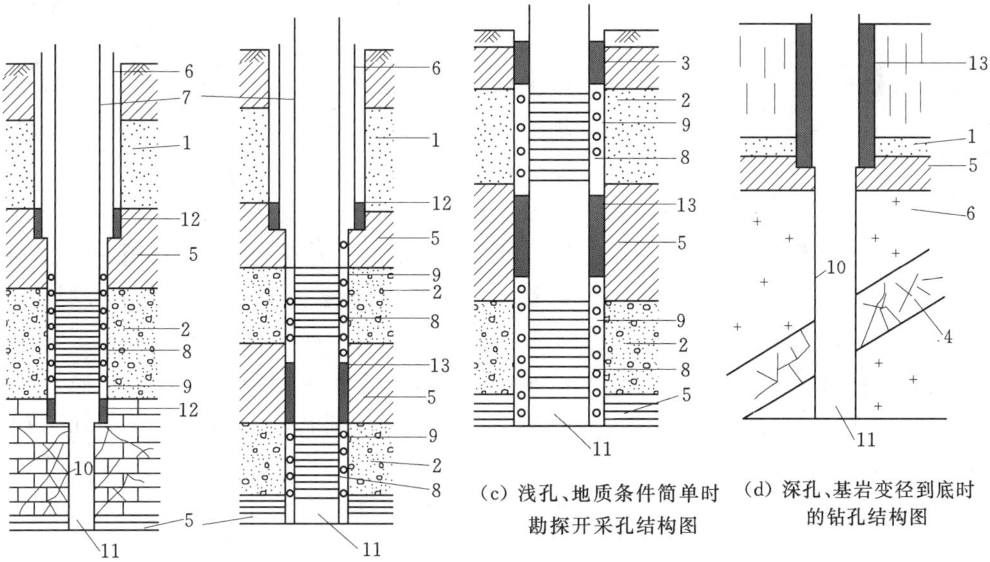

(a) 孔深、地质条件复杂时的钻孔结构图　(b) 中深孔、地质条件较复杂时的钻孔结构图　(c) 浅孔、地质条件简单时勘探开采孔结构图　(d) 深孔、基岩变径到底时的钻孔结构图

图 1.6　供水勘探钻孔结构

1—非开采含水层；2—开采含水层；3、12、13—止水填料；4—基岩含水层；5—相对隔水层；6—第一层套管；7—第二层套管；8—滤水管；9—滤料；10—变径套管；11—沉淀管

隔水层顶部。

再根据已确定的终孔直径，按预计需要隔离的含水层（段）的个数及其止水要求、方法和止水部位，并考虑钻孔的深度、钻进方法、岩石的可钻程度和孔壁的稳定程度等多种因素，来确定钻孔是否需要变径、变径的位置和变径尺寸、下套管的深度和直径。例如，要对各个含水层分别进行水资源评价而要求隔离各个含水层时，或需隔离水质有害的含水层时，就要求换径止水。当钻孔深度大，为防止因孔深增加使负荷增大而产生孔内事故时，往往也需要变换孔径。而当地层松软易钻，孔深较浅、孔径较大的勘探开采孔，可以采用同径止水而不变换孔径（图 1.6）。

在某些地质结构复杂的地区，可能在不太大的深度内出现数个含水层。这时如果全部下套管进行止水，换径次数过多，就会造成钻孔结构复杂，施工困难。此时需仔细研究该地区的地质条件和抽水实验（或开采条件）的要求，合理地采用有关技术措施，在确保优质、高产、低耗、安全的前提下，应尽量简化钻孔结构。

滤水管的直径，应根据预计的钻孔涌水量来设计。根据有关试验证明，钻孔涌水量随孔径增加而增加，但增加到一定数值后，其增加率逐渐减少，甚至不再增加。图 1.7 是砾石含水层中进行的 1～10 组抽水试验结果，从图中可以看出，口径增加，涌水量明显增加，但口径大于 254mm 时，涌水量增加较少，因此过滤器直径不应大于 254mm。

需要说明，大口径抽水孔设计是有条件的，在富水性较弱的含水层中的大口径抽水，一般都不会有显著增加水量的效果，但在一些矿区，为了获得大降深、大流量的抽水资料，也常设计大口径的抽水孔。

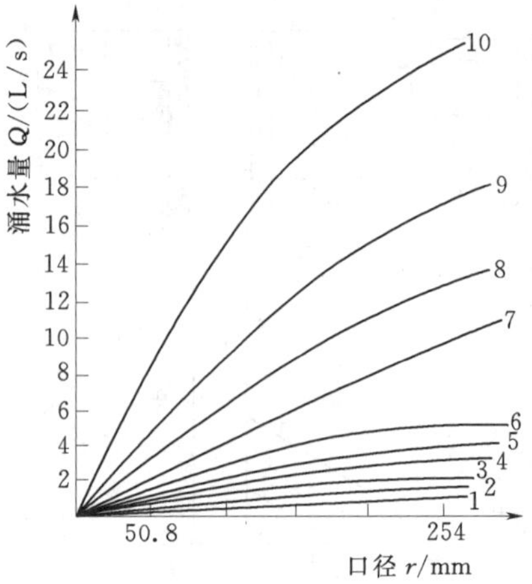

图 1.7 砾石含水层中进行的1～10组涌水量 Q 与口径 r 关系图

(4) 滤水管的设计。滤水管是安装在钻孔中含水（层）段的一种带孔井管，其作用是保证含水层中的地下水能够顺利地流入井管，同时又防止井壁坍塌、阻止地层中细粒物质进入井内造成水井堵塞，保证井的涌水量和井的使用寿命。在松散沉积物及不稳定的岩层中钻进时，必须安装滤水管。

水管的类型：如按材料分，水管有钢滤水管、铸铁滤水管、钢筋骨架滤水管、石棉水泥滤水管、木制与竹制滤水管、矿渣混凝土滤水管、水泥砾石滤水管、陶瓷滤水管及塑料滤水管等；如按滤水管孔隙的形式分，有圆孔、条形孔、半圆孔三种；如按结构形式分，有骨架、缠丝、包网、填砾、贴砾、笼状、筐状等类型，如图 1.8 所示。

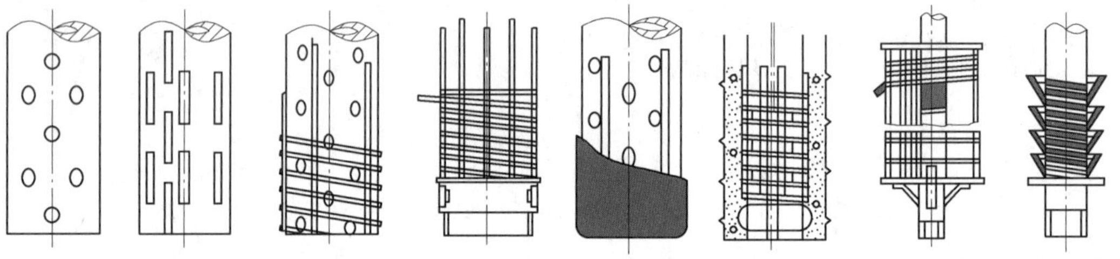

(a) 圆孔　(b) 条形孔　(c) 缠丝　(d) 钢筋骨架　(e) 包网　(f) 填砾　(g) 笼状　(h) 筐状

图 1.8 过滤器类型图

针对不同地区和不同的水文地质条件，应选用不同材料和不同结构形式的滤水管。合理地选择滤水管，才能保证对钻孔的质量要求和降低成本。不同含水层适用的滤水管类型见表 1.12。

表 1.12　过滤管类型选择

<table>
<tr><th>类　型</th><th>特　性</th><th>适用条件</th></tr>
<tr><td>缠丝过滤管</td><td>易于制造，适应性广，可根据水质选择缠丝的材料和断面形状，具有一定的防腐蚀能力和较好的挡砂透水性能</td><td>与管外填砾配合，适用于第四纪和基岩含水层，若能按水质选择骨架管和缠丝材料，可用于各种水质水井中</td></tr>
<tr><td>桥式过滤管</td><td>滤缝为桥式结构，不易堵塞，透水性好，应根据水质选择骨架材料，有较好的防腐蚀性能</td><td>与管外填砾配合，适用于第四纪含水层和基岩含水层，若能按水质选择骨架管，可用于各种水质水井中</td></tr>
<tr><td>聚氯乙烯（PVC）过滤管</td><td>滤缝直接开在骨架管上，呈外窄内宽结构，不易堵塞，透水性好，有良好的防腐蚀性能，成本较低</td><td rowspan="2">与管外填砾配合，适用于第四纪和基岩含水层，尤其适用于腐蚀性较大的水井中</td></tr>
<tr><td>玻璃钢过滤管</td><td>用玻璃纤维交织缠绕成表面呈网状结构的过滤管，有良好的防腐蚀性能，质量轻，强度较大</td></tr>
</table>

续表

类型	特性	适用条件
贴砾过滤管	砾石和过滤管合为一体具有良好的挡砂、透水性能，应根据含水层颗粒大小，选择相应的贴砾规格的过滤管	应根据水质选择骨架管可适用于各种水质的水井中，尤其适用于填砾困难的细粉砂含水层水井中
笼状过滤管	填砾和过滤管合为一体，具有良好的挡砂和透水性能	适用于粉细砂含水层和填砾困难的井中
包网过滤管	滤网孔眼容易堵塞，透水性能差	用于不能填砾的中细粉沙含水层中
裸眼过滤管	透水性能好，挡砂作用差	只适用于粗颗粒含水层和不含细粒的裂隙含水层水井中

1）滤水管的长度确定。当含水层的厚度≤15m 时，按小于含水层厚度 0.8～1.0m 取；不过当含水层的厚度很大时，滤水管的长度不宜超过 20～30m，须按式（1.1）计算：

$$L=\frac{Q\alpha}{D} \tag{1.1}$$

式中 Q——钻孔涌水量，m^3/h；

L——滤水管的长度，m；

D——滤水管的外径，mm；

α——经验系数，与含水层的颗粒大小有关，按表 1.13 取。

表 1.13　　系数 α 值的确定

含水层的岩性	含水层渗透系数/(m/d)	系数 α 值
细砂	2～5	90
中砂	5～15	60
粗砂	15～30	50
砾石	30～70	30

2）滤水管的直径按式（1.2）确定：

$$D=\frac{Q}{\pi lmv} \tag{1.2}$$

式中 D——滤水管的外径，mm；

Q——井的预计涌水量，m^3/h；

l——滤水管进水部分的长度，m；

m——滤水管的孔隙率；

v——最大允许进水速度，m/d，按式（1.3）计算：

$$v=65\sqrt[3]{K} \tag{1.3}$$

式中 K——含水层的预计渗透系数，m/d。

3）滤水管孔隙尺寸和孔隙率的确定。滤水管的挡砂作用主要是由滤水孔或连续孔的间隙的大小来完成的。因此滤水孔的尺寸应取决于地层砂砾的有效粒度。

若滤水管外面要填砾，其滤水孔的大小应按能保留住 90%填料或更多的填料为原则来确定。大于砾料的滤水孔会造成漏砾的严重后果，而过小的滤水孔对水井的清砂不利，也会增大水流阻力和堵塞。

若滤水管外不填砾而直接接触天然层，则滤水孔的尺寸应根据含水层砂样的筛分资料来确定。

孔隙率是衡量滤水性能优劣的指标。孔隙率大，则进水面积相对的也大，水经滤水管的阻力就小。但是，过大的孔隙率必然影响到滤水管的强度。因此，滤水管的孔隙率应与地层的给水度相吻合，在选择滤水管的孔隙率时至少不应小于地层的给水度。

滤水管的孔隙率的计算随滤水管的类型不同而异。骨架滤水管、缠丝滤水管等，因滤水孔直接穿透，故滤水孔的孔隙率为进水面积（滤水孔总面积）与滤水管表面积之比。贴砾滤水管、砾石水泥滤水管的孔隙率，则以滤水管所吸收水的体积与滤水管体积之比来表示。

3. 钻孔止水

在多层结构含水层中进行钻探，为了分层观测，分层抽水，分层取样，获得各个含水层的水文地质参数，防止水质不良的含水层的地下水流入孔内，以及钻进时产生严重渗漏而影响正常工作时，都必须进行止水工作。水文地质钻孔和供水钻孔的止水，一般均采用套管隔离，在止水的位置用止水材料封闭套管与孔壁之间的间隙。止水的部位应尽量选在隔水性能好及孔壁较完整的孔段。

（1）止水方法的选择。止水方法按不同的条件可分为：临时性止水和永久性止水，同径止水和异径止水，管外和管内止水等方法。

止水方法的选择，主要取决于钻孔的类型（目的）、结构、地层岩性和钻探施工方法等多种因素。临时性止水应用于一个钻孔要对两个或两个以上含水层进行测试，或该目的层取完资料后并无保存钻孔的必要时所采用的止水方法。永久性止水则用于供水井中，主要作用是封闭含有害水质的含水层。一般管外异径止水的效果较好，且便于检查，但钻孔结构复杂，各种规格管材用量大，施工程序复杂，多实用于含水层研究程度较差的勘探试验孔。管外同径止水或管外管内同径联合止水方法，钻孔结构简单，钻探效率较高，管材用量较少，但止水效果检查不便，多用于大口径的勘探开采孔或开采孔止水。

（2）止水材料的选择。止水材料应根据止水要求和孔内地质条件来选择和确定，止水材料必须具备隔水性好、无毒、无臭、不污染水质等条件，以经济、耐用、性能可靠为原则。常用止水材料对比表见表1.14。

表1.14 常用止水材料对比表

材料名称	适用条件	优缺点
海带	（1）松散地层和完整基岩孔中，暂时止水； （2）孔斜不大，斜孔的同径或异径止水； （3）管径与孔径必须相差两级以上	海带膨胀性强，止水快，效果好，但不能用作永久性止水，亦不适合于在破碎带及裂隙岩层中止水
黏土	（1）水压和水流不太大，隔水层厚度大于5m的同异径止水； （2）适于裂隙、岩溶和松散岩层中止水； （3）适于斜孔及长观孔止水	方法简单，操作方便，成本低，效果好。但被钻具碰动时，易失去止水效果
水泥	除同黏土止水情况外，不适于基岩破碎带的止水	方法简单，效果好但成本高，固结时间较长，起拔管材困难，适于永久性止水

续表

材料名称	适用条件	优缺点
沥青	(1) 水压和水流不大的浅孔； (2) 坚硬岩层止水； (3) 永久性止水	可塑性大，止水处不易被钻具碰动，效果好，但手续麻烦
牛皮	(1) 潜水和高压的承压水； (2) 孔壁完整的换径处及斜孔深孔止水	膨胀性强，效果好，但成本高，不适于长期止水
橡胶	(1) 完整基岩钻孔； (2) 松散地层可试用； (3) 暂时性止水	可塑性强，效果好，但成本高，手续麻烦

1.1.3.4 钻进方法及钻进过程中的观测编录工作

1. 钻进的方法及选择

钻进的方法，应根据地层的岩性、钻孔结构、水文地质要求及施工地区的特殊条件而定，一般可参考表 1.15 选择。

表 1.15　钻进方法选择

选用方法名称	适用范围		优点
	可钻性/级	岩性及其他条件	
牙轮钻性	1～10	第四纪松软地层及完整、破碎、致密、研磨性岩石及卵砾石层均适用，常用于不取芯钻	适用范围广、效率高，尤其在卵砾石及破碎地层钻进较其他回转钻进效果更好
硬质合金钻进	常规口径 1～6 大口径 1～4	适用于第四纪松软地层及较致密、完整基岩钻进，不适用卵砾石层及破碎地层钻进	钻头加工容易，成本较低
钻粒钻进	常规口径 7～10 大口径 5～9	适用于基岩、漂砾、卵砾石层，尤其适用于大口径取芯钻进。大裂隙、大漏失地层不宜使用	钻头加工容易，成本低，在漂砾卵石层用大岩芯管取芯钻进有良好效果
合金钻粒混合钻进	4～8	适用漂、卵砾石层及软硬交错地层钻进	钻进中具有合金和钻粒两种方法的特点
射流反循环钻进		适用于第四纪松软地层钻进，孔深超过 50m 时效率明显下降，可与气举反循环进行配套使用于浅孔段中钻进	设备简单，洗孔彻底，钻进安全效率高
泵吸反循环钻进		适用于第四纪地层浅忆、大口径孔钻进，孔深在 100m 内效果较好，须保证充足的施工用水，地水位浅 3m 时，不易护孔，砾径超过钻杆内径的卵石层不宜使用此方法钻进	冲洗液上返速度快、洗孔彻底钻效高，钻进安全，成本低，成井后易于洗井，出水量大
气举反循环钻进		适于第四纪砂土、砂粒层及硬度不大的基岩大口径孔钻进，孔深大于 10m 开始使用，超过 50m 后方能发挥其高效特性，须保证充足施工用水，地下水位浅于 3m 时不易护壁。黏土层不宜使用	冲洗液上返速度快、洗孔彻底孔内干净，钻进效率高，安全，成井后洗井容易，出水量大

续表

选用方法名称	适用范围		优点
	可钻性/级	岩性及其他条件	
气动潜孔锤正循环钻进	5～12	适用于硬基岩及第四纪胶结、半胶结地层和卵、砾石层钻进，孔径不大于310mm，常用于不取芯钻进。尤其适用于缺水或供水困难地区钻进用	具有冲击和回转双重破岩作用，孔底岩石受压小、钻效高，成本低，且不污染含水层、成井后洗井容易，出不量大
气动潜孔锤反循环钻进		适用于坚硬基岩及第四纪胶结、半胶结地层和卵、砾石层钻进，钻孔直径不大于250mm，常用于不取芯钻进。尤其适于水或供水困难地区钻进用	具有正循环潜孔锤钻进全部优点；在不稳定地层中钻进护孔效果优于正循环钻进
液动冲击回转钻进	5～11	适用于坚硬基岩钻进，目前只在常规口径钻孔中使用，正在大口径中试验应用	具有冲击和回转重破岩作用；可以使用泥浆作冲洗液护孔，不受水位限制，能在深孔钻进
钢绳冲击钻进	1～5	适用于第四纪砂土、漂砾、卵砾石层及风化破碎基岩、大口径、浅孔、中深孔钻进，钻孔深度一般不超过200m	设备、钻具简单，成本低，在砂土、卵砾石层浅孔钻进有良好效果
满眼钻进		适于大口径深孔钻进；粗钻钻具处须安装扶正器，钻压应选用大于两次弯曲临界值或小于一次弯曲临界值	钻进中能使钻具保持稳定，能有效防止孔斜，钻进效率高
辐射井钻进		适于第四纪浅部含水层，大口径竖井中钻进	能沿含水层走向，按集水竖井四周不同方位、水平方向安设多组过滤管，扩大单井取水范围，提高单井供水能力
同步跟管钻进		适用于漂砾、流砂层、卵砾石层、冲积层等非稳定性覆盖层钻进，并须配备专用设备和工具	在极不稳定的地层中钻进，能有效地防止塌孔，保证安全钻进

注 浅孔指钻孔深度小于或等于100m的钻孔；中深孔：指钻孔深度大于100m小于300m的钻孔；深孔：指钻孔深度大于300m的钻孔。

根据岩石可钻性，常规口径（91～172mm）1～6级，大口径（219～426mm）1～4级的岩石可用合金钻进；常规口径7～9级，大口径5～9级的岩石可用钢粒或牙轮钻头钻进。

卵砾石为主的地层，可采用回转钻进的方法，大口径钢粒钻进或硬质合金钻头与钢粒混合钻进，一次成孔。在松软地层中进行大口径钻进时，可用冲击定深取样，刮刀钻头、鱼尾钻头无岩芯钻进，并配合电测井。

由于钻探技术种类很多，以下仅就目前两种新引进的钻进技术进行详细介绍。

（1）空气钻进技术。多工艺空气钻进技术（含空气泡沫钻进、空气潜孔锤、气举反循环等）被视为当代衡量钻探技术水平的重要标志之一。空气钻进技术的实质主要是用压缩空气代替常规钻进时用水或泥浆循环，起冷却钻头、排除岩屑和保护井壁的作用。此外，多工艺空气钻进可使钻井的速度提高几倍至十几倍。空气或泡沫钻进不会在井壁形成泥皮或堵塞岩层孔隙水流通道，这样也有利于增大出水量和成井质量。用气举反循环钻进可以对口径较大和 1000～2000m 以上的深井进行施工，同时还可减少完井前的洗井作业的时间。这些优点在西北干旱地区及低压层中效果更为突出。

该项技术已先后应用于非洲、亚洲 20 多个国家。中国是缺水国家，尤其是西北地区更加干旱缺水。这一现状迫切要求在这一地区发展空气钻进技术。通过一系列研究与推广应用，中国现已能较全面地掌握和推广应用此项钻井技术。迄今中国已能自行设计、生产一系列用于空气钻进的钻机及配套机具和若干井内用泡沫剂，如能钻 300m 和 600m 的钻机、空气潜孔锤、气举反循环、跟套管钻进、中心取样钻进用的设备、管材、钻头等绝大部分实现了国产化，并有部分出口。

空气钻进技术的优点：①空气取之不尽，气液混合介质亦易制备，利于在干旱缺水、高寒冰冻、供水困难地区钻探施工，减少用水费用和成本；②空气或气液混合介质（气水混合、泡沫、充气泥浆等）密度低，明显降低对井底的压力，利于提高钻速；③空气或气液混合介质对不稳地层和复杂岩矿层、漏失层的钻进都有明显的效果，并对低压含水层有保护作用；④压缩空气除在井内循环作用外，还可作为动力源实现冲击回转（如空气潜孔锤）钻进，大幅度提高基岩井的钻井速度，并能克服水井常遇的卵砾层钻进困难；⑤空气在井内循环流速快，能迅速将井底岩屑（样）输至地表，利于及时判明井底情况；⑥空气在井内的循环方式可以根据需要采用正循环或反循环，当用气举反循环钻进时，可以施工较大口径和 2～3km 的深井。

以下主要介绍气举反循环及空气潜孔锤两种钻进技术。

1）气举反循环钻进技术。气举反循环钻进技术是中国 20 世纪 90 年代引进并推广的新型钻进技术，是利用压缩空气与钻杆内的冲洗液混合后形成的低密度气液混合物，以较高速度向上流动，从而将孔底的岩屑连续不断地带出地表。

气举反循环钻与常规的正循环（或泵吸反循环）钻进方法相比有如下优点：①气举反循环钻进空压机的工作介质是空气，钻进可靠性高，与泵吸反循环钻进中所用的泥浆泵、砂石泵相比，事故明显减少；②气举反循环钻进时，钻具内各处均不存在负压（压力都不小于 0.1MPa），不会因钻具密封不良而不能工作，也不存在气蚀损坏水力机械现象，而泵吸反循环钻进时，钻具内处于负压状态，如果钻具密封不严出现漏气现象，则会导致冲洗液停止循环而不能继续钻进，严重时甚至可能造成事故；③气举反循环钻进不仅可以在孔内未完全充满液体（只要孔内有稳定水位）的条件下工作，而且可以钻进中深孔和深孔，而在这种情况下泵吸反循环则很难实现；④气举反循环钻进属于低能系统的钻进方法（空压机的额定风压一般在 1MPa 左右，风量也不大），与其他钻进方法相比，还有功率消耗低的优点等。

【例 1.1】

我国曾在黄河郑州段地下水凿井工程（中深井）采用气举反循环钻进技术施工，施工发现，沿黄河地下水含水层颗粒细、流速大，要求钻进技术高、成井工艺复杂，因而黄河郑州段“九五〇”地下水凿井工程（中深井）中在浅孔段（<15m）采用正循环钻进，而在 15m 以下的深孔段采用气举反循环钻进，先用 ϕ250 合金钻头钻进引孔，后分级快速扩孔成孔。为详细介绍气举反循环这种新型的钻进技术，下面就以该工程为例对该工艺的钻

进参数和施工技术进行详细介绍。

钻进参数：以中钻压（20～25kN）、中低转速（70～120r/min）、中风压（0.45～0.90MPa）、中高沉没比（0.60～0.95）和中风量（5～10m^3/min）为主。钻进钻具组合为（由下至上）：ϕ250六翼合金钻头＋ϕ121钻铤＋ϕ89钻杆＋混合器＋SHB－127/87mm双臂钻杆＋双臂主动钻杆＋气水龙头；扩孔工具组合为（由下至上）：ϕ350、ϕ500、ϕ650、ϕ750六翼合金钻头＋ϕ121钻铤＋ϕ89钻杆＋混合器＋SHB－127/87mm双臂钻杆＋双臂主动钻杆＋气水龙头。

冲洗液：采用低固相泥浆作冲洗液，其具有黏度低、密度小、固相颗粒少、固孔壁作用快、渗透性好、可实现钻孔的快速堵漏、携屑排屑能力强、易洗井等特点，同时还可缩短倒风管时间，提高钻进效率。泥浆配制为：水（89.0%～93.8%）＋黏土粉（5%～8%）＋纯碱（0.5%～1.0%）＋烧碱（0.5%～1.5%）＋水解聚丙烯酰胺（0.2%～0.5%）。性能控制如下：泥浆比重1.02～1.10kg/m^3；黏度1～22s；pH值9～10；失水量20～30mL/h（0.7MPa）。冲洗液循环系统由一个沉淀池、一个泥浆供给池及循环槽构成，池规格为6m×5m×2m（两个），槽规格为10m×0.8m×1m。钻进过程中泥浆靠自身流动性流入孔内。

冲孔技术：气举反循环泥浆钻进至设计孔深后应及时冲孔。由于孔内泥浆黏度大，含砂量较高，因此应及时向孔内注入钻进配制的泥浆，替换出孔内的原有泥浆，以保证下管过程中孔内泥浆不产生岩屑沉淀，使井管顺利下到预定位置，同时防止堵塞滤水管的孔隙。换浆一般以孔口返出泥浆和送入孔内泥浆的性能接近时为宜，时间为4～6h。换浆冲孔过程中，保持泥浆性能逐渐由稠变稀，防止泥浆性能突变，导致粗颗粒沉淀或孔壁坍塌。同时要经常转动钻具，以防泥浆在孔内上返时产生“串流”现象，影响换浆效果。

下管工艺：选择的井滤管质量达到抗拉强度不小于15N/mm^2，弯曲公差不大于2.5mm/m，内外径公差不大于±1mm，内壁不得有沟和铸瘤，外壁水纹深度不得超过2mm，铸瘤高度不超过3mm，在每端丝扣长度内砂眼数量不得超过3个，并不得连通。缠丝间距0.75～1.00mm，孔隙率不小于20%。为此选定邯郸铸铁井滤管（国标管）。

下管方法：因供水井成井较浅（≤150m），管柱总重量小于升降机、钻塔等设备起重能力和井管自身抗拉强度，故采用一次提吊法下管。下管操作同常规下管方法，但需要稳拉、慢放，严防紧急刹车；下管遇到阻力时不得猛墩，下到滤水管时应保持井滤管内外泥浆压力平衡，以防止挤破缠丝滤网造成大量进砂。扶正器为木质（规格为350mm×50mm×150mm），在距两端80mm处钻孔穿铁丝固定于井管接头处，每组4块，并依实测地层资料安装在比较稳定的黏土层和亚砂土层。

填砾：砾料选用直径1～3mm浑圆度较好的石英砂，严禁使用尖角碎石，不合格砾料含量不能超过10%～15%。

填砾方法：泵吸反循环施工的浅孔因使用清水钻进，故采用静水填砾；气举反循环泥浆钻进，孔较深，孔壁泥皮较厚，采用泵压法填砾。填砾速度一般控制在10～15m^3/h，砾料一次填完，中途不能停歇，以免造成砾料分选和孔壁坍塌，填砾厚度达187.5mm。止水工艺：该工程46口供水管井，设计与实际均需要永久隔离地表水渗透，故选用经济、耐久、性能可靠的优质黏土。

止水方法：采用黏土球和黏土碎块围填止水，止水位置在 0～14m 左右。黏土球的加工采用黏土加黏土粉混配，揉实风干，直径 15～40mm 不等，投入速度不宜太快，以防架桥堵塞，以大小不同规格混杂投入，以缩小黏土球间的空隙，投完黏土球后（投入黏土球高度 40cm 左右），上部投入黏土碎块，以使其遇水溶化后充填黏土球间空隙，增强止水效果。

洗井工艺：先采用空压机洗井，排出管内泥浆直至变清。80m 以上井段采用具有强力破壁兼排浆作用的活门抽筒活塞升降机单绳提拉；80m 以下井段用双盘胶皮活塞钻杆提拉，空压机、大泵量深井潜水泵交替进行；洗井顺序自上而下，直至水清砂净。洗井后，经试抽单位涌水量均无反常现象，含砂量均小于 1∶106。

2）空气潜孔锤钻进技术。空气潜孔锤钻进技术是利用压缩空气作为循环介质，并作为驱动孔底冲击器的能源而进行的冲击回转钻进，它是空气钻进技术在破岩方法上的一个突破。它具有以下优点：①钻进效率高，在坚硬岩层采用潜孔锤钻进比普通金刚石回转钻进的效率要提高 10 多倍，其机械钻速可达 8～40m/h，台月效率达千米以上；②钻头的寿命长，一个直径 220mm 的球齿钻头在花岗岩地层可钻进 500m，在石灰岩地层可钻进 1000m；③水文水井钻进中，成井质量高，出水量大，其出水量比其他工艺方法（如清水或泥浆循环）提高 30%左右；④需要钻压和转数较低，能改善钻杆扭矩和钻具工作条件，如 ϕ220mm 的潜孔锤只需要钻压 13～17kN 即可达到很好的钻进效果；⑤防孔斜效果好，由于钻压和转数低，一般情况下，每百米孔斜均小于 1°。

空气潜孔锤钻进最先用于矿山开采，20 世纪 40 年代末用于露天和井下开采，经过 30 年的研究和改进后，于 70 年代起逐渐被应用到水文水井钻探上。在 80 年代，美国水文水井钻进中采用潜孔锤钻进的已占到其总工作量的 75%。80 年代后，潜孔锤钻进技术在中国得到迅速发展。这项技术作为“多工艺空气钻进技术”项目的课题之一，被列入地矿部“七五”重点科技公关项目。1992 年被国家科委列入“国家科技成果推广项目计划”。目前中国有 100 多个单位推广这项新技术，已用之钻井近万眼。

潜孔锤钻进技术包括系列潜孔锤：贯通式潜孔锤、800～1200mm 的大直径潜孔锤、潜孔锤跟管钻进、扩孔钻具、取芯钻具及相关的钻进工艺。

潜孔锤是在井底做功的冲击器，由配气装置、活塞、汽缸、外套及一些附属件所组成；潜孔锤所使用的钻头种类很多，其中刀片钻头用于软地层，球齿钻头用于硬地层。

【例 1.2】

在贵州省某公司的成井施工中，曾使用空气潜孔锤钻进工艺施工成井 1 眼，完成井深 99.88m，出水量 540t/d。现以之为例说明该钻进的技术工艺和施工工序。

该场地地层情况：上部为第四系（Q）黏土，厚约 3m；下部为关岭组（T2*g*）中厚层白云岩，夹薄层白云岩，岩体内溶孔、溶蚀裂隙、小溶洞较为发育，大部分溶裂充填黄色黏土。钻孔静止水位埋深 2m。

采用的施工设备和机具：SP530H 型移动式螺杆空压机，风量 22.33m^3，最大风压 1.2MPa，SPJ300 型水文水井钻机；4135 型柴油机；ϕ89mm 钻杆；JG150、JW150、JW200B 型潜孔锤各 1 套；JG50・165、JW150・165、JW200・205 钻头各 1 个，JW250

扩孔钻头1个。

采用的钻进工艺：钻压控制在8～15kN；钻具转速一般控制在14～24r/min；风量一般在20～24m^3/min。为使潜孔锤能正常工作，工作压力必须满足$P_1-(P_2+P_3)\geqslant P_4$（$P_1$为空压机输出压力；$P_2$为沿途管道压力损失；$P_3$为井内水柱对冲击器造成的负压；$P_4$为潜孔锤正常工作压力）。

施工开始时首先用常规硬质合金钻头钻进，将上部土层及基岩强风化层钻穿，下入ϕ325钢管作定向管，然后用JW200B型潜孔锤带ϕ205钻头施工至井深51m，再用JW200B型潜孔锤带ϕ250扩孔钻头扩完井段，下入ϕ219无缝钢管51m作成井管，最后用JW150型潜孔锤带入ϕ165钻头钻进至终孔。

施工中发现，因SP530H型空压机输出最大风压为1.2MPa，施工成井深度只能达100m左右，如需钻更深的孔，则需添置增压机或使用高压力空压机才能实现。

（2）无固相冲洗液钻进技术。在水文地质孔含水层中钻进时，若该含水层段地层稳定性差，通常是采用优质泥浆护壁钻进。然而由于泥浆中的黏土颗粒会造成含水层堵塞，抽水前不得不采用各种方法洗井，不仅耗时耗物，而且有时会因洗井效果不理想而影响水文地质资料的准确性。如果用清水钻进，则容易产生孔壁垮塌、埋钻等孔内事故。针对这一问题，江苏省煤田地质勘探第三队近年来在某矿若干个水文地质孔施工中，使用聚丙烯酰胺—水玻璃—腐植酸钾无固相冲洗液钻进，取得了较好效果，既安全穿过局部不稳定地层，终孔后又不用洗井而直接进行抽水试验。

【例1.3】

江苏省煤田地质勘探第三队使用聚丙烯酰胺—水玻璃—腐植酸钾无固相冲洗液钻进。

钻探区的地层为：表层110m左右的冲积层，岩性多为灰白、灰绿色黏土，局部为没有胶结的细砂，孔壁很不稳定；冲积层以下是205m左右的泥岩、粉细砂岩互层，再往下则是煤层、泥岩、泥质砂岩所组成的煤系地层。其目的层为两个含水层，岩性均以泥质砂岩为主。按照水文地质设计要求，在含水层段钻进时不得使用泥浆，也不能使用清水钻进，否则会发生塌孔现象，甚至产生埋钻事故。煤系地层以下至终孔是45m左右的灰岩。

无固相冲洗液使用机理：无固相冲洗液的良好性能是通过添加化学处理剂来实现的。高分子聚合物聚丙烯酰胺（PHP）不仅能絮凝钻屑，而且其分子链上的羧基（—COOH）可以加强水解聚丙烯酰胺和孔壁之间的吸附作用，所以有较好的稳定孔壁作用，而水玻璃（$Na_2O\cdot nSiO_2$）则是一种以Si－O－Si键连成的低聚合度聚合物，为黏稠状半透明体，pH值为11.5～12，水解后生成胶态沉淀，能促进沉渣；另外水玻璃遇钙、镁、铁等离子会反应产生沉淀反应：

$$Na_2SiO_2+Ca^{2+}\longrightarrow CaSiO_3\downarrow+2Na^+$$

这不仅有助于沉砂，也能促进孔壁形成钙化层，使孔壁得到稳定。腐植酸钾（KHm）含有K^+，在足够的浓度下，K^+对黏土矿物具有封闭作用，能使易水化膨胀的泥质岩层呈现较好的惰性。

基本配方与室内试验：

（1）无固相冲洗液的基本配方：PHP300～600ppm、$Na_2O\cdot nSiO_2$ 6%～8%、

KHm 1%。

（2）浆液性能：漏斗黏度 17s，密度 1.02g/cm^3，pH 值 11，失水量为全失水。

（3）室内试验：浸泡试验。目的是观察试样在浸泡时发生的变化（膨胀、变形及发生的时间）。浸泡岩样取自施工现场，与目的层易坍塌的泥质砂岩及泥岩岩性相同，将其粉碎后过 100 目筛，用水拌和后做成直径 20mm，高 25mm 的圆柱，自然晾干而成。

施工措施：根据室内试验情况，用泥浆钻穿冲积层，下入 ϕ146mm 护壁套管，继续用泥浆钻进至含水层顶板，换用聚丙烯酰胺—水玻璃—腐植酸钾无固相冲洗液，代替泥浆钻进，直至灰岩顶板，其间穿过两层煤和两个含水层，孔内一切正常，未发生掉块、坍塌等现象，孔内干净，钻具一下到底。进入灰岩后，由于灰岩裂隙发育，冲洗液全漏失，基于降低成本考虑，改用清水钻进至终孔（终孔深度 540m 左右），孔内未发生任何异常情况。

2. 钻进过程中的观测工作

为获得各种水文地质资料，在钻进过程中必须进行水文地质观测工作。需观测的项目如下：

（1）冲洗液的消耗量及其颜色、稠度等特性的变化，记录其增减变化量及位置。

（2）钻孔中的水位变化。当发现含水层时，要测定其初见水位和天然稳定水位。

（3）及时地描述岩芯，统计岩芯的采取率；测量其裂隙率或岩溶率。

（4）测量钻孔的水温变化值及其位置。

（5）观测和记录钻进过程中发生的涌水、涌砂、涌气现象及其起止深度与数量。

（6）观测和记录钻进的速度、孔底压力及钻具突然下落（掉钻）、孔壁坍塌、缩径等现象及其深度。

（7）按钻孔设计书的要求及时采集水、气、岩、土样品。

（8）在钻进工作结束后，按要求进行综合性的水文地质物探测井工作。

对以上在钻进过程中观测到的数据和重要现象，均要求反映在终孔后编制的水文地质钻探综合成果图表中。该图表主要包括钻孔结构及地层柱状图、地质—水文地质描述及在该孔中完成的试（实）验、分析等资料，如测井曲线。

3. 钻进过程中的编录工作

水文地质钻探所取得的资料都要及时、准确、完整、如实地进行编录。编录就是将钻探过程中所取得的一系列原始数据和观察的现象编辑并记录下来，作为技术资料保存和使用。编录以钻孔为单位进行，每一个钻孔都要有完整的编录资料，内容如下：

（1）钻孔类型与钻孔位置。钻孔类型是反映钻孔的用途（地质孔、抽水试验孔、勘探开采孔、长期观测孔等）。钻孔位置是说明钻孔的地理位置、地质与地貌位置、坐标位置及孔口地面高程。

（2）钻进情况。使用钻机种类、钻探工作类型、钻头种类、施工起止时间、施工单位、取样方法、取样深度与编号、岩芯采取率等。

（3）地层情况。地层名称、地质时代、变层深度、地层厚度及地层的岩性描述。

（4）观测与试验。冲洗液的消耗量、漏水位置、孔壁坍塌、掉块、掉钻、涌砂与气体逸出等情况、取水样的位置、各含水层地下水的水位与水温、自流水水头与自流量；各含水层简易抽水试验的延续时间、水位下降、出水量、恢复水位高度与水位恢复时间；含水层颗粒的筛分结果；水质分析成果；隔离封闭含水层的止水效果；洗井方法及洗井台班数等。

（5）钻孔结构。钻孔的深度、钻孔直径（开孔直径、终孔直径及各部位直径）、钻孔斜度、下套管位置、套管种类与规格、井管材料种类与规格、滤水管位置、填砾规格、管外封闭位置、封闭材料及钻孔回填情况等。

最后将钻进过程中所有的成果资料，汇总成钻探成果图表上报。

1.1.4 水文地质试验

水文地质试验是为测定水文地质参数和了解地下水的运动规律而进行的试验工作，内容包括抽水、注水、压水、渗水、连通、流速和弥散系数测定等。其中抽水试验是最主要的手段。根据不同的试验目的采用相应的水文地质试验方法。

抽水试验目的的主要是测定含水层的富水程度和评价井（孔）的出水能力；确定含水层的水文地质参数；为取水工程设计提供所需水文地质数据（如单井出水量、单位出水量、井间干扰系数等）。抽水试验方法主要包括：在水井或钻孔中进行抽水，观测记录水量和水位随时间的变化；利用水位与流量之间的函数关系，计算含水层渗透系数和井、孔出水能力等。

渗水试验的目的是测定包气带土层垂向渗透系数。确定渠道、水库、灌区的渗漏水量时，可用此法确定干燥土层的渗透系数。渗水试验原理是在地表挖试坑注水，在坑底保持一定水层厚度，使水在地下水面以上的干土层中稳定下渗，根据单位时间内试坑的稳定耗水量测算土层渗透系数。

钻孔注水试验的目的是测定透水层的渗透系数。非饱和透水层的渗透系数。其原理同抽水试验。方法主要是往钻孔中连续定量注水，使孔内保持一定水位，通过水位与水量的函数关系，测定透水层渗透系数。注水试验适用条件包括：钻孔中地下水位埋藏很深或试验层为透水不含水层时；研究地下水人工补给或废水地下处置的效率时。这里需要注明的是因注水井一般难以具备洗井条件，故注水试验方法求得的岩层渗透系数远比抽水试验求得的小。

钻孔压水试验的目的是测定岩体的透水性。为论证岩体的完整性和透水程度提供重要依据。通过测定裂隙岩体的单位吸水量，并以其换算求出渗透系数。用以说明裂隙岩体的透水性、裂隙性及其随深度的变化情况。压水试验原理是用栓塞将钻孔隔离出一定长度的孔段，并向该段压水，根据压力与流量的关系确定岩体渗透特性。

水文地质试验是水文地质调查中不可缺少的重要手段，是获取水文地质参数的基本方法。水文地质试验分野外试验和室内试验两种。限于篇幅，本节只介绍几种常见的野外水文地质试验，即抽水试验、压水试验、注水（渗水）试验，另外简要介绍注水（渗水）试验、连通试验等。

1.1.4.1 抽水试验

1. 抽水试验可具体解决的问题

（1）直接测定含水层的富水程度和评价井（孔）的出水能力（Q）。

（2）确定含水层的水文地质参数（K、T、μ、μ^* 等）。

（3）为取水工程设计提供所需水文地质数据，如影响半径（R）、单井出水量、单位出水量、井间干扰系数等。

（4）评价水源地的可（允许）开采量。

（5）查明其他手段难以查明的水文地质条件，如地表水、地下水之间及各含水层之间的水力联系，或地下水补给通道和强径流带的位置等。

（6）确定含水层（或含水体）边界位置及性质等。

2. 抽水试验的类型

抽水试验的类型较多，分类也不尽统一。按井流公式，抽水试验可分为稳定流抽水试验和非稳定流抽水试验两种；若按抽水试验时所用的井孔的数量，抽水试验可分为：单孔、多孔及干扰井群抽水试验；若按试验的含水层数目，抽水试验可分为分层抽水试验和混合抽水试验。一般根据抽水试验所依据的井流公式原理、抽水试验的目的任务和方法要求等，可将其分类见表 1.16。

表 1.16　　抽水试验方法分类

<table>
<tr><th>分类依据</th><th>抽水试验类型</th><th colspan="2">亚　类</th><th>主　要　用　途</th></tr>
<tr><td rowspan="2">Ⅰ. 按井流公式的稳定流和非稳定流理论</td><td>稳定流抽水试验</td><td colspan="2"></td><td>（1）确定水文地质参数 K、$H(r)$、R；
（2）确定水井的 Q—s 曲线类型：
1）判断含水层类型及水文地质条件；
2）下推更大降深时的开采量</td></tr>
<tr><td>非稳定流抽水试验</td><td colspan="2">（1）定流量非稳定流抽水试验；
（2）定降深非稳定流抽水试验</td><td>（1）确定水文地质参数 μ^*、μ、K'/m'（越流系数）、T、α、B（越流因素）、$1/\alpha$（延迟指数）；
（2）预测在某一抽水量条件下，抽水流场内任一时刻任一点的水位下降值</td></tr>
<tr><td rowspan="4">Ⅱ. 按井流公式的干扰和非干扰理论</td><td rowspan="2">单孔抽水试验</td><td rowspan="2">按有无水位观测孔</td><td>无观测孔的单孔抽水试验</td><td>同井流公式的稳定流和非稳定流理论主要用途</td></tr>
<tr><td>带观测孔的单孔抽水试验，也称多孔抽水试验</td><td>（1）提高水文地质参数的计算精度：
1）提高水位观测精度；
2）避开抽水孔三维流影响。
（2）准确确定 $r-S$ 关系，求解出 R、μ、α；
（3）了解某一方向上水力坡度的变化，从而认识某些水文地质条</td></tr>
<tr><td rowspan="2">干扰抽水试验</td><td rowspan="2">按试验目的规模</td><td>干扰抽水试验</td><td>（1）求取水工程干扰出水量；
（2）求井间干扰系数和合理井距</td></tr>
<tr><td>大型群孔干扰抽水试验</td><td>（1）求水源地允许开采量；
（2）暴露和查明水文地质条件；
（3）建立地下水流（开采条件下）模拟模型</td></tr>
<tr><td rowspan="3">Ⅲ. 按抽水试验任务</td><td colspan="3">试验抽水（一次降深试验性稳定流单孔抽水）</td><td>概略评价含水富水性</td></tr>
<tr><td colspan="3">抽水试验（2～3 次降深稳定或非稳定流单孔抽水试验）</td><td>求水文地质参数，确定 $Q-S$ 关系</td></tr>
<tr><td colspan="3">（1）一般开采性抽水试验；
（2）生产性群孔大型抽水试验</td><td>求水源地允许开采量，或求水文参数，或判明水文地质条件</td></tr>
</table>

续表

分类依据	抽水试验类型	亚 类	主 要 用 途
Ⅳ.按抽水试验的含水层数目	分层抽水试验		单独求取各含水层的水文地质参数
	混合抽水试验		求多个含水层的综合水文地质参数
	分段抽水试验		求取厚层含水层不同埋深段的水文地质参数
Ⅴ.按井的类型划分	1. 完整井抽水试验； 2. 非完整井抽水试验		除大厚度含水层的地区外，一般均应进行完整井抽水试验
Ⅵ.按抽水开始时降深大小（抽水顺序）	正向抽水试验		多用于松散含水层
	反向抽水试验		多用于基岩

3. 抽水试验的有关规定

《供水水文地质勘察规范》（GB 50027—2001）对抽水试验作了以下规定。

（1）一般规定：

1）抽水孔的布置。抽水孔的布置应根据勘察阶段，地质、水文地质条件和地下水资源评价方法等多种因素确定。在详查阶段，在可能富水的地段均宜布置抽水孔；勘探阶段，在含水层（带）富水性较好和拟建取水构筑物的地段均宜布置抽水孔。

2）抽水孔占勘探孔（不包括观测孔）总数的百分比（%），宜不少于表1.17的规定。

表1.17　　抽水孔占勘探孔总数的百分比　　%

地 区		详查阶段	勘探阶段
基岩地区		80	90
松散层地区	岩性变化较大时	70	80
	岩性变化不大时	60	70

注　抽水试验的工作量中宜包括带观测孔的抽水试验

3）在松散含水层中，可用放射性同位素稀释法或示踪法测定地下水的流向、实际流速和渗透速度等，了解地下水的运动状态。

4）抽水试验观测孔的布置，应根据试验的目的和计算公式的要求来确定，并宜符合如下几点：

a. 以抽水孔为原点，宜布置1～2条观测线。

b. 仅有1条观测线时，宜垂直于地下水流向布置；有2条观测线时，其中一条宜平行于地下水流向布置。

c. 每条观测线上的观测孔宜为3个。

d. 距抽水孔近的第一个观测孔，应避开三维流的影响，其距离不宜小于含水层的厚度；最远的观测孔距第一个观测孔的距离不宜太远，应保证各观测孔内有一定水位下降值。

e. 各观测孔的过滤器长度宜相等，并安置在同一含水层和同一深度。

5）对富水性强的大厚度含水层，需要划分几个试验段进行抽水时，试验段的长度可采用20～30m。

6）对多层含水层，需分层研究时，应进行分层（段）抽水试验。

7）采用数值法评价地下水资源时，宜进行一次大流量、大降深的群孔抽水试验，并应以非稳定流抽水试验为主。

8）抽水试验前和抽水试验时，必须同步测量抽水孔和观测孔、观测点（包括附近的水井、泉和其他水点）的自然水位和动水位。如果自然水位的日动态变化很大时，应掌握其变化规律。抽水试验停止后，必须按规范的有关要求测量抽水孔和观测孔的恢复水位。

抽水试验结束后，应检查孔内沉淀情况。必要时，应进行处理。

9）抽水试验时，应防止抽出的水在抽水影响范围内回渗到含水层中。

10）水质分析和细菌检验的水样，宜在抽水试验结束前采取。其件数和数量应根据用水目的和分析要求确定。

11）水位的观测。在同一试验中应采用同一方法和工具。抽水孔的水位测量应读数到厘米，观测孔的水位测量应读数到毫米。

12）出水量的测量，采用堰箱或孔板流量计时，水位测量应读数到毫米；采用容积法时，量桶充满水所需的时间不宜少于 15s，应读数到 0.1s；采用水表时，应读数到 0.1m^3。

（2）稳定流抽水试验的规定：

1）抽水试验时，水位下降的次数应根据试验的目的来确定，宜进行 3 次。其中最大下降值可接近孔内的设计动水位，其余 2 次下降值宜分别为最大下降值的 1/3 和 2/3。各次下降的水泵吸水管口的安装深度应相同。

（注：当抽水孔的出水量很小，试验时的出水量已达到抽水孔极限出水能力时，水位下降的次数可适当减少。）

2）抽水试验的稳定标准，应符合在抽水稳定延续时间内，抽水孔出水量和动水位与时间关系曲线只在一定的范围内波动，且没有持续上升或下降的趋势。

（注：当有观测孔时，应以最远的观测孔的动水位判定；在判定动水位有无上升或下降趋势时，应考虑天然水位的影响。）

3）抽水试验的稳定延续时间，宜符合：卵石、圆砾和粗砂含水层为 8h；中砂、细砂和粉砂含水层为 16h；基岩含水层（带）为 24h。

（注：根据含水层的类型、补给条件、水质变化和试验的目的等因素，可适当调整稳定延续时间。）

4）抽水试验时，动水位和出水量观测的时间，宜在抽水开始后的第 5min、10min、15min、20min、25min、30min 各测一次，以后每隔 30min 或 60min 测一次。而水温、气温观测的时间，宜每隔 2～4h 同步测量一次。

（3）非稳定流抽水试验的规定：

1）抽水孔的出水量，应保持常量。

2）抽水试验的延续时间，应按水位下降与时间［s（或 Δh^2）$-\lg t$］关系曲线确定，并应符合如下内容：

a. s（或 Δh^2）$-\lg t$ 的关系曲线有拐点时，则延续时间宜至拐点后的线段趋于水平。

b. s（或 Δh^2）$-\lg t$ 的关系曲线没有拐点时，则延续时间宜根据试验目的确定。

［注：在承压含水层中抽水时，采用 $s-\lg t$ 关系曲线；在潜水含水层中抽水时，采用

$\Delta h^2-\lg t$ 关系曲线。拐点是指曲线上斜率的导数等于零的点；当有观测孔时，应采用最远观测孔的 s（或 Δh^2）$-\lg t$ 关系曲线。]

3）抽水试验时，动水位和出水量观测的时间，宜在抽水开始后第 1min、2min、3min、4min、6min、8min、10min、15min、20min、25min、30min、40min、50min、60min、80min、100min、120min 各观测一次，以后可每隔 30min 观测一次。

4）群孔抽水试验，宜符合如下内容：

a. 当一个抽水孔抽水时，对另一个最近的抽水孔产生的水位下降值，不宜小于 20cm。

b. 抽水孔的水位下降次数应根据试验目的而定。

c. 当抽水孔附近有地表水或地下水露头时，应同步观测其水位、水质和水温。

5）开采性抽水试验，宜符合如下内容：

a. 宜在枯水期进行。

b. 总出水量宜等于或接近需水量（宜大于需水量的 80%）。

c. 下降漏斗的水位能稳定时，则稳定延续期不宜少于 1 个月。

d. 下降漏斗的水位不能稳定时，则抽水时间宜延续至下一个补给期。

4. 抽水试验设备及其相关的技术要求

（1）抽水设备的类型及其适用条件。当前抽水试验中经常使用的抽水设备主要有离心泵、深井泵、潜水泵、空压机（风泵）、射流泵等。

选择抽水设备时，考虑吸程、扬程、出水量等能否满足设计要求，还要考虑孔深、孔径是否满足水泵等设备下入的要求，以及搬运及花费大小等。例如，水量较大，地下水埋藏浅、降深小时可用离心式水泵。埋藏深或降深大，精度要求高，井径足够大时则使用深井泵或深井潜水泵。精度要求不高，井径较小，则可选用空气压缩机（或称空压机、风泵、空气升液器）。井径小，埋藏较深，涌水量较小时，可用往复式水泵或射流泵。

抽水试验的设备包括抽水设备、测量（水位、流量、水温等）器具、排水设备等。各抽水设备的优缺点见表 1.18。

表 1.18 水文地质勘探中常用的几种抽水设备优缺点对比表

抽水设备	应用条件	优点	缺点
提桶	水量小，资料精度要求不高的钻孔抽水	简易	波动大，准确性低
人力吸水式水泵	依靠大气压力吸水，要求动水位深度不超过 6～7m。其出水量为 0.5～2.0L/s。适用于水位浅、流量小的钻孔抽水	构造简单，安装方便，便于人力操作	水量不易保持均衡，资料精度不高，用吸水管作井管时无法测水位
拉杆式水泵	依靠活塞上下活动将水压出，适用于水位埋深 50～300m、出水量较小的钻孔抽水	吸程大、制造简单	较笨重；拉杆和活塞易损坏，不宜长时间抽水；活塞易被沙子卡住；出水量较小
往复式水泵	吸程小（7～8m），适用于出水量小的钻孔抽水	调整落程方便，适用于小口径钻孔	水量不易保持均衡；较笨重；需要较大的安装面积
离心泵	适用于流量大、水位埋藏浅、口径较大的钻孔或泉水口抽水	扬程大、流量大；出水较均匀	吸程小（仅 6～7m）
射流式水泵	适用于水量不大、水位在 60m 内的小口径钻孔抽水	结构简单，可自制	调整落程不方便；影响水位测定

续表

抽水设备	应用条件	优点	缺点
深井泵	适用于水位埋深、水量和孔径都较大的钻孔	出水均匀；扬程大；工作时间长；资料精度高	安装复杂；测水位不方便；需要电源；不能抽浑水；要求井径大、井直
潜水泵	适用于水位埋深、水量和孔径都较大的钻孔	出水均匀；扬程大；工作时间长；资料精度高	安装复杂；测水位不方便；需要电源；不能抽浑水；要求井径大、井直
空压机	适用于水位埋深、水量大的钻孔	能起洗井和抽水双重作用	效率低，耗能大；水位波动大；出水量不均匀

目前在水文地质实验中，应用最多的是空气压缩机、卧式离心泵和立式深井泵。现将空气压缩机的安装和使用进行简要说明。

(2) 空气压缩机抽水时的技术要求。空气压缩机抽水的工作原理是：将压缩空气压入钻孔，通过混合器与水混合成一种乳状水汽混合物。因其比重比水小，且在水管内外压力的差和气流膨胀的驱动下，上升至管口流出，井中水向上流动补充，从而达到抽水的目的（图 1.9）。压缩空气量要适当，如缩空气量不足，或者不能扬水，或者水流不均，呈脉冲式的流动。如果风量太大，空气在水管中快速流动、并占据较大断面、使出水效率降低，甚至光出气不出水。

由于空气压缩机的出水量很不均匀，对井水的扰动很大，故常利用它作为洗井工具，在洗井的同时，也一并进行抽水实验。利用空气压缩机进行抽水时，水文地质工作者必须根据地区的水文地质条件，对空气管（也称风管）的沉没比、沉没深度、空气的消耗量及空气压力等进行计算。

1) 空气管沉没比及沉没深度计算。空气管沉没于动水位以下的深度称为沉没深度；它与混合器至出水口长度之比称为沉没比。可用式（1.4）计算：

$$\alpha=\frac{H}{H+h}\times 100\% \tag{1.4}$$

式中 α——沉没比，%；

H——沉没深度，m；

h——混合液体上升的高度，m。

沉没比越大，水汽混合、抽水效果就越好，就能获得较大而稳定的出水量和相应的水位下降值。所以一般要求沉没比不得小于 50%～60%，否则出水量将减少，水位也不稳定。

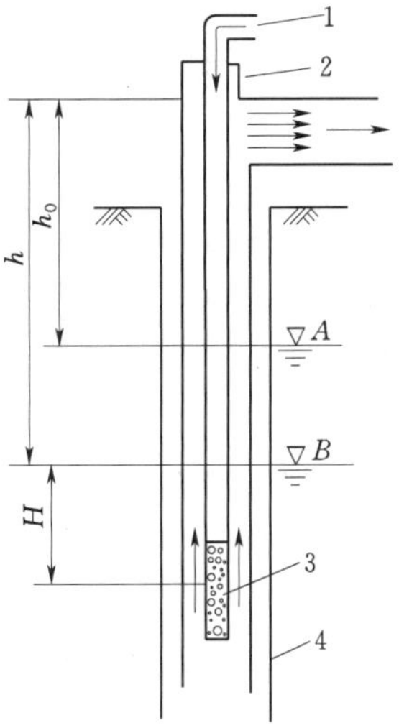

图 1.9 空气压缩机抽水安装示意图

1—空气管（风管）；2—出水管；3—混合器；4—井壁管；A—静水位；B—动水位

2) 风量计算。每提升 $1m^3$ 水所需的空气量按式（1.5）确定：

$$V=K\frac{h}{2.3\lg\frac{H+10}{H}} \tag{1.5}$$

式中 V——每提升 $1m^3$ 水所需的空气量，m^3；

H——沉没深度，m；

K——系数，$K=2.17+0.016h$；

h——从动水位至孔的高度，m。

从式（1.5）可知：提升同体积水的高度（h）愈大，需用的空气量愈多。当 h 相同的条件下、沉没比愈大，消耗的空气量愈小。因此，利用空气压缩机抽水时，应尽量增大沉没比和选用合适的空压机。

当出水量为 $Q(m^3/h)$ 时，所需的空气量 V_n 为：

$$V_n=\frac{QV}{60} \tag{1.6}$$

式中 V_n——出水量为 Q 时所需的空气量，m^3/min；

Q——井孔的出水量，m^3/h。

（3）抽水时启动压力的计算。抽水时所需的压力为：

$$P_0=P+\Delta P\approx 0.1\ (H+h-h_0+2) \tag{1.7}$$

式中 P——从混合器的中部至天然水位的静水压力，Pa；

ΔP——风管阻力，一般为 1.96×10^4 Pa；

h_0——天然水位至出水口高度，m。

抽水时的工作风压计算公式：

$$P_n=0.1\ (H+L_P) \tag{1.8}$$

式中 P_n——工作风压，Pa；

L_P——送水途中压力损失（换算为 m），不超过 5m，通常为 2～3m。

从上式中可以看出：压缩空气的压力值与空气管的沉没深度有关。在开始抽水时，沉没比最大，所需要的压力也最大，此时称之为启动压力。随着抽水的继续进行，动水位逐渐稳定，沉没比亦趋向恒定值，压力值也趋向稳定，此时压力称工作压力。故在选用空气压缩机抽水时，首先要考虑空气压缩机允许的工作压力是否达到启动压力要求，否则就不能应用。

当使用空气压缩机抽水时，还应根据钻孔直径（或滤水管口径）、钻孔涌水量的大小和水位埋深等来合理地确定空气管和出水管的直径以及它们之间的安装方式，否则将影响试验的质量。

（4）测水用具。抽水试验时所用的测水用具包括水位计、流量计、水温计。

水位计。水位计的种类很多，在抽水试验中，常用的是电测水位计，其基本工作形式如图 1.10 所示，使用时，当探头接触水面时，水与导线构成闭合电路，即可发出信号，据此便可确定水位。根据发出的信号不同，电测水位计的种类主要有表式水位计（信号为指针摆动）、音响水位计（信号是声音）、灯显式水位计（信号是指示灯）等。电测水位计的测量深度可达 100m 或更大，误差小于 1cm，但随深度增加，其误差会加大，电测水位计目前应用最广，不过，用电测水位计测定一次水位，即使在水面稳定的情况下，也需半分钟左右，这对非稳定流抽水往往不符合要求，目前我国已逐步开始使用既能读出瞬时水位、又便于遥控或自记的自动测水位仪器，如 SKS－01 型半自动测井仪、红旗型自记水位计，DR－1 型电容式水位仪等。

流量计。有三角堰、梯形堰、矩形堰、量桶、流量箱、缩径管流量计、孔板流量计等类型。目前生产中所用的主要是量水容器、堰箱和孔板流量计。堰箱是前方为三角形或梯形切口的水箱，箱中有 2～3 个促使水流稳定的带孔隔板（图 1.11）。水自箱后部进入，从前方切口流出。堰箱适用于 100L/s 以内、流量连续而又很不稳定的空压机抽水试验时的流量测定。其中堰测法测定流量的计算公式见表 1.19。

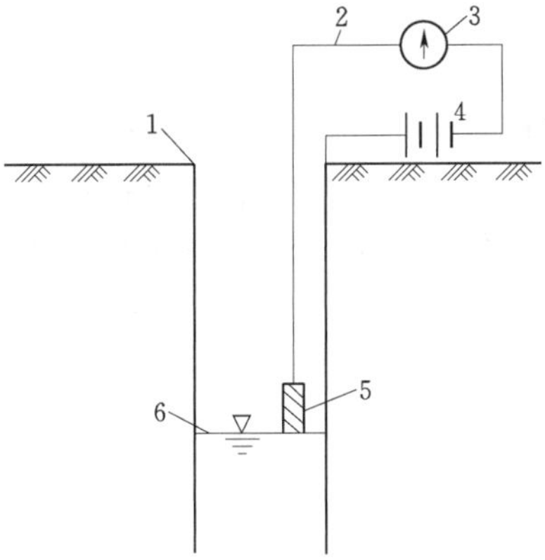

图 1.10　电测水位计工作形式

1—套管；2—导线；3—电流计；4—电池；5—探头；6—水位

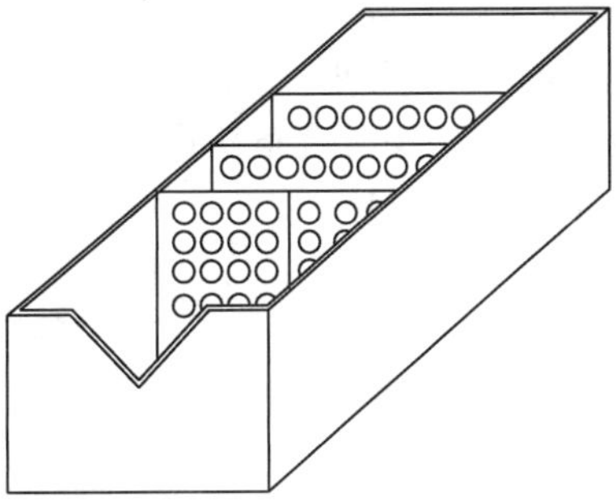

图 1.11　三角堰箱图

表 1.19　堰测法测定流量的计算公式

测定方法	应用范围 /(m^3/h)	涌水量计算公式	备　注
三角堰	$Q<360$	$Q=0.014H^{5/2}$	Q—流量，L/s； H—三角堰堰口尖端至水面的垂直距离，cm
梯形堰	$Q<1000$	$Q=0.0186bH^{3/2}$	Q—流量，L/s； b—梯形堰堰口底边宽度，cm； H—堰口底边至水面的距离，cm
矩形堰	$Q>1000$	$Q=0.01838(b-0.2H)H^{3/2}$	Q—流量，L/s； b—矩形堰堰口宽度，cm； H—堰口底边至水面的距离，cm

水温计。主要有温度表、带温度表的测钟、热敏电阻测温仪、SW－1 型水温仪，DWS 型水温仪。

5. 抽水试验的现场工作

(1) 准备工作。准备工作主要包括抽水设备、机具、测量工具的检修和安装，排水系统的设置及准备各种观测记录表格。空压机安装时应在各管路的丝扣部分涂抹油料，以免抽水时发生漏水、跑气。

(2) 现场的观测、记录和取样。抽水试验过程中，需观测记录以下内容：

1) 测量抽水试验前后的孔深。进行此工作的目的是核查抽水段深度、层位、孔是否坍塌、沉淀和淤塞。淤塞严重会影响资料的精度，引起井类型的变化（如由完整井转变为非完整井）。

2) 观测天然水位、动水位及恢复水位。主孔和观测孔的水位应同时观测。当天然水位波动较大（精度要求又高）时，应在影响范围外或较远处设孔，观测整个试验期间水位的天然波动值。必要时可以根据这些观测值对试验降深进行校核。试验结束后，应按要求观测恢复水位。对于整个观测期间所出现的可能引起水位波动的因素都需记录，如设备的、动力的、机车行驶的震动，爆破，地震或降水等情况。

3) 观测流量。水位、流量应同时观测。

4) 观测记录气温、水温。通常每隔 2～4h 观测一次。

5) 在抽水试验结束前，取水样作水质分析。如抽水过程中出现水的物理性质发生变化，也应观测，必要时应系统取样化验。当试验是为确定水力联系或研究咸淡水关系的变化时，应系统取样化验。

工程实例——抽水试验

成都某水闸第四系松散堆积含水层抽水试验原始数据及相关参数计算如下图、下表所示。

抽水试验原始记录表

钻孔位置	18	试前静止水位/m	5.1	滤水管口径/mm	83	滤水管所在位置（从孔口算起）/m	2.5～8.0
抽前孔深/m	25	抽后孔深/m	23.10	含水层个数及厚度	1个，2.3m	含水层孔深（从地面算起）/m	5.1～7.4
动力类型	潜水泵	滤水管种类	包网	出水管口径/mm	25	抽水试验类型	稳定流抽水试验

顺序	观测时间				水位观测/m		水量观测		观测井水位观测/m		温度/℃		备注
	日期	观测时刻/（时：分）	累计时间/min	观测间隔/min	地面至动水位	水位降深	水表读数	涌水量/(L/s)	地面至动水位	水位下降	水温	气温	
1	5月10日	7：00	0	0	5.1	0	35.315	0.00					
2		7：05	5	5	6.26	1.16	35.513	0.66	0.66				
3		7：10	10	5	6.34	1.24	35.723	0.70	0.70				
4		7：15	15	5	6.37	1.27	35.958	0.78	0.78				
5		7：25	25	10	6.39	1.29	36.408	0.75	0.75				
6		7：35	35	10	6.40	1.30	36.888	0.80	0.80				
7		7：45	45	10	6.40	1.30	37.358	0.78	0.78				
8		7：55	55	10	6.39	1.29	37.843	0.81	0.81				
9		8：15	75	20	6.40	1.30	38.805	0.80	0.80				

续表

顺序	观测时间				水位观测/m		水量观测		观测井水位观测/m		温度/℃		备注
	日期	观测时刻/(时:分)	累计时间/min	观测间隔/min	地面至动水位	水位降深	水表读数	涌水量/(L/s)	地面至动水位	水位下降	水温	气温	
10		8:35	95	20	6.42	1.32	39.769	0.80	0.80				
11		8:55	115	20	6.41	1.31	40.729	0.80	0.80				
12		9:15	135	20	6.40	1.30	41.689	0.80	0.80				
13		9:45	165	30	6.41	1.31	43.144	0.81	0.81				
14		10:15	195	30	6.42	1.32	44.584	0.80	0.80				
15		10:45	225	30	6.39	1.29	46.027	0.80	0.80				
16		11:15	255	30	6.41	1.31	47.470	0.80	0.80				
17		11:45	285	30	6.40	1.30	48.910	0.80	0.80				
18		12:15	315	30	6.41	1.31	50.353	0.80	0.80				
19		12:45	345	30	6.41	1.31	51.802	0.81	0.80				
20		13:15	375	30	6.41	1.31	53.248	0.80	0.80				
1			375	0	6.41	1.31	53.248	0.80	0.00				
2			380	5	6.05	0.95	53.434	0.62	0.62				
3			385	5	6.02	0.92	53.617	0.61	0.61				
4			390	5	5.97	0.87	53.803	0.62	0.62				
5			395	5	5.95	0.85	53.982	0.60	0.59				
6			405	10	5.92	0.82	54.339	0.60	0.59				
7			415	10	5.91	0.81	54.698	0.60	0.60				
8			425	10	5.93	0.83	55.063	0.61	0.61				
9			435	10	5.91	0.81	55.421	0.60	0.60				
10			455	20	5.92	0.82	56.141	0.60	0.60				
11			475	20	5.90	0.80	56.861	0.60	0.60				
12			495	20	5.92	0.82	57.581	0.60	0.60				
13			515	20	5.91	0.81	58.301	0.60	0.60				
14			545	30	5.92	0.82	59.378	0.60	0.60				
15			575	30	5.89	0.79	60.458	0.60	0.60				
16			605	30	5.90	0.80	61.532	0.60	0.60				
17			635	30	5.90	0.80	62.612	0.60	0.60				
18			665	30	5.91	0.81	63.686	0.60	0.60				
19			695	30	5.90	0.80	64.766	0.60	0.60				
20			725	30	5.90	0.80	65.852	0.60	0.60				
1			725	0	5.90	0.80	65.852	0.60	0.53				
2			730	5	5.67	0.57	65.999	0.49	0.49				
3			735	5	5.60	0.50	66.134	0.45	0.45				
4			740	5	5.57	0.47	66.260	0.42	0.42				
5			750	10	5.56	0.46	66.500	0.40	0.40				

续表

顺序	观测时间				水位观测/m		水量观测		观测井水位观测/m		温度/℃		备注
	日期	观测时刻/(时:分)	累计时间/min	观测间隔/min	地面至动水位	水位降深	水表读数	涌水量/(L/s)	地面至动水位	水位下降	水温	气温	
6			760	10	5.55	0.45	66.740	0.40	0.40				
7			770	10	5.54	0.44	66.992	0.42	0.42				
8			780	10	5.56	0.46	67.232	0.40	0.40				
9			800	20	5.55	0.45	67.712	0.40	0.40				
10			820	20	5.54	0.44	68.192	0.40	0.40				
11			840	20	5.54	0.44	68.684	0.41	0.41				
12			860	20	5.54	0.44	69.200	0.43	0.43				
13			890	30	5.55	0.45	69.956	0.42	0.42				
14			920	30	5.54	0.44	70.676	0.40	0.40				
15			950	30	5.56	0.46	71.396	0.40	0.40				
16			980	30	5.55	0.45	72.116	0.40	0.40				
17			1010	30	5.54	0.44	72.854	0.41	0.41				
18			1040	30	5.54	0.44	73.574	0.40	0.40				
19			1070	30	5.54	0.44	74.294	0.40	0.40				
20			1100	30	5.54	0.44	75.014	0.40	0.40				
1			1111	1	5.23	0.13							
2			1113	2	5.18	0.08							
3			1115	2	5.14	0.04							
4			1120	5	5.12	0.02							
5			1125	5	5.13	0.03							
6			1140	15	5.14	0.04							
7			1155	15	5.12	0.02							
8			1170	15	5.11	0.01							
9			1185	15	5.11	0.01							
10			1205	20	5.10	0.00							
11			1225	20	5.12	0.02							
12			1255	30	5.11	0.01							
13			1285	30	5.11	0.01							
14			1315	30	5.10	0.00							
15			1345	30	5.10	0.00							

抽水试验计算表

工程名称	成都某水闸									试验孔号	18	
试验数据	含水层			抽前孔深/m	钻孔半径/m	静止水位埋深/m	水位降深 S/m	涌水量		单位涌水量 q/[L/(s·m)]	渗透系数 K/(m/d)	影响半径 R/m
	水位埋深/m	底板埋深/m	厚度 H/m					L/s	m³/d			
1	5.10	7.40	2.30	22.8	0.047	5.10	1.31	0.8	69.12	0.611	31.42	22.3
2							0.8	0.6	51.84	0.750	30.64	13.4
3							0.44	0.4	34.56	0.909	30.37	7.4

注 采用稳定流潜水完整井，单孔计算公式：$k=\frac{0.732Q}{(2H-S)S}\times\lg\frac{R}{r}$，$R=2S\sqrt{HK}$。

$Q/(m^3/d)$	Q/(L/s)	H	S	r	$R=X$	k	R
69.12	0.8	2.30	1.31	0.047	22.3	31.41718867	22.27147
51.84	0.6	2.30	0.8	0.047	13.4	30.64468874	13.43264
34.56	0.4	2.30	0.44	0.047	7.4	30.36654101	7.354349

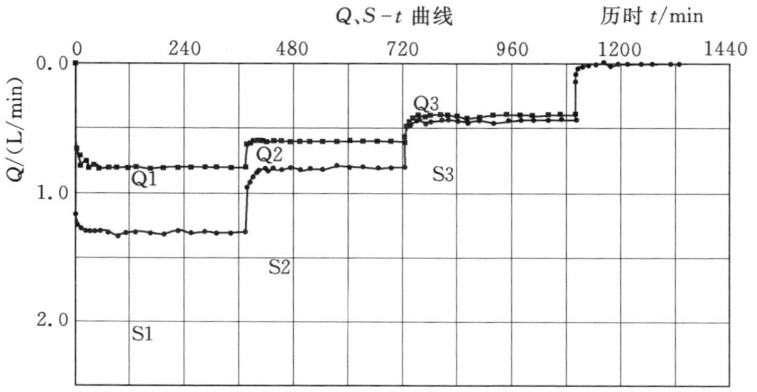

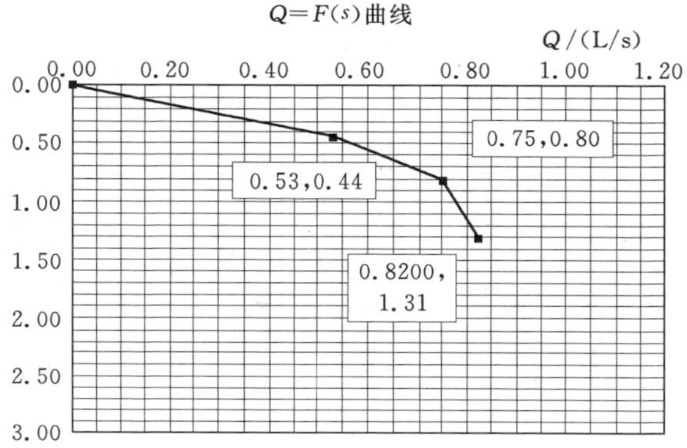

涌水量/(L/s)	水位降深/m
0.8200	1.31
0.75	0.80
0.53	0.44
0.00	0.00

抽水试验数据整理表

历时	涌水量/(L/min)	涌水量/(L/s)	水位降深/m	
0	0	0.00	0.0	第一次降深
5	39.5	0.66	1.16	
10	42.0	0.70	1.24	
15	47.0	0.78	1.27	
25	45.0	0.75	1.29	
35	48.0	0.80	1.30	
45	47.0	0.78	1.30	
55	48.5	0.81	1.29	
75	48.1	0.80	1.30	
95	48.2	0.80	1.32	
115	48.0	0.80	1.31	
135	48.0	0.80	1.30	
165	48.5	0.81	1.31	
195	48.0	0.80	1.32	
225	48.1	0.80	1.29	
255	48.1	0.80	1.31	
285	48.0	0.80	1.30	
315	48.1	0.80	1.31	
345	48.3	0.81	1.31	
375	48.2	0.80	1.31	
375	48.2	0.80	1.31	
380	37.2	0.62	0.95	第二次降深
385	36.7	0.61	0.92	
390	37.2	0.62	0.87	
395	35.7	0.60	0.85	
405	35.7	0.60	0.82	
415	35.9	0.60	0.81	
425	36.5	0.61	0.83	
435	35.8	0.60	0.81	
455	36.0	0.60	0.82	
475	36.0	0.60	0.80	
495	36.0	0.60	0.82	
515	36.0	0.60	0.81	
545	35.9	0.60	0.82	
575	36.0	0.60	0.79	
605	35.8	0.60	0.80	
635	36.0	0.60	0.80	
665	35.8	0.60	0.81	
695	36.0	0.60	0.80	
725	36.2	0.60	0.80	
725	36.0	0.60	0.80	
725	36.0	0.60	0.57	
730	34.9	0.49	0.50	第三次降深
735	32.9	0.45	0.47	
740	31.9	0.42	0.46	
750	31.4	0.40	0.45	
760	31.2	0.40	0.44	
770	31.0	0.42	0.46	
780	30.9	0.40	0.45	
800	31.1	0.40	0.44	
820	30.9	0.40	0.44	
840	31.0	0.41	0.44	
860	30.9	0.43	0.45	
890	30.9	0.42	0.44	
920	31.0	0.40	0.46	
950	30.9	0.40	0.45	
980	30.9	0.40	0.44	
1010	30.9	0.41	0.44	
1040	31.0	0.40	0.44	
1070	30.9	0.40	0.44	
1100	30.9	0.40	0.44	
1100			0.13	停止抽水，观测水位恢复
1101			0.08	
1103			0.05	
1105			0.03	
1110			0.04	
1115			0.02	
1130			0.01	
1145			0.01	
1160			0.00	
1175			0.02	
1195			0.01	
1215			0.01	
1245			0.00	
1275			0.00	
1305			0.00	
1335			0.00	

1.1.4.2 压水试验

压水试验是最常用的在钻孔内进行的岩体原位渗透试验。具体做法是在钻进过程中或钻孔结束后，用栓塞将某一长度的孔段与其余孔段隔离开，用不同的压力向试段内送水，测定其相应的流量值，并据此计算岩体的透水率。压水试验成果主要用于评价岩体的渗透特性（透水率大小及其在不同压力下的变化趋势），并作为渗控设计的基本依据。

1. 压水试验的方法和类型

压水试验按试验段可分为分段压水试验、综合压水试验和全孔压水试验；按试验压力划分为低压压水试验和高压压水试验；按加压的动力源，可划分为水柱压水法、自流式压水法和机械法压水试验，见图 1.12～图 1.14。

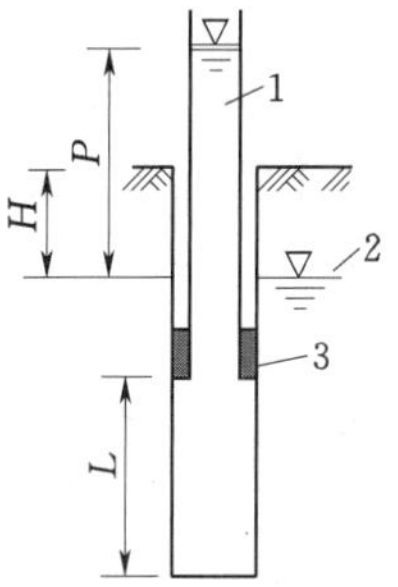

图 1.12　水柱压水法示意图

1—水柱；2—静止水位；3—栓塞；P—压力；H—水深；L—试验段长

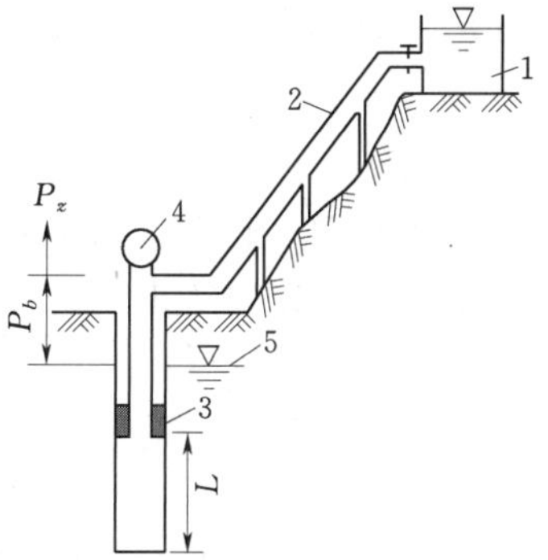

图 1.13　自流式压水布置示意图

1—量水箱；2—管路；3—栓塞；4—压力表；5—地下水位；P_z—水柱压力；P_b—压力表指示压力；L—试验段长

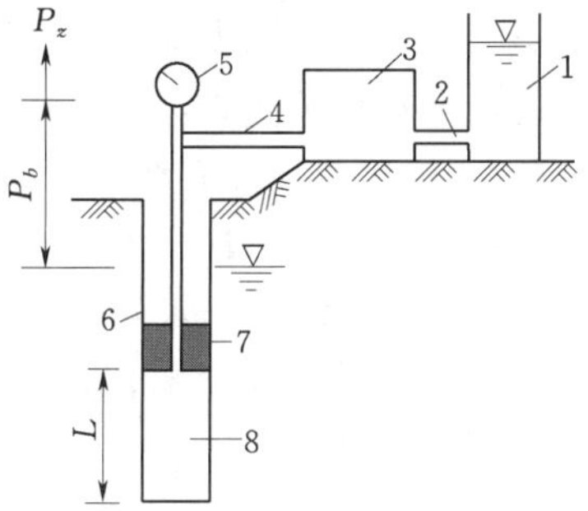

图 1.14　机械压水法布置示意图

1—水箱；2、4—管路；3—压水机械；5—压力表；6—钻孔；7—栓塞；8—试验段；P_b—压力表指示压力；P_z—水柱压力；L—试验段长

2. 压水试验的基本规定

（1）试验方法和试验段长度：

1）试验方法：钻孔压水试验应随钻孔的加深自上而下地用单栓塞分段隔离进行。岩石完整、孔壁稳定的孔段，或有必要单独进行试验的孔段，可使用双栓塞分段进行。

2）试段的长度：一般为 5m。试验段是编制渗透剖面图的基本单位。压水试验所求得的透水率是试段的平均值。如果试段过长，势必影响成果的精度；如试段过短，又会增加压水试验的次数和费用。对于含水层破碎带、裂隙密集带、岩溶洞穴等的孔段，应根据具体情况确定试段长度。

（2）压力阶段与压力值：

1）压力阶段与各阶段压力的取值：一般按三级压力、五个阶段进行。即 $P_1 \rightarrow P_2 \rightarrow P_3 \rightarrow P_4(=P_2) \rightarrow P_5(=P_1)$，其中 $P_4=P_2$，$P_5=P_1$；$P_1<P_2<P_3$；P_1，P_2，P_3 压力值宜分别为 0.3MPa、0.6MPa 和 1.0MPa。

多个阶段试验的目的是了解试段岩体流量随压力的变化关系。大量的试验资料表明，压水试验时压力—流量关系有时是非线性的，非线性的压力—流量关系出现的原因有以下两类。

a. 流态。当水在岩体裂隙中的渗流速度超过某一值时，就出现非达西流（如紊流）。一个试段的岩体中含有多条开度各不相同的裂隙，非线性流实际上是这些裂隙不同流态的综合反映。

b. 裂隙状态。在试验压力作用下，作为渗流通道的裂隙状态会产生改变，包括裂隙开度增大（扩张）、水力劈裂、裂隙中的充填物移动、冲蚀、堵塞等。

当用安设在与试段连通的测压管上的压力计测压时，试段压力按下式计算：

$$P=P_p+P_z \tag{1.9}$$

式中 P——试段压力，MPa；

P_p——压力计指示压力，MPa；

P_z——压力计中心至压力计算零线的水柱压力，MPa。

当用安装在进水管的压力计测压时，试段压力按下式计算：

$$P=P_p+P_z-P_s \tag{1.10}$$

式中 P_s——管路压力损失，MPa；

其余符号意义同式（1.9）。

2）水柱压力计算零线（0—0）和水柱压力 P_z 值：P_z 值为自压力计中心至压力计算零线的铅直距离的水柱压力。在确定 P_z 值前必须先确定出压力计算零线。

压力计算零线（0—0）按以下三种情况分别来确定：

a. 地下水位位于试验段以下时，以通过试段1/2处的水平线作为压力计算零线，如图1.15所示。

b. 地下水位位于试段之内时，以通过地下水位以上的试段1/2处的水平线作为压力计算线，如图1.16所示。

c. 地下水位位于试段之上时，且试段在该含水层中，以地下水位线作为压力计算零线，如图1.17所示。

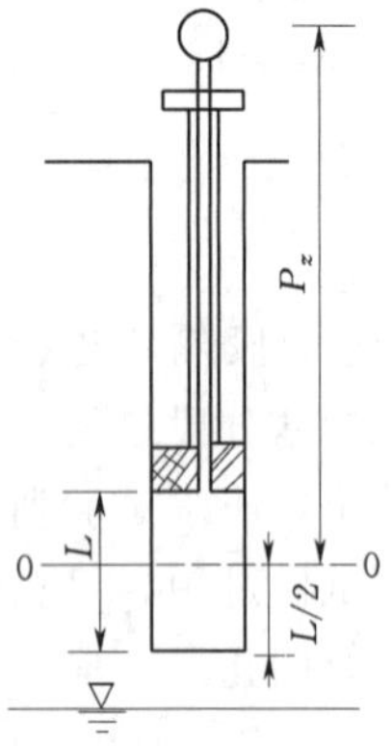

图1.15 地下水位位于试验段以下

P_z—水柱压力（自压力表中心至压力计算零线的铅直距离）；L—试验段长度

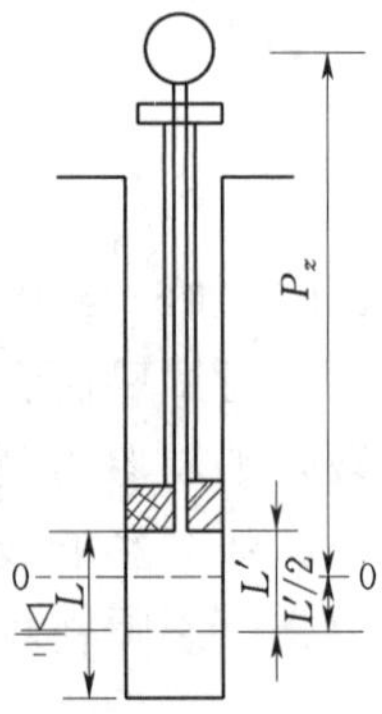

图1.16 地下水位位于试段之内

P_z—水柱压力（自压力表中心至压力计算零线的铅直距离）；L—试验段长度；L'—位于地下水位以上试验段的长度

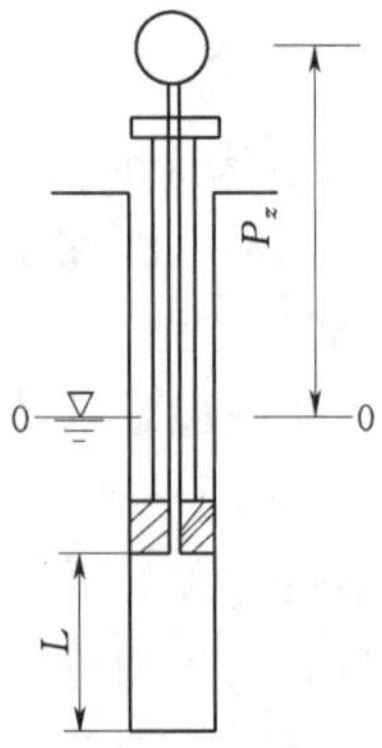

图1.17 地下水位位于试验段之上

P_z—水柱压力（自压力表中心至压力计算零线的铅直距离）；L—试验段长度

3）管路压力损失 P_s 的确定：当工作管内径一致，且内壁粗糙度变化不大时，管路压力损失可用下式求得：

$$P_s=\lambda \frac{L_p}{d}\frac{v^2}{2g} \tag{1.11}$$

式中 λ——摩阻系数，$\lambda=2\times10^{-4}\sim4\times10^{-4}$ MPa/m；

L_p——工作管长度，m；

d——工作管内径，m；

v——水在管内的流速，m/s；

g——重力加速度，取 $9.8m/s^2$。

当工作管的内径不一致时，管路的压力损失 P_s 应根据实测资料确定。

（3）试验钻孔：

1）孔径。宜为 59～91mm，试验钻孔的孔径对压水试验成果虽有影响，但一般说来这种影响很微小，可以忽略不计。但如果孔径特大或特小，其渗流的边界条件的差异就较大，因此，在将这类钻孔的压水试验成果与常规直径钻孔的压水试验成果作对比之前，应进行专门的试验论证。

2）钻进方法。应采用金刚石或合金钻进，不应使用泥浆等护壁材料，否则会使孔壁附上形成一层泥膜，堵塞裂隙。在碳酸岩地层钻进时，也应选用合适的冲洗液。试验钻孔的套管脚必须止水。在同一地点布置两个以上钻孔(孔距在 10m 以内）时，应先完成将要做压水试验的钻孔。因为如果钻孔相距过近，压水试验时易产生水流串通而影响试验成果的真实性。

3. 压水试验的设备及要求

（1）止水栓塞。要求止水栓塞的长度不小于试验钻孔孔径的 8 倍，并应优先选用气压式或水压式栓塞。止水栓塞要有足够的长度才能保持栓塞附近岩体的渗流能稳定，同时相关试验也表明，当栓塞长度达到 7.5 倍钻孔孔径时，绕渗量增加的速度减缓，再加长些也无多大意义。气压式或水压式栓塞的共同优点是胶囊易与孔壁紧贴，即使在孔壁不太平直的情况下，也能实现面接触，且栓塞较长、止水可靠性好，对不同孔径、孔深的钻孔均能适应，操作比较方便。

（2）供水设备。基本要求是压力稳定、出水均匀，在 1MPa 压力下流量能保持 100L/min。不过上述供水能力只能使岩体透水率小于 20Lu 的试段达到预定的最大试验压力 1MPa。因此，当坝址的岩体透水性普遍较大时，应选用供水能力更大的水泵。如能满足试验压力的要求，可选用电动离心泵。如果要采用往复式水泵时，应在出水口处安设容积不小于 5L 的稳压空气室，以提高出水口压力的稳定性。

为了保持试验用水清洁，吸水龙头外应包裹 1～2 层孔径小于 2mm 的过滤网，并与水池底部保持不小于 0.3m 的距离。供水调节阀门应灵活可靠，不漏水，且不宜与钻进共用。

（3）量测设备：

1）测压工具包括压力表或压力传感器。压力表仍是目前的主要测压工具，为了保证量测精度，压力表的量测范围应控制在极限压力值的 1/3～3/4 之间。鉴于吕荣试验所用的压力值变化幅度较大，为满足上述要求，试验期间应更换压力表。当用压力传感器测定试验压力时，其量测范围应大于最大试验压力。

2）流量的测量应采用自动记录仪。在压水试验的降压阶段，有时会出现回流，为了记录回流情况和消除回流的影响，要求流量计能测定正、反向流量。如用普通水表作压水试验，在试验压力较大时，可能不能正常工作。自动记录仪能同时测量压力和流量。

3）地下水位的量测设备是水位计。要求水位计的测头绝缘良好，能灵敏可靠地反映地下水位的真实位置，不受孔壁附着水或孔内水滴的影响。其导线的要求是易变形伸长。

4. 现场试验

现场的试验工作包括洗孔、下置栓塞隔离试段、水位测量、仪表安装、压力和流量观测等步骤。

（1）洗孔。应采用压水法。洗孔时钻具应下到孔底，流量应达到水泵的最大出力。洗孔工作应进行到孔口回水清洁，肉眼观察无岩粉时方可结束；当孔口无回水时，洗孔时间不得少于15min。

（2）试段隔离。下栓塞前应对压水试验工作管进行检查，不得有破裂、弯曲、堵塞等现象。接头处应采取严格的止水措施。为了提高试段隔离的质量，除要求止水栓塞的性能良好外，还应使栓塞位于岩石较完整处。下置栓塞时塞位确定要准确，避免漏段。

采用气压式或水压式栓塞时，为保证隔离效果，充气（水）压力应比该试段的最大试验压力 P_3 大0.2～0.3MPa，并在整个试验过程中保持不变。水压栓塞在试验过程中，由于岩体变形，会造成充塞压力下降，如不及时对栓塞充水加压，有可能影响止水效果。

当试段隔离无效时，应分析原因，采取移动栓塞、更换栓塞或灌制混凝土塞位等措施，不允许轻易放弃该段的试验。移动栓塞时只能向上移，其范围不超过上一次试验的塞位。

（3）水位观测。下栓塞前应首先观测一次孔内水位，试段隔离后，再观测工作管内水位。工作管内水位应每隔5min观测一次。当水位下降速度连续两次均小于5cm/min时，观测工作即可结束。用最后的观测结果确定压力计算零线。

观测过程中如发现承压水时，应观测承压水位，当承压水位高于出管口时，应进行压力和涌水量观测。

（4）压力和流量观测。在向试段供水之前，应开启排气阀，使管路充分排气，待排气阀连续出水后，再将其关闭。然后再开始试验。

流量观测时应先调整好节阀，使试验段的压力达到预定值并保持稳定。流量的观测工作应每隔1～2min观测一次。当流量无持续增大趋势，且5次流量读数中最大值与最小值之差小于最终值的10%，或最大值与最小值之差小于1L/min时，本压力阶段的试验即可结束，取最终值作为计算值。

将试段压力调整到新的预定值，重复上述试验过程，直至完成该试段的试验。在降压阶段，如出现水由岩体向孔内回流现象，应记录回流情况，待回流停止，流量无持续增大趋势（5次流量读数中最大值与最小值之差小于最终值的10%，或最大值与最小值之差小于1L/min）时，方可结束本阶段的试验。

在压水试验过程中，当试验压力由高压力转换到较低压力时，有时会出现水从岩体流入钻孔的现象，这种现象称为回流。产生回流现象的原因，是由于在试验压力下降的瞬间，钻孔附近岩体内的水压力暂时高于试段压力，因而使水自岩体流出。这个过程一般持续数分钟至十余分钟。随着岩体内水压力逐渐下降，回流量渐减至零。当岩体内水压力继续调整至低于试验压力之后，水重新流向岩体，并随着压力调整结束而趋于稳定。在压水试验过程中，如发现回流，应尽量详细记录有关情况（包括回流时间、回流量等），以便积累资料。尤其重要的是，切不可把流量从负经零到正这个变化过程中的暂时停滞误认为是该试段流量为零。

为了解岩体裂隙连通情况和压水试验的影响范围，在试验过程中，应对试验钻孔附近的露头、井、洞、孔、泉等进行观测（包括出水位置、水位、流量等），必要时可配合使用示踪。

工程实例——压水试验

某水闸第四系松散堆积含水层压水试验原始数据及相关参数计算见以下图、表。

压水试验计算表

工程名称	成都某区某水闸——1 号水闸					工程编号		
简要说明	试验孔位置	静止水位 /m	孔深 /m	静止水位到压力表中心距离 /m	试段长度 /m	试验孔半径 /m	试验段起、止深度 /m	
	7	4	10.5	4.2	5.0	0.047	5.5～10.5	
试验数据	最终流量 /(L/min)	最终流量 /(m^3/s)	压力表度数 /(N/cm^2)	水柱压力 /(N/cm^2)	总压力 S /(N/cm^2)	单位压力流量 /[L/(min·m)]	平均单位压力流量 /[L/(min·m)]	单位吸水量 w/[L/(min·m^2)]
第 1 阶段	0.75	0.000013	10	4.20	14.20	0.05282	0.05203	0.01041
第 2 阶段	1.45	0.000024	20	4.20	24.20	0.05992		
第 3 阶段	1.90	0.000032	30	4.20	34.20	0.05556		
第 4 阶段	1.20	0.000020	20	4.20	24.20	0.04959		
第 5 阶段	0.60	0.000010	10	4.20	14.20	0.04225		
渗透系数计算	计算公式				渗透系数 K /(m/d)	适用条件		
公式 1	$K=0.525*w*\lg(1.32*L/r)$				0.0117	含水层平均渗透系数		
公式 2	$K=Q*\ln(L/r)/2\pi HL$				0.0077	含水层平均渗透系数		
透水率	$q=Q_3/LP_3$				1.09	透水率（Lu）采用第三阶段 Q_3、P_3		
备注	1m 水柱压力＝0.98N/cm^2＝9.8kPa，近似于 1N/cm^2；管路压力损失忽略；地下静止水位面为压力计算零点							

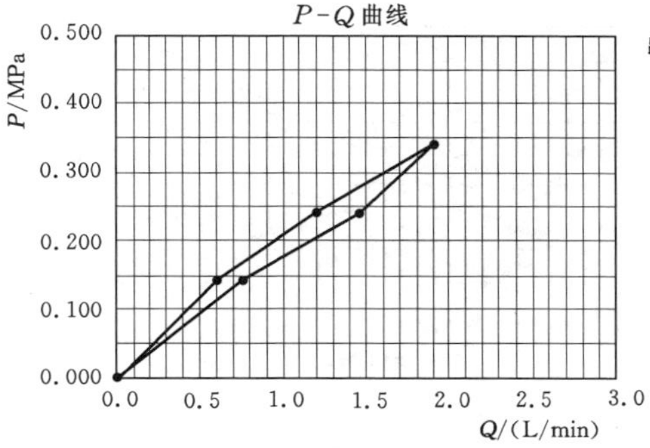

出水量	压力值
0	0.000
0.75	0.142
1.45	0.242
1.90	0.342
1.20	0.242
0.60	0.142
0.00	0.000

续表

工程名称	成都某区某水闸——1号水闸					工程编号		
简要说明	试验孔位置	静止水位/m	孔深/m	静止水位到压力表中心距离/m	试段长度/m	试验孔半径/m	试验段起、止深度/m	
	7	4	15.5	4.2	5.0	0.047	10.5～15.5	
试验数据	最终流量/(L/min)	最终流量/(m^3/s)	压力表度数/(N/cm^2)	水柱压力/(N/cm^2)	总压力 S/(N/cm^2)	单位压力流量/[L/(min·m)]	平均单位压力流量/[L/(min·m)]	单位吸水量 w/[L/(min·m^2)]
第1阶段	1.10	0.000018	10	4.20	14.20	0.07746	0.07176	0.01435
第2阶段	1.80	0.000030	20	4.20	24.20	0.07438		
第3阶段	2.60	0.000043	30	4.20	34.20	0.07602		
第4阶段	1.55	0.000026	20	4.20	24.20	0.06405		
第5阶段	0.95	0.000016	10	4.20	14.20	0.06690		
渗透系数计算	计算公式				渗透系数 K/(m/d)	适用条件		
公式1	$K=0.525*w*\lg(1.32*L/r)$				0.0162	含水层平均渗透系数		
公式2	$K=Q*\ln(L/r)/2\pi HL$				0.0107	含水层平均渗透系数		
透水率	$q=Q_3/LP_3$				1.49	透水率（Lu）采用第三阶段 Q_3、P_3		
备注	1m 水柱压力=0.98N/cm^2=9.8kPa，近似于 1N/cm^2；管路压力损失忽略；地下静止水位面为压力计算零点							

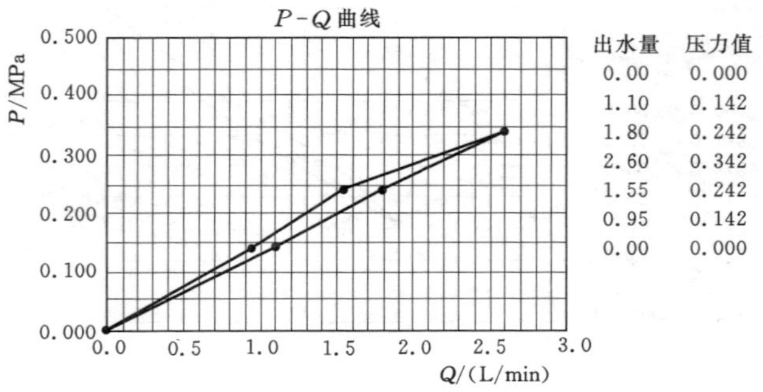

续表

工程名称	成都某区某水闸——1 号水闸				工程编号		
简要说明	试验孔位置	静止水位 /m	孔深 /m	静止水位到压力表中心距离 /m	试段长度 /m	试验孔半径 /m	试验段起、止深度 /m	
	7	4	20.6	4.2	5.0	0.047	15.6～20.6	
试验数据	最终流量 /(L/min)	最终流量 /(m^3/s)	压力表度数 /(N/cm^2)	水柱压力 /(N/cm^2)	总压力 S /(N/cm^2)	单位压力流量 /[L/(min·m)]	平均单位压力流量 /[L/(min·m)]	单位吸水量 w/[L/(min·m^2)]
第 1 阶段	1.35	0.000023	10	4.20	14.20	0.09507	0.09241	0.01848
第 2 阶段	2.45	0.000041	20	4.20	24.20	0.10124		
第 3 阶段	3.45	0.000058	30	4.20	34.20	0.10088		
第 4 阶段	2.20	0.000037	20	4.20	24.20	0.09091		
第 5 阶段	1.05	0.000018	10	4.20	14.20	0.07394		
渗透系数计算	计算公式				渗透系数 K /(m/d)	适用条件		
公式 1	$K=0.525*w*\lg(1.32*L/r)$				0.0208	含水层平均渗透系数		
公式 2	$K=Q*\ln(L/r)/2\pi HL$				0.0137	含水层平均渗透系数		
透水率	$q=Q_3/LP_3$				1.98	透水率（Lu）采用第三阶段 Q_3、P_3		
备注	1m 水柱压力＝0.98N/cm^2＝9.8kPa，近似于 1N/cm^2；管路压力损失忽略；地下静止水位面为压力计算零点							

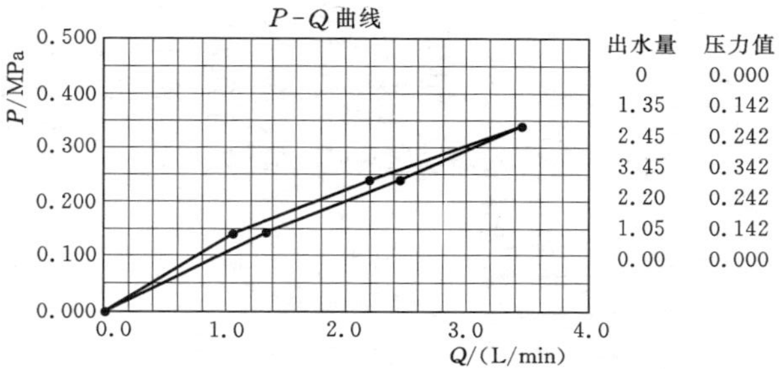

1.1.4.3 注水（渗水）试验

1. 钻孔注水（渗水）试验

钻孔注水（渗水）试验是野外测定岩（土）层渗透性的一种比较简单的方法，其原理与抽水试验相似，仅以注水代替抽水。

钻孔注水试验通常用于：①地下水位埋藏较深，而不便于进行抽水试验；②在干的透水岩（土）层，常使用注水试验获得渗透性资料。

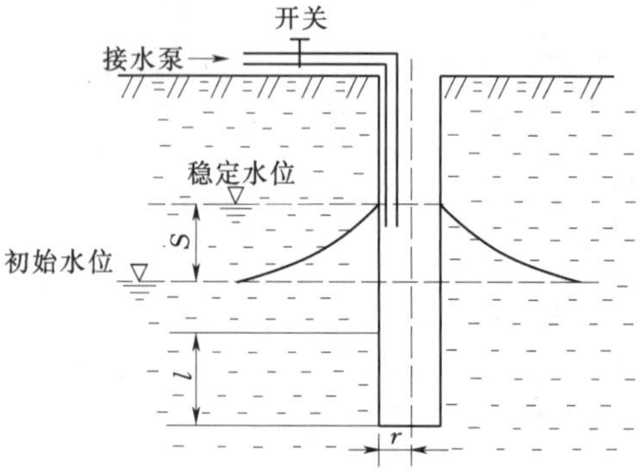

图 1.18 钻孔注水试验示意图

l—进水管长度；r—井孔半径；S—注水试验前后水位差

钻孔注水试验包括常水头法渗透试验和变水头法渗透试验。常水头法适用于砂、砾石、卵石等强透水地层；变水头法适用于粉砂、粉土、黏性土等弱透水地层。变水头法又可分为升水头法和降水头法。

注水试验装置示意见图 1.18。

(1) 钻孔常水头注水试验。钻孔常水头注水试验是在钻孔内进行的，在试验过程中水头保持不变。根据试验的边界条件，分为孔底进水和孔壁与孔底同时进水两种。钻孔常水头注水试验步骤如下：

1) 造孔与试段隔离。用钻机造孔，按预定深度下套管，如遇地下水位时，应采用清水钻进，孔底沉淀物厚度不得大于 5cm，同时要防止试验土层被扰动。钻至预定深度后，采用栓塞或套管塞进行试段隔离，确保套管下部与孔壁之间不漏水，以保证试验的准确性。对孔底进水的试段，用套管塞进行隔离，对孔壁孔底同时进水的试段，除采用栓塞隔离试段外，还要根据试验土层种类，决定是否下人护壁花管，以防孔壁坍塌。

2) 流量观测及结束标准。试段隔离以后，用带流量计的注水管或量桶向套管内注入清水，使管中水位高出地下水位一定高度（或至管口）并保持固定，测定试验水头值。保持试验水头不变，观测注入流量。开始按 1min、2min、2min、5min、5min，以后均按 5min 间隔记录一次流量，并绘制 $Q-t$ 曲线。直到最终的测读流量与最后两个小时内的平均流量之差不大于 10%时，即可结束试验。

(2) 饱和带钻孔降水头注水试验。钻孔降水头与钻孔常水头注水试验的主要区别是，在试验过程中，试验水头逐渐下降，最后趋近于零。根据套管内试验水头下降速度与时间的关系，计算试验土层的渗透系数。它主要适用于渗透系数比较小的黏性土层，其饱和带钻孔降水头注水试验步骤如下：

1) 试验设备、钻孔要求与钻孔常水头方法相同。

2) 流量观测及结束标准：试段隔离后，向套管内注入清水，使管中水位高出地下水位一定高度（或至套管顶部）后，停止供水，开始记录管内水头高度随时间的变化，直至水位基本稳定。间隔时间按地层渗透性确定，一般按 1min、2min、2min、5min、5min，以后均按 5min 间隔记录一次，并绘制流量 $\ln H$ 与时间 t 关系曲线。最后根据水头下降速度，一般可按 30～60min 间隔进行，对较强透水层，观测时间可适当缩短。在现场，采用半对数坐标纸绘制水头下降比与时间的关系曲线，当水与时间关系曲线呈直线时说明试验正确，即可结束试验。

2. 试坑注水（渗水）试验

试坑渗水试验是野外测定包气带非饱和岩（土）层渗透系数的简易方法，最常用的有试坑法、单环法和双环法，具体见表 1.20。

表 1.20　　野外各测定包气带非饱和岩（土）层渗透系数试验方法

试验方法	装置示意图	优缺点	备注
试坑法	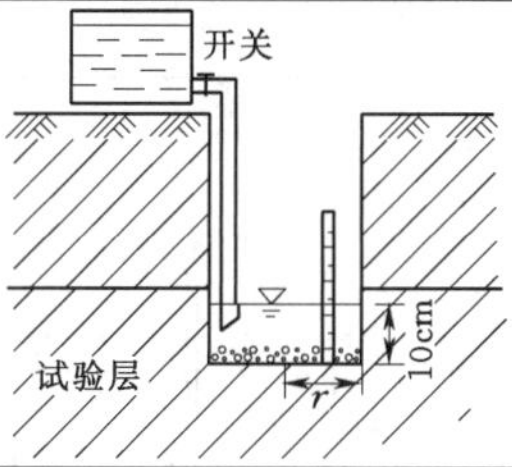	（1）装置简单； （2）受侧向渗透的影响大，实验成果精度差	
单环法	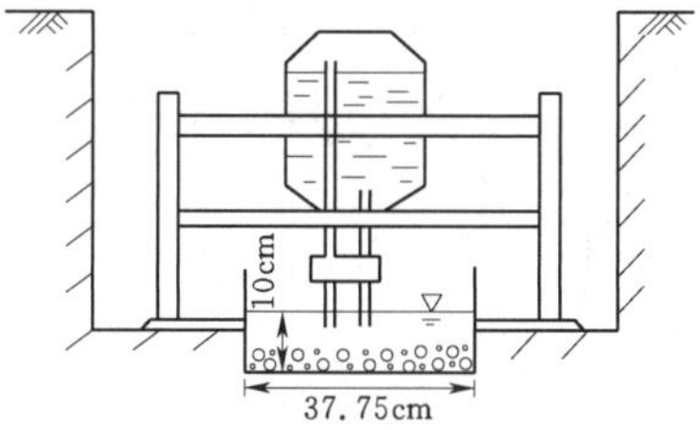	（1）装置简单； （2）没有考虑侧向渗透的影响大，实验成果精度稍差	当圆坑的坑壁四周有防渗措施时，试坑内的渗水面积 $F=\pi r^2$。 式中：r 为试坑底半径； 当坑壁四周无防渗措施时，$F=\pi r(r+2z)$ 式中：r 为试坑底半径；z 为试坑中的水层厚度
双环法	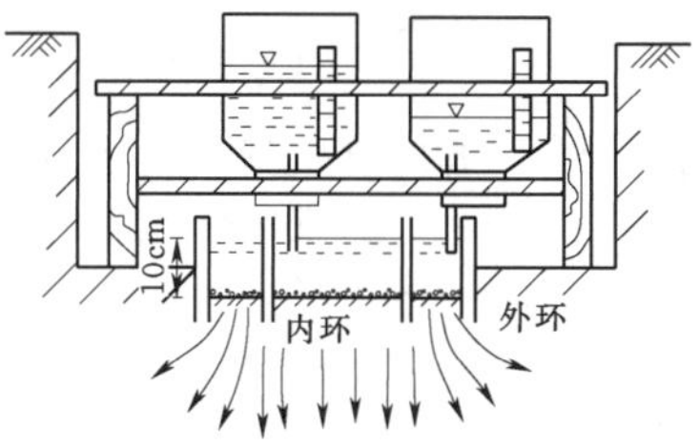	（1）装置较复杂； （2）基本排除了侧向渗透的影响，试验成果精度较高	

（1）试坑法。试坑法是在表层土中挖一试坑进行试验。坑深 30～50cm，坑底面积 30cm 见方（或直径为 37.75cm 的圆形）。坑底离潜水位 3～5m。坑底铺设 2cm 厚的砂砾石层。试验开始时，控制流量连续均衡，并保持坑中水层厚（z）为常数值（厚 10cm）。当注入水量达到稳定并延续 2～4h，一试验即可结束。当试验岩层为粗砂、砂砾或卵石层，可控制坑内水层的厚度为 $z=2\sim5$cm。

渗水试验时，入渗水的水力梯度为：$$\frac{H_k+z+L}{L}\approx1 \tag{1.12}$$

则渗透系数为：$$K=\frac{Q}{F}=V \tag{1.13}$$

上两式中　Q——稳定的入渗流量，cm^3/min；

F——试坑的渗水面积，cm^2；

H_k——毛细压力水头，cm，其值可参见表 1.21 确定；

L——试验结束时水的入渗深度，cm，可由实验结束后利用麻花钻（或其他钻具）探测确定；

K——渗透系数，cm/min。

表1.21　不同岩性毛细压力水头 H_k 值表　单位：m

岩（土）名称	H_k	岩（土）名称	H_k
重亚黏土（粉质黏土）	≈1.0	细粒黏土质砂	0.3
轻亚黏土（粉质黏土）	0.8	粉砂	0.2
重亚砂土（黏质粉土）	0.6	细砂	0.1
轻亚砂土（砂质粉土）	0.4	中砂	0.05

注　本表摘自《工程地质手册》；表中给出的 H_k 值往往偏小。

(2) 单环法。单环法是在试坑底嵌入一高为20cm，直径为37.75cm的铁环，该铁环圈定的面积为1000cm²。在试验开始时，用Mariotte瓶控制铁环内水层厚度，使之保持在10cm高度附近。试验一直进行到渗入水量Q固定不变时为止，如图1.19所示，就可按式（1.14）计算此时的渗透速度V：

$$V=Q/F=K \tag{1.14}$$

式中　V——渗透速度，cm/min，此时等于该岩（土）层的渗透系数K；

F——入渗面积，cm²；

Q——渗入水量，cm³/min。

此外，尚可通过系统地记录各个时间段（如30min）内的渗水量，据此编绘出渗透速度的历时曲线图。如图1.20所示。

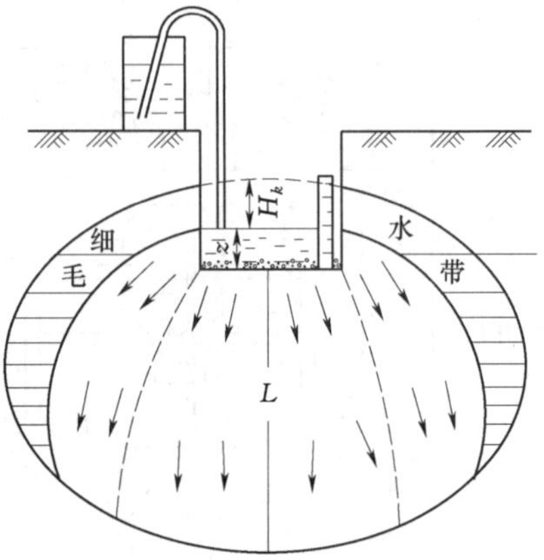

图1.19　黏性土中渗水土体浸润部分示意图

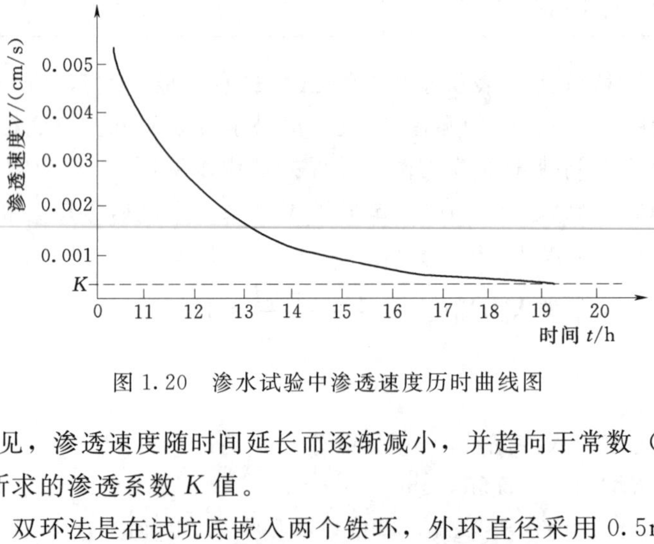

图1.20　渗水试验中渗透速度历时曲线图

由图1.20可见，渗透速度随时间延长而逐渐减小，并趋向于常数（呈水平线），此时的渗透速度即为所求的渗透系数K值。

(3) 双环法。双环法是在试坑底嵌入两个铁环，外环直径采用0.5m，内环直径采用0.25m。试验时往铁环内注水，用Mariotte瓶控制外环和内环的水柱一直保持在同一高度

(如 10cm)。根据内环所取得的资料按上述方法确定岩（土）层的渗透系数。由于内环中的水只产生垂向渗入，已排除了侧向渗流带的误差，因此该法获得的成果精度比试坑法和单环法都高。

3. 其他试验方法

(1) 地下水流向和实际流速的测定。测定地下水的实际流速，主要是为了确定地下水的补给方向和强弱径流带的位置，有时还可根据地下水的实际流速来计算地下水流过水断面的流量。在某些强富水层中测定地下水的实际流速，还可以用于判别地下水的运动性质（层流或紊流）。

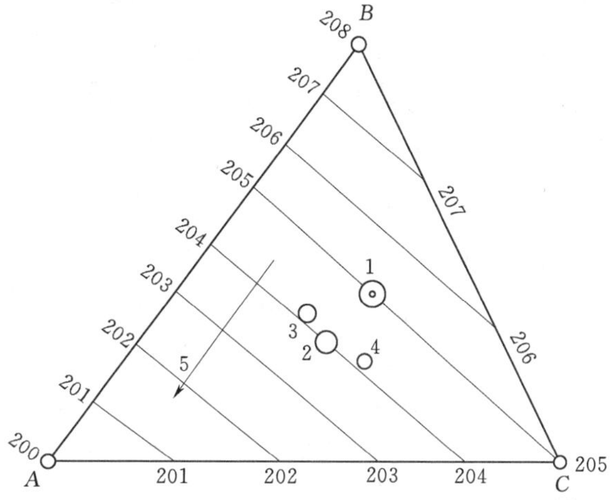

图 1.21　地下水流向、流速测定钻孔布置示意图
A、B、C—地下水位观测孔；1—投试剂孔；
2—主要流速观测孔；3、4—辅助流速观测孔；
5—地下水流向

测定地下水的实际流速有指示剂法和物探方法两种类型。这里仅介绍指示剂法。指示剂法又有多孔示踪法和单孔示踪法。

1) 多孔示踪法。欲测定地下水的流速，首先要确定地下水流向。当有等水位线图时，可根据等水位线图来确定。否则应在试验地段布置 3 个钻孔，揭露地下水，测量各孔水位标高，即可确定地下水流向（图 1.21）。

流向被确定后，即可沿地下水的流向布置 2 个钻孔，上游为投试剂孔，下游为观测孔。为了防止指示剂绕过观测孔，可在观测孔两侧 0.5～1.0m 处各布置一个辅助观测孔。投剂孔与观测孔之间的距离大小，取决于含水层的透水性，一般细砂为 2.5m，粗砂砾石为 5～10m。透水性很强的裂隙岩层为 10～15m。

所投指示剂的类型及方法，可参考表 1.22。

表 1.22　地下水实际流速测定时常用的指示剂法种类和检验方法

方法名称	指示剂的种类	检验方法
化学法	氯化钠、氯化钙、氯化铵	在观测孔中定时取样测定
比色法	荧光红、荧光黄（弱碱性水）刚果红、亚甲基蓝苯胺蓝（弱酸性水）	比色法观察浓度
电解法	氯化铵、氯化钠	用电极电路测定地下水的电流值
充电法	氯化钠	在地表测定不同时间等电位线的形状，其椭圆的长轴方向即为流向
放射性法	氚（^{3}H）、碘（^{131}I）、溴（^{82}Br）、硫（^{35}S）等	在观测孔中测定出现的时间

最后根据试验观测资料，绘制出观测孔内指示剂随时间的变化曲线（图 1.22）。

一般情况下可选用指示剂浓度（含量）的最大值 A 点的出现的时间来计算流速，此时所求得的流速为地下水的实际平均流速。如以指示剂在观测孔中刚出现的时间计算，所求得的流速则为最大流速。地下水的实际流速计算式为：

$$\mu=\frac{L}{\Delta T} \tag{1.15}$$

式中 μ——地下水的实际流速，m/h；

L——试验孔到观测孔的距离，m；

ΔT——指示剂从试验孔到观测孔所需的时间，h。

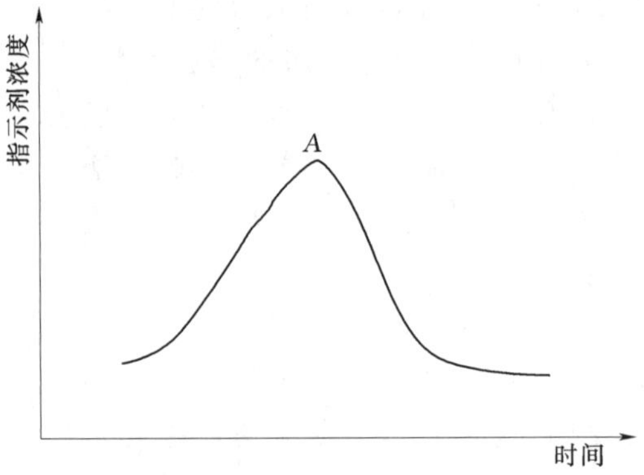

图 1.22 观测孔中指示剂含量变化过程曲线

2）单孔示踪法。单井同位素示踪法是指把放射性示踪剂投入到钻孔或测试井中，再用放射性探测器测定该点地下水流向和流速。常用的示踪剂为以 NaI 为载体的 ^{131}I 放射性同位素（半衰期为 8.07 天），它能释放 γ 和 β 射线。

a. 流向测定的原理：当把放射性示踪剂注入到井内待测的深度，随着地下水的天然流动，示踪剂浓度在水流的上下游会产生差异，表现为不同方向的放射性强度产生变化，用流向探测器测得各方向放射性的强度，并将数据传输给地面的计算机。所测强度最大值与最小值方向的连线即为地下水动态流向，强度最大方向即为下游方向。

b. 流速测定的原理：同位素单孔稀释法测定地下水流速是采用微量的放射性同位素 ^{131}I 标记滤水管中的水柱，标记的地下水柱被流经滤水管的水稀释而浓度淡化，其稀释的速率和地下水渗透速度之间满足式（1.16）：

$$V_f=\frac{\beta\pi r_1}{2\alpha t}\ln\frac{N_0}{N} \tag{1.16}$$

$$\beta=\frac{V-V_T}{V} \tag{1.17}$$

式中 V_f——地下水的渗流速度，m/d；

r_1——滤管的内半径，mm；

N_0——同位素的初始浓度（$t=0$ 时）计数率；

N——t 时刻同位素的浓度计数率；

α——流场畸变校正系数；

β——校正系数；

V——测量水柱的体积，m^3；

V_T——探头的体积，m^3。

根据计算机在不同时刻 t 采集的计数率 N，采用最小二乘法回归，即可计算出地下水的渗透速度。

流场畸变校正系数是由于透水层中钻孔的存在而引起在滤水管的附近地下水流场发生畸变而引入的一个参变量。其物理意义是：地下水进入或流出滤水管的两边线，在距离滤水管足够远处，二者平行时的间距与滤水管直径之比。对于不放置滤水管、不填砾料的基岩裸孔，一般取 $\alpha=2$。单孔稀释法在实际应用中的关键是对 α 的确定。对于只有滤水管而没有填料的试验井，其值可以用式（1.18）来确定（Ogilivi，1958）：

$$\alpha=\frac{4}{1+\left(\frac{r_1}{r_2}\right)^2+\frac{K_3}{K_1}\left[1-\left(\frac{r_1}{r_2}\right)^2\right]} \tag{1.18}$$

式中 K_1——滤水管的渗透系数；

K_3——含水层的渗透系数；

r_1——滤水管的内半径；

r_2——滤水管的外半径。

当采用只有滤水管而没有填料的井孔时，也可选用经验式（1.19）进行近似估计：

$$V_f=0.1n \tag{1.19}$$

式中 n——滤网的空隙率，%；

V_f——地下水的渗流速度，m/d。

（2）连通试验。连通试验是用来查明岩溶地区：①地下水运动的方向、速度；②地下河系的连通延展、分布情况；③地表水与岩溶水转化关系；④各孤立岩溶水点之间的关系。连通试验必须在地质调查的基础上，在地质依据已确认有连通性的地段进行。

连通试验的方法可分为两类：水位传递法和指示剂法。其具体的方法选择取决于岩溶通道的形状特征、贯通情况、流量大小、流速快慢以及试验段长度等条件。现将几种常用的方法简单介绍如下。

1）水位传速法：该法利用岩溶的天然通道或钻孔，进行闸水、放水、堵水、抽水或注水，观察上下游通道及钻孔内水位、水量、水色的变化，以判断其连通性。

2）指示剂法：其具体方法很多，最常用的为浮标法。它是根据地下水的流速、流态、流途长短等因素分别用谷糠、锯木屑、油料、黄泥水等做指示剂，观测其连通的情况。另外，还可投放食盐、荧光素、天然放射性等剂料来测试。观测方法与一般地下水流速试验的相同。

3）对于无水溶洞之间的连通性，还可选用烟熏、放烟幕弹或灌水等方法测定。

1.1.5 岩、土、水样采集及相关要求

1.1.5.1 水样采集、分析与要求

（1）采集的水样应均匀，具有代表性。取样时，先用待取水样将水样瓶涮洗 2～3 次，再将水采集于瓶中。所采集的水样不得受到任何污染。

（2）对于自喷的泉水，可在涌水处直接采样。从抽水井取样时，应先开动水泵将停滞在抽水管内的水抽出，并用新鲜水更换 2～3 次之后再取样。为取样专门开凿钻井时，应尽量不用水冲洗钻孔。并待停钻且井内水位稳定后再进行取样。如果钻孔用水冲洗过，必须先抽水，然后再取样。深井、定深和分层取样时，应采用专门器具。

（3）取平行水样时，必须在相同条件下同时采集，容器材料也应相同。

（4）采集的每个样品，均应在现场立即用石蜡封好瓶口，并贴上标签。标签上应注明样品编号、采样日期、水源种类、岩性、浊度、水温、气温，如加有保护剂，则应注明加入的保护剂的名称及用量和测定要求等。

1. 水分析类型及其测定项目

（1）简分析其项目有 pH 值、游离二氧化碳、氯离子、硫酸根、重碳酸根、碳酸根、氢氧

根、钾离子、钠离子、钙离子、镁离子、总硬度及溶解性固体总量等。采样体积为0.5～1L。

(2) 全分析其项目除简分析项目外，另增加铵离子、全铁（二价铁离子和三价铁离子)、亚硝酸根、硝酸根、氟离子、磷酸根、硅酸及化学需氧量等项目。采样体积为1～2L。

(3) 专项分析指根据地质工作和用水目的，需要分析全分析项目以外的其他项目，如气体成分、微量元素、有毒有害组分、有机物、放射性元素及同位素等。

(4) 现场分析水中某些极易变化的成分，如pH值、游离CO_2、NO_2^-、Eh值和水的某些物理指标等，要在现场进行测定。

碳酸和重碳酸型泉水中的游离二氧化碳、重碳酸根、pH值、钙、镁、铁（二价和三价）等，只有在现场进行测定，才能获得准确的结果。

2. 水样的保存方法和要求

由于水中化学组分极易发生变化，采样时必须根据欲测组分的性质，选择适宜的保存样品方法。应当指出，这些保存水样的方法只能延缓样品中的物理、化学及生物作用，而不能控制其完全不发生变化。

(1) 原水样。有些待测组分，不需或不能采用向样品中加入化学试剂的方法来保存在目前不具备冷冻或深冻保存的条件下，只能控制从采样到测定的时间间隔。

1) 测定亚硝酸根、游离二氧化碳、pH值等项目的样品，如限于条件不能在现场测定时，则要求采样后立即送实验室。实验室在收到水样的当天，开瓶立即测定，并在1天内全部测定完毕。

2) 测定铵、化学需氧量（COD）的样品，采好后立即送实验室；实验室收样后，必须在3天内测定完毕。

3) 测定溴、碘、氟、氯离子、重碳酸根、碳酸根、氢氧根、硫酸根、硝酸根，硼、钾、钠、钙、镁、砷、钼、硒、铬（六价）及硅酸（小于100mg/L）等项目的样品，采好样后应尽快送到实验室；实验室必须在10天内分析完毕。

(2) 酸化水样。供测定微量金属元素及磷酸根、硅酸（大于100mg/L）等项目。取容积为1L的清洁硬质玻璃瓶或聚乙烯塑料瓶，先用经0.45μm滤膜过滤的待测水样涮洗2～3次，然后加入硝酸溶液（1+1)5mL。再把过滤后的水样装入取样瓶中，摇匀，应使水样pH值小于2。用蜡封好瓶口，送实验室分析。实验室收样后，必须在10天内分析完毕。

供测定As、Mo、Se的水样，应经0.45μm滤膜过滤后加盐酸酸化，使pH值不大于2，约需500mL，装入硬质玻璃瓶或聚乙烯塑料瓶中。

水样瓶盖，绝不能用橡皮塞，密封时严禁用橡皮膏缠封；进行采样时，采样人员禁止使用护肤化妆品，以防污染。

(3) 碱化水样。供测定挥发性酚类和氰化物用。用1L硬质玻璃瓶取满水样，立即加入20%氢氧化钠溶液5mL（或固体氢氧化钠1g)，摇匀，使水样pH值大于12，用石蜡密封，在阴凉处保存。在24h内送到实验室，并在43h内分析完毕。

(4) 测定高铁和亚铁的水样。要求测定二价和三价铁时，须用聚乙烯塑料瓶或硬质玻璃瓶取水样250mL，加硫酸溶液（1+1)2.5mL，硫酸铵0.5～1.0g，用石蜡密封瓶口，送实验室检测，允许存放时间最多不得超过30天。

(5) 测定侵蚀性二氧化碳的水样。测定侵蚀性二氧化碳的水样，应在采取简分析或全分析样品的同时，另取一瓶 250mL 的水样，加入 2g 经过纯制的大理石粉末（或碳酸钙粉末），瓶内应留有 10～20mL 容积的空间，密封。与原水样同时送检。

（6）测定硫化物的水样。在 500mL 的玻璃瓶中，先加入 20%乙酸锌溶液和氢氧化钠溶液 [c(NaOH)=1mol/L]1mL，然后将瓶装满水样，盖好瓶盖，反复振摇数次，再以石蜡密封瓶口，贴好标签，注明加入乙酸锌溶液及氢氧化钠溶液的体积，送检。

（7）测定汞的水样。用硬质玻璃瓶或聚乙烯塑料瓶，取水样 500mL，加浓硝酸 25mL，重铬酸钾 0.25g。摇匀，密封，送检。允许保存时间 7 天。

（8）测定有机农药残留量的水样。取水样 3～5L 于硬质玻璃瓶中（不能用塑料瓶），加硫酸 [$c(1/2H_2SO_4)$=5mol/L]10mL 酸化，使水样 pH 值不大于 2，摇匀，密封，低温保存。

（9）测定氢氧同位素的水样。取水样 100mL 于硬质玻璃瓶中（尽量注满，不留空隙），密封，送实验室供测定氢、氧稳定同位素。取水样 500mL 于玻璃瓶中，密封，记录取样日期（年、月、日），供测定氚。

（10）测定总 α、总 β 放射性的水样。取水样 3L 于硬质玻璃瓶或聚乙烯塑料瓶中，加硝酸溶液（1+1)10mL，摇匀，密封。

3. 送样要求

（1）水样采取后，应存放在阴凉处，并及时送实验室。在运送过程中，应注意防震、防冻、防晒。

（2）采取的样品需要加入保护剂时，必须严格按照规定操作，包括加入试剂的剂量、浓度、加入的顺序和方法等。

（3）送样单位送样时，应详细填写送样单（表 1.23）；实验室接收样品时，要检查核对，编号登记，见表 1.24。

表 1.23　水分析送样单

分析编号	水样编号	取样地点	水样体积/L	水源种类	物理性质			分析项目	备注
					透明度	颜色	气味		

表 1.24　　水 样 标 签

孔（泉）号		样品编号	
取样地点			
取样深度	m至　　m	水源种类	
岩性		浊度	
水温/℃		气温/℃	
取样日期		取样人	
化学处理方法			
分析要求			
备注			

1.1.5.2 岩、土样采集

为了解测区岩土体水理性质，一般通过采集样品进行室内试验取得。除了在地面水文地质调查测绘中取试样外，主要是在钻孔中采取。

从取样角度来说，需要考虑取样的位置、数量和技术问题。岩土体一般为非均质体，其性状指标是一定空间范围内的随机变量。因此取样的位置在一定的单元体内应力求在不同方向上均匀分布，以反映趋势性的变化。

样本的数量关系到总体特性指标的精确度和可靠度，为了保证所取试样符合试验要求，须采用合适的取样技术。

本节主要讲述钻孔取土操作。

1. 钻进要求

(1) 使用合适的钻具与钻进方法。一般应采用较平稳的回转式钻进。若采用冲击、振动、水冲等方式钻进时，应在预计取样位置1m以上改用回转钻进。在地下水位以上一般应采用干钻方式。

(2) 在软土、砂土中宜用泥浆护壁。若使用套管护壁，应注意旋入套管时管靴对土层的扰动，且套管底部应限制在预计取样深度以上大于3倍孔径的距离。

(3) 应注意保持钻孔内的水头等于或稍高于地下水位，以避免产生孔底管涌，在饱和粉、细砂土中尤应注意。

2. 取样要求

(1) 到达预计取样位置后，要仔细清除孔底浮土。孔底允许残留浮土厚度不能大于取土器废土段长度。清除浮土时，需注意不致扰动待取土样的土层。

(2) 下放取土器必须平稳，避免侧刮孔壁。取土器入孔底时应轻放，以避免撞击孔底而扰动土层。

(3) 贯入取土器力求快速连续，最好采用静压方式。如采用锤击法，应做到重锤少击，且应有导向装置，以避免锤击时摇晃。饱和粉、细砂土和软黏土，必须采用静压法取样。

(4) 当土样贯满取土器后，在提升取土器前应旋转2～3圈，也可静置约10min，以使土样根部与母体顺利分离，减少逃土的可能性。提升时要平稳，切忌陡然升降或碰撞孔壁，以免失落土样。

1.1.6 地下水监测

1.1.6.1 地下水动态监测

地下水动态监测系统（图 1.23）依托“中国移动”通信集团公司的 GPRS 网络，工作人员可以在监测中心查看地下水的水位、温度、电导率的数据。监测中心的监测管理软件能够实现数据的远程采集、远程监测，监测的所有数据进入数据库，生成各种报表和曲线。地下水动态监测系统由四部分组成：监测中心、通信网络、微功耗测控终端、水位监测记录仪。

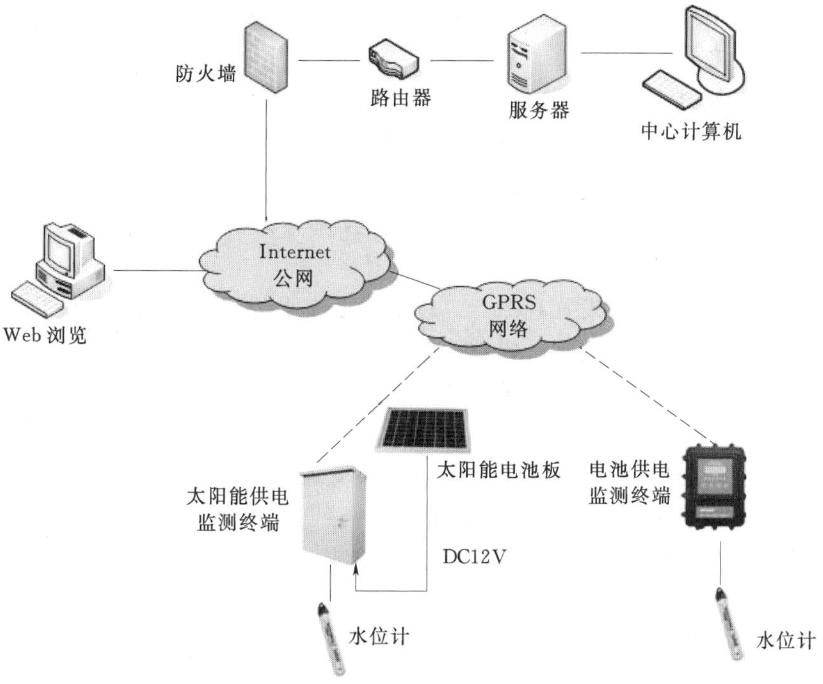

图 1.23 地下水动态监测系统

地下水动态研究，必须建立在水文地质长期观测的基础上。通过地下水动态观测，查明地下水动态的形成规律，研究地下水均衡及预测地下水动态变化趋势等，从而为利用或调节地下水动态，提供科学依据。地下水的长期观测工作对于了解地下水的形成和变化规律、获取水文地质参数，对地下水资源准确评价和预测，及为地下水资源的合理开发利用和科学管理提供依据，均具有十分重要的意义。

根据《1∶250000 区域水文地质调查技术要求》（DD 2004—01），地下水动态监测的要求和内容如下。

1. 监测的目的和任务

（1）监测地下水水位、水量、水温和水质的变化规律及发展趋势。

（2）分析地下水动态变化的影响因素，确定地下水动态类型。

（3）研究与地下水有关的环境地质问题。

(4) 为研究某些专门问题提供基础资料。

(5) 优化或完善区域地下水动态监测网。

2. 监测网布置的基本要求

(1) 地下水动态监测网的布置应能控制区域地下水动态变化规律。

(2) 观测点应沿地下水区域径流方向布置，选择有代表性的监测孔安装自动监测仪。

(3) 为调查地下水与地表水的水力联系，观测孔应垂直地表水体的岸边布置。

(4) 为调查垂直方向各含水层（组）间的水力联系，应设置分层观测孔组。

(5) 为调查咸水与淡水分界面的动态特征（包括海水入侵），观测线应垂直分界面布置，在分界面附近应加密观测点。

(6) 对大型集中开采地段，宜通过降落漏斗中心布设相互垂直的两条观测线，最远观测点应在降落漏斗之外。

(7) 为了满足数值法模拟的要求，观测孔的布置应保证对计算参数区的控制。

(8) 为获取地下水水量计算所需要的水文地质参数，宜依据工作区水文地质条件布设。

(9) 泉水应按不同类型、不同含水层（组）及流量大小（一般选择流量不小于 1L/s 的大泉）分别设置观测点。

(10) 对主要地表水体应设置观测点，以了解地表水与地下水的相互转化关系。

(11) 观测孔的深度必须达到所要观测的含水层内，并保证任何时间都能观测到水位；观测孔管径一般不应小于 108mm，保证取到具代表性水样；每个观测点的地理坐标及孔口地面高程应实测。

(12) 环境地质监测资料应以收集为主，在环境地质问题严重地区，应新建或利用已建立的设施进行与地下水动态相应的环境地质监测。

(13) 地下水动态监测时间，应从调查工作开始延续至最终报告审查通过为止。监测延续时间应超过一个水文年。

(14) 项目结束后，宜将代表性的地下水观测孔（点）移交给有关部门进行长期观测。

3. 监测的内容及技术要求

地下水动态监测内容主要包括地下水水位、水量、水质、水温、环境地质问题以及气象要素的观测；当研究地表水体与地下水关系时，还应包括地表水体的水位、流量、水质的观测。

(1) 地下水水位观测必须测量其静水位，水位测量精确到厘米。一般每 10 天（每月 10 日、20 日、月末）观测一次，对有特殊意义的观测孔，按需要加密观测。若观测井为长年开采井，可测量动水位，每月必须有一次静水位观测数据。

(2) 地下水水量监测包括观测泉水流量、自流井流量和地下水开采量。泉水与自流井流量观测频率与地下水位观测同步。流量观测宜采用容积法或堰测法。采用堰测法时，堰口水头高度（h）测量必须精确到毫米。地下水开采量的观测，宜安装水表定期记录开采的水量；未安装水表的开采井，应建立开采时间及开采量的技术档案，并每月实测一次流量，保证取得较准确的开采量数据。

(3) 地下水水温观测可每月进行一次，并与水位、流量同步观测，水温测量的误差要求小于 0.5℃，同时观测气温。根据地下水位埋深和环境温度的变化，采用合适的测量工具，以保证观测数据的精度。

（4）地下水水质监测频率宜为每年两次，应在丰水期、枯水期各采样一次，初次采样须做全分析，以后可做简分析。

（5）地表水体的观测内容包括水位、流量、水温、水质。地表水体的观测频率应和与其有水力联系的地下水观测同步。若河流设有可以利用的水文站时，应收集该水文站的有关水文气象资料。

（6）区域地下水动态长期监测孔宜安装水位水温自动记录仪器。

（7）环境地质监测。环境地质监测包括与地下水有关的水环境问题、地质环境问题和生态环境问题，应根据水文地质条件和存在的主要环境地质问题及其严重程度，新建或利用已建立的设施进行与地下水动态相应的环境地质监测。

4. 地下水动态监测的资料与成果

地下水动态监测的资料与成果应包括以下内容：①地下水动态观测点分布图；②地下水动态观测点档案卡片；③地下水动态观测野外记录表；④地下水动态观测年报表；⑤地表水观测年报表；⑥地下水动态曲线图；⑦地下水等水位线图；⑧地下水水位埋深图；⑨地下水水位变幅图；⑩地下水动态剖面图；⑪环境地质问题与地下水动态分析图表；⑫地下水动态监测报告。

1.1.6.2　地下水样的采集

1. 采样的频次和采样的时间

采样要依据不同的水文地质条件和地下水监测井使用功能，结合当地污染源、污染物排放实际情况，力求以最低的采样频次，取得最有时间代表性的样品，达到全面反映区域地下水质状况、污染原因和规律的目的。此外为反映地表水与地下水的水力联系，地下水采样频次与时间尽可能与地表水相一致。具体要求如下：

（1）背景值监测井和区域性控制的孔隙承压水井每年枯水期采样一次。

（2）污染控制监测井逢单月采样一次，全年六次。

（3）作为生活饮用水集中供水的地下水监测井，每月采样一次。

（4）污染控制监测井的某一监测项目如果连续两年均低于控制标准值的 1/5，且在监测井附近确实无新增污染源，而现有污染源排污量未增的情况下，该项目可每年在枯水期采样一次进行监测。一旦监测结果大于控制标准值的 1/5，或在监测井附近有新的污染源或现有污染源新增排污量时，即恢复正常采样频次。

（5）同一水文地质单元的监测井采样时间尽量相对集中，日期跨度不宜过大。

（6）遇到特殊的情况或发生污染事故，可能影响地下水水质时，应随时增加采样频次。

2. 采样工作

（1）采样前的准备工作。应确定专人负责，由采样负责人负责制订采样计划并组织实施。采样负责人应了解监测任务的目的和要求，并了解采样监测井周围的情况，熟悉地下水采样方法、采样容器的洗涤和样品保存技术。

采样计划应包括：采样目的、监测井位、监测项目、采样数量、采样时间和路线、采样人员及分工、采样质量保证措施、采样器材和交通工具、需要现场监测的项目、安全保证等。

采样器材主要是指采样器和水样容器。地下水水质采样器分为自动式和人工式两类，自动式用电动泵进行采样，人工式可分活塞式与隔膜式。地下水水质采样器应能在监测井中准确定位，并能取到足够量的代表性水样；采样器的材质和结构应符合“水质采样器技术要求”中的规定。所选择的水样容器不能引起地下水新的沾污，容器壁不应吸收或吸附某些待测组分，不应与待测组分发生反应；容器能严密封口，且易于开启；容易清洗，并可反复使用。

现场监测仪器：主要是能对水位、水量、水温、pH 值、电导率、浑浊度、色、臭和味等项目实施现场监测，应事先在实验室内准备好所需的仪器设备，安全运输到现场，并在使用前进行检查，确保性能正常。

（2）采样技术：

1）地下水水质监测通常采集瞬时水样。

2）对需测水位的井水，在采样前应先测定地下水位。

3）从井中采集水样，必须在充分抽汲后进行，抽汲水量不得少于井内水体积的 2 倍，采样深度应在地下水水面 0.5m 以下，以保证水样能代表地下水水质。

4）对封闭的生产井可在抽水时从泵房出水管放水阀处采样，采样前应将抽水管中存水放净。

5）对于自喷的泉水，可在涌口处出水水流的中心采样。采集不自喷泉水时，将停滞在抽水管的水汲出，新水更替之后，再进行采样。

6）采样前，除五日生化需氧量、有机物和细菌类监测项目外，先用采样水荡洗采样器和水样容器 2～3 次。

7）测定溶解氧、五日生化需氧量和挥发性、半挥发性有机污染物项目的水样，采样时水样必须注满容器，上部不留空隙。但对准备冷冻保存的样品则不能注满容器，否则冷冻之后，因水样体积膨胀使容器破裂。测定溶解氧的水样采集后应在现场固定，盖好瓶塞后需用水封口。

8）测定五日生化需氧量、硫化物、石油类、重金属、细菌类、放射性等项目的水样应分别单独采样。

9）各监测项目所需水样的采集量可参见本书附录 4。附录 4 中的采样量已考虑重复分析和质量控制的需要，并留有余地。

10）在水样采入或装入容器后，立即按本书附录 4 的要求加入保存剂。

11）采集水样后，立即将水样容器瓶盖紧、密封，贴好标签，标签设计可以根据各站具体情况，一般应包括监测井号、采样日期和时间、监测项目、采样人等。

12）用墨水笔在现场填写《地下水采样记录表》，字迹应端正、清晰，各栏内容填写齐全。

13）采样结束前，应核对采样计划、采样记录与水样，如有错误或漏采，应立即重采或补采。

（3）采样记录。地下水采样记录包括采样现场描述和现场测定项目记录两部分，各省可按统一的格式设计全省统一的采样记录表。每个采样人员应认真填写《地下水采样记录表》。

3. 地下水的监测项目

(1) 常规监测项目。常规监测的项目见表 1.25。

表 1.25　地下水常规监测项目表

必测项目	选测项目
pH 值、总硬度、溶解性总固体、氨氮、硝酸盐氮、亚硝酸盐氮、挥发性酚、总氰化物、高锰酸盐指数、氟化物、砷、汞、镉、六价铬、铁、锰、大肠菌群	色、臭和味、浑浊度、氯化物、硫酸盐、碳酸氢盐、石油类、细菌总数、硒、铍、钡、镍、六六六、滴滴涕、总 α 放射性、总 β 放射性、铅、铜、锌、阴离子表面活性剂

(2) 特殊项目选测方法：

1) 生活饮用水。可根据 GB 5749—2006《生活饮用水卫生标准》（见本书附录 2）和卫生部《生活饮用水水质卫生规范》（2001 年）中规定的项目选取。

2) 工业用水。用作冷却、冲洗和锅炉用水的地下水，可增测侵蚀性二氧化碳、磷酸盐、硅酸盐等项目。

3) 城郊、农村地下水。当考虑施用化肥和农药的影响时，可增加有机磷、有机氯农药及凯氏氮等项目。当地下水用作农田灌溉时，可按 GB 5084—92《农田灌溉水质标准》（见本书附录 3）中规定，选取全盐量等项目。

4) 北方盐碱区和沿海受潮汐影响的地区。可增加电导率、溴化物和碘化物等监测项目。

5) 矿泉水。应增加水量、硒、锶、偏硅酸等反映矿泉水质量和特征的特种监测项目。

6) 水源性地方病流行地区。应增加地方病成因物质监测项目，例如：在地甲病区，应增测碘化物；在大骨节病、克山病区，应增测硒、钼等监测项目；在肝癌、食道癌高发病区，应增测亚硝胺以及其他有关有机物、微量元素和重金属含量。

7) 地下水受污染地区。应根据污染物的种类和浓度，适当增加或减少有关监测项目，如放射性污染区应增测总 α 放射性及总 β 放射性监测项目；对有机物污染地区，应根据有关标准增测相关有机污染物监测项目；对人为排放热量的热污染源影响区域，可增加溶解氧、水温等监测项目。

在区域水位下降漏斗中心地区、重要水源地、缺水地区的易疏干开采地段，应增测水位。

1.1.6.3 现场的监测技术

凡能在现场测定的项目，均应在现场测定。为了便于化验资料的分析对比，每批样品的采样和分析要争取在最短的时间内完成，尽量做到当天采样当天分析；对 pH 值、CO_2 等易变化的物质最好在现场测定。当天不能分析的样品要放在冰箱内妥善保存。

(1) 现场监测项目。包括水位、水量、水温、pH 值、电导率、浑浊度、色、臭和味、肉眼可见物等指标，同时还应测定气温、描述天气状况和近期降水情况。

(2) 现场监测方法如下：

1) 水位。水位监测每年 2 次，丰水期、枯水期各 1 次；与地下水有水力联系的地表水体的水位监测，应与地下水水位监测同步进行。同一水文地质单元的水位监测井，监测日期及时间尽可能一致。有条件的地区，可采用自记水位仪、电测水位仪或地下水多参数自动监测仪进行水位监测。每次测水位时，应记录监测井是否曾抽过水，以及是否受到附近的井的抽水影响。

2）水量。生产井水量监测可采用水表法或流量计法；自流水井和泉水水量监测可采用堰测法或流速仪法；当采用堰测法或孔板流量计进行水量监测时，固定标尺读数应精确到毫米。水量监测结果（m^3/s）记至小数点后两位。

3）水温。主要方法包括：①对下列地区应进行地下水温度监测：地表水与地下水联系密切地区；进行回灌地区；具有热污染及热异常地区；②有条件的地区，可采用自动测温仪测量水温，自动测温仪探头位置应放在最低水位以下3m处；③手工法测水温时，深水水温用电阻温度计或颠倒温度计测量，水温计应放置在地下水面以下1m处（对泉水、自流井或正在开采的生产井可将水温计放置在出水水流中心处，并全部浸入水中），静置10min后读数；④连续监测两次，连续两次测值之差不大于0.4℃时，将两次测量数值及其均值记入《地下水采样记录表》内；⑤同一监测点应采用同一个温度计进行测量；⑥水温监测每年1次，可与枯水期水位监测同步进行；⑦监测水温的同时应监测气温；⑧水温监测结果（℃）记至小数点后一位。

4）pH值。用测量精度高于0.1的pH计测定，测定前按说明书要求认真冲洗电极并用两种标准溶液校准pH计。

5）电导率。用误差不超过1%的电导率仪测定，报出校准到25℃时的电导率。

6）浑浊度。用目视比浊法或浊度计法测量。

7）颜色。黄色色调的地下水色度采用铂-钴标准比色法监测；非黄色色调地下水，可用相同的比色管，分取等体积的水样和去离子水比较，进行文字定性描述。

8）臭和味。要求测试人员应不吸烟，未食刺激性食物，无感冒、鼻塞症状。需测定原水样的臭和味、原水煮沸后的臭和味等两个项目。

任务1.2 室内数据资料整理分析及报告编写

1.2.1 各水文地质试验数据整理及参数求取

各项水文地质试验结束后应将野外所得的原始数据、草图进行详细检查与校对，然后进行室内的数据整理。水文地质试验各参数可用表1.26的测定方法进行测定。

表1.26 水文地质参数及相应测定方法

参数	测定方法
水位	钻孔、探井或测压管观测
渗透系数、导水系数	抽水试验、注水试验、压水试验、室内渗透试验
给水度、释水系数	单孔抽水试验、非稳定流抽水试验、地下水位长期观测、室内试验
越流系数、越流因数	多孔抽水试验（稳定流或非稳定流）
单位吸水率	注水试验、压水试验
毛细水上升高度	试坑观测、室内试验

注 除水位外，当对数据精度要求不高时，可采用经验数值。

1.2.1.1　抽水试验的资料整理

1. 现场资料整理

进行抽水试验时，需要在现场整理下列曲线图表，其目的是了解试验进行情况，检查有无异常情况，为室内资料整理打下基础。

(1) 稳定流抽水试验资料整理。稳定流抽水试验绘制的曲线主要有：$S-t$，$Q-t$，$Q-S$，$q-S$ 曲线。通过绘制 $S-t$ 和 $Q-t$ 曲线及时发现抽水过程中的异常，及时处理；同时根据 $Q-t$，$S-t$ 曲线变化趋势，合理判断稳定流延续时间的起点和确定稳定延续时间。而 $Q-S$，$q-S$ 曲线可了解曲线形态是否正确反映了含水层的类型和边界性质，检验抽水试验成果是否正确。图 1.24 和图 1.25 表示抽水试验常见的各种 $Q-S$ 和 $q-S$ 曲线类型。其中，曲线Ⅰ表示承压井流（或含水层厚度很大、降深相对较小的潜水井流）；曲线Ⅱ表示潜水或承压转无压的井流（或为三维流、紊流影响下的承压井流）；曲线Ⅲ表示从某一降深起，涌水量随降深的加大而增加很少；曲线Ⅳ表明补给衰竭或水流受阻，随 S 加大 Q 反而减少；曲线Ⅴ通常表示试验有错误，但也可能反映在抽水过程中，原来被堵塞的裂隙、岩溶通道被突然疏通等情况出现。

（注：在试验过程中，一般要绘制流量、降深与时间的关系曲线图，即稳定抽水试验需要绘制 $S-t$，$Q-t$，$Q-S$ 等图，而非稳定抽水实验绘制的 $S-\lg t$ 图、$S-\lg r$ 图等。）

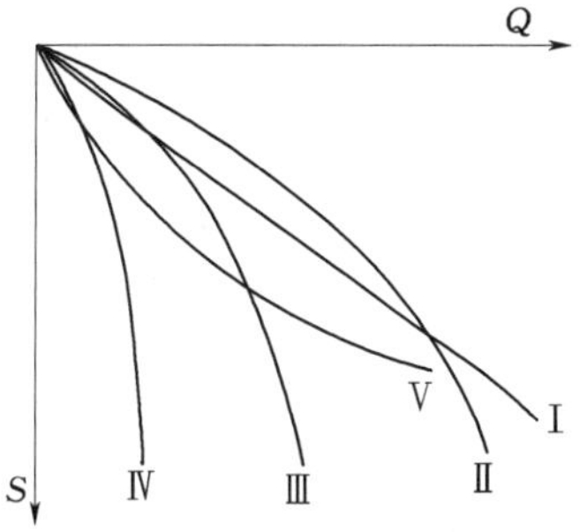

图 1.24　抽水试验 $Q-S$ 曲线

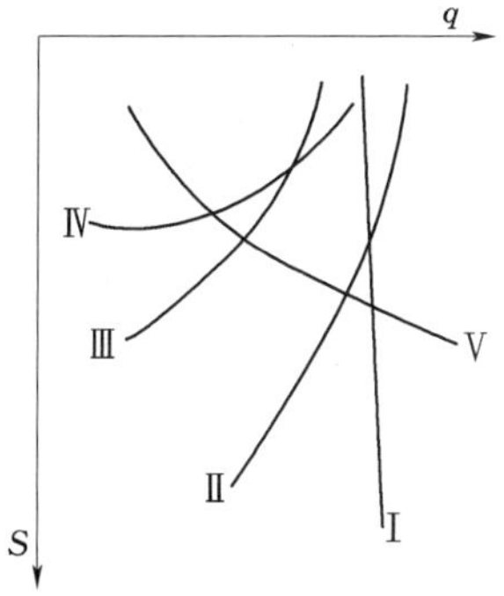

图 1.25　抽水试验 $q-S$ 曲线

(2) 非稳定流抽水试验资料整理。对于定流量的非稳定流抽水试验，在抽水试验过程中主要是绘制水位降深与时间的各类关系曲线，如 $S-t$、$S-\lg t$ 或 $S-\lg t/r^2$ 曲线。对于 $S-\lg t$ 曲线（图 1.26），AB 段为积分指数函数曲线段，不宜作计算段；BC 段无越流及管壁阻力影响，可用来确定 K、a、μ；CD 段为越流补给的偏离段；DE 段为越流补给段，可用来确定越流系数。

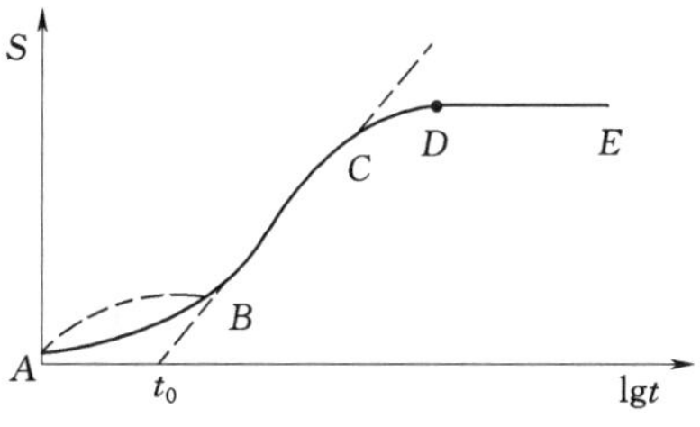

图 1.26　$S-\lg t$ 曲线

2. 室内资料整理

(1) 绘制各种综合图表。包括：①试验地段平面图；②水位降深、流量与时间过程曲线；③$Q-S$、$q-S$ 曲线图；④水位恢复曲线图；⑤主孔、观测孔的结构图（包括工艺、技术措施说明)；⑥水质分析表。

(2) 计算水文地质参数。具体方法可参见本书附录1的内容。

(3) 编写抽水试验报告。其内容可分为：绪言、抽水试验的方法及试验步骤、抽水试验的成果、试验结果分析、结论等几部分。

1.2.1.2 压水试验的资料整理

试验资料整理包括校核原始记录、绘制 $P-Q$ 曲线、确定 $P-Q$ 曲线类型、计算试段的透水率和判断岩体的透水性强弱等。

1. 绘制 $P-Q$ 曲线

绘制 $P-Q$ 曲线应采用统一的比例尺，即纵坐标（P 轴）1mm 代表 0.01MPa，横坐标（Q 轴）1mm 代表 1L/min。如果采用不同的比例尺，例如在流量较小时用较大的比例尺，就会出现一些人为造成的不规则曲线，使判读和划分类型产生困难。

曲线图上各点应标明序号，并依次用直线相连，升压阶段用实线，降压阶段用虚线。

2. 确定 $P-Q$ 曲线类型

试段的 $P-Q$ 曲线类型可根据升压阶段 $P-Q$ 曲线的形状以及降压阶段 $P-Q$ 曲线的形状与升压阶段 $P-Q$ 曲线的关系确定。$P-Q$ 曲线类型主要有以下5类（图1.27)。

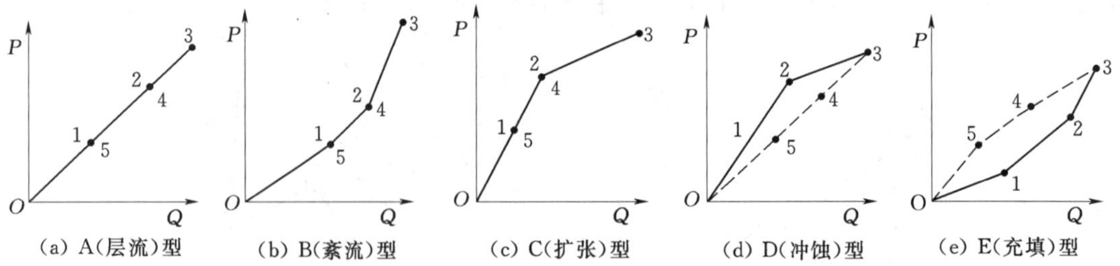

图1.27 压水试验的5种代表性曲线

［据《水利水电工程钻孔压水试验规程》(SL 31—2003)］

(1) A（层流）型。$P-Q$ 曲线中，升压曲线为通过坐标原点的直线，降压曲线与升压曲线基本重合。该曲线揭示着渗流状态为层流，在整个试验期间，裂隙状态基本没有发生变化。

(2) B（紊流）型。$P-Q$ 曲线中，升压曲线为凸向 Q 轴的曲线，降压曲线与升压曲线基本重合。该曲线揭示着渗流状态为非线性流。在整个试验期间，裂隙状态基本没有发生变化。

(3) C（扩张）型。升压曲线大体上为凸向 P 轴的曲线，降压曲线与升压曲线基本重合。该型曲线最大的特征在于：在某一压力之后，流量显著增大，且第4点与第2点，第5点与第1点基本重合。

该曲线揭示，在试验压力作用下，裂隙状态产生变化，岩体渗透性增大，但这种变化是暂时性的、可逆的，随着试验压力下降，裂隙又恢复到原来状态，呈现出一种弹性扩张性质。

(4) D（冲蚀）型。$P-Q$ 曲线中，升压曲线大体上为凸向 P 轴的曲线，降压曲线与升压曲线不重合，位于升压曲线的右侧，整个 $P-Q$ 曲线呈顺时针环状。该类型曲线最大特征是在某一压力之后，流量显著增大，且 $Q_4>Q_2$，$Q_5>Q_1$。

该曲线揭示，在试验压力作用下裂隙的状态产生了变化，岩体渗透性增大，这种变化是永久性的，不可逆的。流量显著增大且不能恢复原状，多半是由于岩石劈裂且与原有的裂隙相通或裂隙中的充填物被冲蚀、移动造成的。

(5) E（充填）型。$P-Q$ 曲线中，升压曲线为直线或凸向 Q 轴的曲线，降压曲线与升压曲线不重合，降压曲线凸向 P 轴，位于升压曲线的左侧，整个 $P-Q$ 曲线呈逆时针环状。该类型曲线的最大特征是 $Q_4<Q_2$，$Q_5<Q_1$。

该曲线揭示，试验期间裂隙状态发生了变化，岩体渗透性减小，这种减小大多是由于裂隙部分被堵塞造成的。此外，如裂隙处于半封闭状态，当被水充满后，流量即逐渐减小，甚至趋近于零。

3. 试段透水率的计算

取第三阶段的压力和流量（P_3、Q_3），按式（1.20）计算试段的透水率：

$$q=\frac{Q_3}{LP_3} \tag{1.20}$$

式中 q——试段的透水率，Lu，取两位有效数字；

Q_3——第三阶段的计算流量，L/min；

L——试段的长度，m；

P_3——第三阶段的试段压力，MPa。

用第三阶段数据计算试段透水率的主要原因是该组数据最接近于吕荣值的定义压力。当 P_3 用水柱压力（m）表示时，q 的单位也相应变成 $L/(min \cdot m^2)$；$1Lu \approx 0.01L/(min \cdot m^2)$。

4. 试验成果表示与注意事项

应把各试段压水试验的相关数据填入成果表，见表 1.27。

表 1.27　压水试验成果表

试验日期	试验段						$P-Q$ 曲线类型	试段的透水率 q/Lu
	编号	深度/m		试段长度/m	高程/m			
		起	止		起	止		

每个试段的试验成果，应采用试段的透水率和 $P-Q$ 曲线类型代号（加括号）表示，如 0.23(B)、12(A)、8.5(C) 等。

当 $P-Q$ 曲线为 C 型或 D 型时，表明在最大试验压力（P_3）范围内，流量出现显著增大，试段的裂隙状态产生变化（裂隙扩张、劈裂、充填物被冲蚀等）。在一个工程或一个地段内，如果 $P-Q$ 曲线为 C 型或 D 型的试段比例较大，作为一种地质现象应当引起足够重视。此时应结合该工程或该地段的地质情况（地层岩性、地质构造、岩溶等）和钻孔岩心情况进行分析，找出流量显著增大的地质原因，并在工程地质报告中加以说明。必要时可在勘探阶段或灌浆试验中安排一定数量的专门性试验，确定岩体的临界压力。

5. 岩体渗透系数 K 的确定

(1) 当试段位于地下水位以下，透水性较小（$q<10$Lu，$P-Q$ 曲线为层流型）时，可按式（1.21）计算岩体的渗透系数：

$$K=q=\frac{Q}{2\pi HL}\ln\frac{L}{r_0} \tag{1.21}$$

式中 K——岩体的渗透系数，m/d；

Q——压入流量，m^3/d；

H——试验水头，m；

L——试段长度，m；

r_0——钻孔半径，m。

(2) 当试段位于地下水位以下，透水性不大，$P-Q$ 曲线为紊流型时，可用第1阶段的压力值（换算为水头值 H，以 m 计）和流量值代入式（1.21）近似地计算岩体的渗透系数。

(3) 当岩石的透水性较大，应该采用其他水文地质试验方法测定岩体的渗透系数。

6. 对岩体的透水性进行分类

利用岩土的透水率或渗透系数可对岩土的透水性进行分级，见表1.28。

表1.28　根据透水率 q 对岩土的透水性进行分类

q/Lu	$q<0.1$	$0.1\leqslant q<1$	$1\leqslant q<10$	$10\leqslant q<100$	$q\geqslant 100$
渗透系数 K/(cm/s)	$K<10^{-6}$	$10^{-6}\leqslant K<10^{-5}$	$10^{-5}\leqslant K<10^{-4}$	$10^{-4}\leqslant K<10^{-2}$	$K\geqslant 10^{-2}$
岩体透水性	极微透水岩体	微透水岩体	弱透水岩体	中等透水岩体	强透水岩体

1.2.1.3 渗水试验的资料整理

1. 根据渗水试验资料计算岩（土）层渗透系数

当双环法渗水试验进行到渗入的水量趋于稳定时，就可按下式计算渗透系数 K(cm/min)（已考虑了毛细压力的附加影响）：

$$K=\frac{Q}{FI}=\frac{QL}{F\ (H_k+z+L)} \tag{1.22}$$

式中 Q——稳定渗入水量，cm^3/min；

F——试坑（内环）渗水面积，cm^2；

z——试坑（内环）中水层高度，m；

H_k——毛细压力水头，cm；

L——试验结束时水的渗入深度，cm。

渗入深度 z 可通过试验前在试坑外3～4m处以及实验后在内环中心处，各钻一孔（麻花钻或小口径钻）取土样，对比不同的岩（土）湿度的变化来确定。但一般来说，试验点一般都选择在潜水位埋深较大的地方。当 L 很大时，入渗水的水力梯度为：$I=\frac{H_k+z+L}{L}\approx 1$，则式（1.22）变为：

$$K=Q/F \tag{1.23}$$

如果渗水试验进行到相当长时间后渗入量仍未达到稳定，则 k 按式（1.24）计算：

$$K=\frac{V_1}{Ft_1\alpha_1}\left[\alpha_1+\ln(1+\alpha_1)\right] \tag{1.24}$$

其中

$$\alpha_1=\frac{\ln(1+\alpha_1)-\frac{t_1}{t_2}\ln\left(1-\frac{\alpha_1 V_2}{V_1}\right)}{1-\frac{t_1 V_2}{t_2 V_1}} \tag{1.25}$$

式中 V_1、V_2——经过 t_1、t_2 时间的总渗入量，即总给水量，m^3；

t_1、t_2——累积时间，d；

F——试坑（内环）的渗水面积，m^2；

α_1——代用系数，由试算法求出。

2. 渗水试验观测、记录和成果资料整理

在渗水试验中，应定时、准确地观测给水装置中所注入的水量。观测时间通常为渗水后的第 3、5、10、15、30min 各观测一次，以后每隔 30min 观测一次，直到流量达到稳定后 2～4h 以上。渗水试验的流量观测和成果记录表的格式可参见表 1.29 和表 1.30。

表 1.29　　渗水试验的流量观测记录表

时间			延续时间/min	量桶读数/cm	读数差/cm	加入水的体积/cm^3	入渗流量/(cm^3/min)	试坑面积 F/cm^2
日	时	分						

表 1.30　　渗水试验的成果记录表

开始时间			结束时间			渗水延续时间		钢环压入深度/m	坑内水层厚度/cm	土的最大毛细上升高度/cm	入渗流量/(cm^3/min)	渗透系数/(cm/min)
日	时	分	日	时	分	时	分					

需提交的成果包括：①绘制试坑平面位置图；②绘制水文地质剖面图与试验装置示意图；并说明试验岩（土）层的名称以及其最大毛细上升高度；③绘制流量历时曲线、渗透速度历时曲线；④渗水试验计算表（附计算公式），在计算结束后还需把渗透系数 K 的单位换算为 m/d；⑤原始记录表。

1.2.2 岩、土、水样数据整理分析

1.2.2.1 岩土测试分析

1. 土样的鉴定、测试和化学分析

（1）钻孔岩芯颗粒分析。

（2）钻孔中的黏性土、黄土含水层，进行薄片鉴定和孔隙（裂隙）率测定。

（3）实验室测定含水层原状土样孔隙度、有效孔隙度、重力给水度和渗透系数等。

（4）实验室测定含水层顶（或底）板隔水层原状土样垂向渗透系数。

（5）在水质异常区或地方病区，分析可溶盐含量、全氟和水溶氟等含量。

（6）进行新生代地层鉴定和年龄测试。

2. 岩石实验及化学分析

（1）砂岩、碳酸盐岩、玄武岩等含水层，在钻孔中采取代表性样品，进行薄片鉴定；室内测定岩石的有效孔隙度、重力给水度、渗透系数（或渗透率）等参数。

（2）岩溶地区对各类碳酸盐岩采取代表性样，进行化学分析，分析项目有 Ca^{2+}、Mg^{2+}、Na^{+}、K^{+}、SO_4^{2-}、Cl^{-}、CO_3^{2-}、NO_3^{-}、R_2O_3、SiO_2、S 等。

1.2.2.2 水质数据整理分析

1. 各种离子浓度单位的换算

（1）离子的毫克当量浓度（meq/L）：

离子毫克当量浓度（meq/L）＝离子的毫克浓度（mg/L）/离子的毫克当量

（2）离子的毫克当量百分数浓度（meq%）：

某阴(阳)离子毫克当量百分数浓度(meq%)＝
[该离子的毫克当量浓度(meq/L)/阴(阳)离子毫克当量]×100%

（3）离子的毫摩尔浓度（mmol/L）：

离子的毫摩尔浓度(mmol/L)＝
离子的毫克浓度(mg/L)/离子的毫摩尔质量(mg/mmol)

（4）离子的毫摩尔百分数浓度（mmol%）：

某阴(阳)离子毫摩尔百分数浓度(mmol%)＝
[该离子毫摩尔浓度(mmol/L)/阴(阳)离子毫摩尔浓度总和]×100%

（5）离子的毫克当量百分数浓度与离子的毫摩尔百分数浓度的换算：

$$X^{-(+)}\,\text{mmol}\% = \frac{X^{-(+)}\,\text{meq} \times X^{-(+)}\,\text{meq/L}}{X^{-(+)}\,\text{mmol} \times \sum X_i^{-(+)}\,\text{mmol/L}} \times 100\%$$

式中 $X^{-(+)}$——某种阴（阳）离子；

$\sum X_i^{-(+)}$——阴（阳）离子总和。

2. 水化学分析结果误差检验

根据水中各成分化合当量相等原理，水中阴、阳离子当量总数应当相等。因此，由下面式子就可检验水分析结果的可靠程度：

$$e = \frac{\sum k - \sum a}{\sum k + \sum a} \times 100\%$$

式中 e——分析误差值；

$\sum k$——阴离子总含量，meq%；

$\sum a$——阳离子总含量，meq%。

一般全分析的允许误差小于 2%，简分析小于 5%，否则结果不能采用。

3. 水的硬度

（1）总硬度（H）。总硬度为水中钙、镁离子含量的总和。可由德国度（H°）或 mg/L 表示：

$$H = [Ca^{2+}] + [Mg^{2+}]$$

（2）暂时硬度。根据钙、镁离子与重碳酸根离子的当量关系可知如下两点：

1）当 $r(Ca^{2+}+Mg^{2+})\leqslant rHCO_3^-$ 时，暂时硬度等于总硬度。

2）当 $r(Ca^{2+}+Mg^{2+})>rHCO_3^-$ 时，暂时硬度等于重碳酸根浓度，即 $rHCO_3^-$。

（3）永久硬度：

$$永久硬度=总硬度-暂时硬度$$

4. 水化学成分的库尔洛夫式表示方法

库尔洛夫式是以类似数学分式的形式来表示地下水化学成分，其方法如下：

（1）将阴、阳离子分别标示在横线上、下，按毫克当量百分数自大而小的顺序排列，小于 10%的离子不予标示。

（2）横线前依次标示气体成分、特殊成分及矿化度（用 M 表示），单位均为 g/L。

（3）横线后以字母 t 为代号，表示水温，单位为℃。

（4）式中各成分含量一律标于该成分符号的右下角，原子数则移至右上角。即：

$$气体成分含量\quad 特殊成分含量\quad M\,含量\ \frac{阴离子成分_{毫克当量百分数}^{原子数}}{阳离子成分_{毫克当量百分数}^{原子数}}\ t_{水温℃}$$

5. 舒卡列夫的水化学类型分类

（1）根据水中各阴、阳离子含量，将大于 25%毫克当量百分数的离子参加分类命名。阴离子在前，阳离子在后，含量大的在前，含量小的在后，中间用短横线相连来对地下水化学类型进行命名。共分 49 种类型，每种类型用一个阿拉伯数字表示。

（2）根据矿化度大小，将地下水分为四组：A 组，矿化度小于 1.5g/L；B 组，矿化度为 1.5～10g/L；C 组，矿化度为 10～40g/L；D 组，矿化度大于 40g/L。

（3）水化学类型表示方法：代号在前，矿化度划分的组在后，中间用一短横线相连。

1.2.3 水文地质勘察图件及报告编制

任何一项水文地质调查，在野工作结束后，都必须全面、系统地编写和提交调查成果报告，报告经有关部门审批后，才能结束该项调查。

在编写调查成果（报告）之前，应首先对调查时获得的全部野外及室内资料，进行校核、分析和整理，特别是对各种实际材料，在数量、分布（控制程度）和精度上是否满足相应调查阶段的规范及实际要求进行分析研究，如发现不足，应及时进行必要的在野补充工作，以保证编写成果的质量。

水文地质调查成果，根据调查工作的目的、任务和类型，可分为综合性水文地质调查成果和专门性水文地质调查成果两大类。成果的主要内容包括：

（1）文字报告。

（2）附图。包括：①地下水资源图；②综合水文地质图；③地下水水化学图；④地下水环境图；⑤地下水资源开发利用图；⑥其他图件，如地貌图、地质图、基岩地质图、地下水等水位（压）线与埋藏深度图等。

（3）附件。包括：①区域水文地质空间数据库及数据库说明书或建设工作报告；②遥感解译、物探、测试、监测、水资源计算等专项工作报告；③专题科研成果报告；④其他。

（4）原始资料。包括：①野外调查记录本、记录表（或卡片）；②野外调查手图、实际材料图；③地质、水文地质钻孔综合成果表册（包括本次施工的和收集的）；④各类采样测试报告、鉴定分析实验报告和汇总表；⑤气象、水文资料汇总表；⑥地下水动态监测成果汇总表和动态曲线图；⑦地下水水源地（包括开采的和已评价的）汇总表；⑧地下热水、矿水汇总表；⑨其他。

本节主要介绍综合性水文地质调查专门性水文地质调查成果编制要求。

1.2.3.1 水文地质图件

图件一般是一系列的水文地质图，根据勘察的目的、要求的不同，图件的数量和内容都可以不同，常见的有综合水文地质图、地下水等水位线图、岩石含水性图、水化学图、地下水埋深图、地下水污染程度图、水文地质参数分区图等。

水文地质图是反映一个地区地下水情况及其与自然地理和地质因素相互关系的图件。它是根据水文地质调查的结果绘制的。通常由一张图（主图）或一套相同比例尺的辅助图件来表示含水层的性质和分布、地下水的类型、埋藏条件、化学成分与涌水量等。主图是对区域地下水的形成与分布建立总的概念，而编制的反映主要水文地质特征的综合性图件，即综合水文地质图。辅助图件则包括基础性图件（如地质图、地貌图、实际材料图等）、地下水单项特征性图件（如潜水等水位线及埋深图、承压水等水压线图、水化学类型分区图、地下水储量分区图等）以及专门性水文地质图（如供水水文地质图、矿区水文地质图、环境水文地质图、地下水开采条件分区图等），一般是小面积大比例尺，针对某一方面或某一项自然改造利用而编制的图件。综合水文地质图一般由平面图、镶图和剖面图组成。平面图为主图；镶图是在条件复杂的地区，为减轻主图负担弥补其不足而编制的，其比例尺要比平面图小；剖面图则是用以反映调查区主要方向的水文地质变化规律，如含水层的结构特征，其走向应选在穿过地貌变化最大、横切所有含水层的方向，尽可能和勘探钻孔控制性水点结合起来。原则上水平比例尺与平面图相同，垂直比例尺可适当放大，但不能使地形严重失真。

编制水文地质图系需注意以下几方面：

（1）在每项调查成果的图系中，实际材料图一般的必须编制的。它主要反映调查工作各工种的工作时是否达到相应的要求，布置是否合理，同时也是编制其他图件的基础资料。

（2）水文地质图是以平面图幅为主，也常要求编制主要方向的有代表性的剖面图，以说明某个方向或深部的水文地质变化规律，有时也需编制柱状图、立体结构图等。

（3）水文地质调查所编制的图件种类和数量都不是固定的。应根据调查目的、调查阶段、地区的水文地质条件、所取得资料情况等来决定应编制的具体图件。一般在小比例尺水文地质调查成果中，以基础性和综合性图件为主，单项特征性图件次之，而利用、改造、规划性图件可根据需要一般编制成较小比例尺的镶图，附于主图（综合水文地质图）旁侧。在较大比例尺水文地质图系中，基础性与综合性图件仍是必需的，但重点是编制专门性、单项特征性、利用改造、规划性及预测管理性图件。

（4）在同一套图系中，各图幅所表示的同一内容和基本的地质—水文地质条件应一致，不能彼此矛盾。

(5) 在一套图系中，主要图幅的比例尺皆应与水文地质调查的比例尺相一致。非主要图幅，可编成较小比例尺的附图或镶图。

上述各种图幅的编图原则和方法，可参阅有关规范和书籍。下面主要介绍区域水文地质普查报告中的综合水文地质图的编制原则和方法。

综合水文地质图实际上是把区域水文地质调查中所获得的各种水文料，用特定的代表符号、色调和方式，按一定比例尺缩小表示到图纸上的一种具有综合内容的水文地质图件。但它又不是野外现象的简单罗列，而是把野外获得资料在进一步整理、分析和系统化的基础上，更深刻地反映出区域地质—水文地质条件的规律性。

按原地质矿产部颁布的《区域水文地质普查规范补充规定》，综合水文地质图编图的基本原则是：编图时首先把地下水划分成五种基本类型，即松散岩类孔隙水、碎屑岩类裂隙孔隙水，碳酸盐岩类裂隙溶洞水（岩溶水）、基岩裂隙水和冻结层水。每种基本类型可根据不同情况划分为若干亚类。类和亚类应突出表示出富水等级、埋藏条件和水质。并规定类型用普染色表示，亚类采用接近的普染色表示，层次要分明，用色阶深浅表示富水性等级；埋深用等值线、线条、花纹符号等表示；水质用水点、等值线、符号等表示。

(1) 松散岩类孔隙水。一般分为潜水和承压水两个亚类，每个亚类又可按单井涌水量划分为若干个富水等级，并圈定其界线。同一含水岩组也要区别其富水程度。按单井涌水量一般分为：①水量极丰富的：单井涌水量大于5000m^3/d；②水量丰富的：单井涌水量为1000～5000m^3/d；③水量中等的：单井涌水量为100～1000m^3/d；④水量贫乏的：单井涌水量为10～100m^3/d；⑤水量极贫乏的：单井涌水量小于10m^3/d。

多层结构含水层，一般可归并为潜水与承压水或浅层水与深层水两组，用双层结构法表示，即宽窄条相间，宽条代表上部（潜水或浅层水），窄条代表下部（承压水或深层水），富水性用不同色调表示（图1.28）。

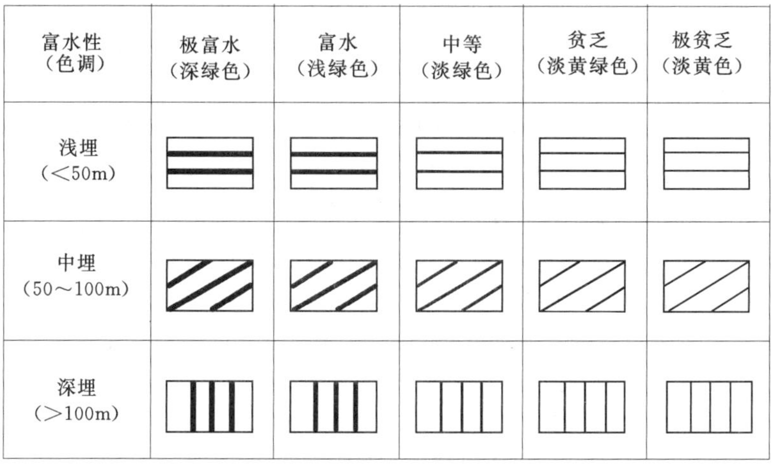

图1.28 双层结构表示法表示松散岩类孔隙水示例

埋深资料较多时，应绘制等水位（压）线，并表示出潜水位或承压水顶板的埋深；资料较少时，可分区分级用图例或不同线条表示。

(2) 碎屑岩类裂隙孔隙水。系指分布在中、新生代陆相沉积盆地内、比较稳定的裂隙孔隙水。不同含水层（组）或同一含水层（组）的不同地段应按单井涌水量划分出富水等级：即大于 $1000m^3/d$，$100\sim1000m^3/d$，小于 $100m^3/d$ 三级。层状承压水的分布面积应予以表示，其顶板埋深按小于 50m，50～100m，大于 100m 表示。如有咸水还应反映出咸淡水分界面的埋深。如果上覆有松散岩类孔隙水，则采取双层结构方法表示。

（3）碳酸盐岩类裂隙溶洞水（岩溶水）。图上应分别表示出由分布均匀、相互连通的网（脉）状溶蚀裂隙或蜂窝状溶孔构成的统一含水层（体）和溶蚀管道发育而成的暗河水系；还应表示出岩溶均匀发育带和汇流富集带。应按泉及暗河流量与地下水径流模数等综合因素，划分出富水等级。对大泉（域）和暗河（水系），按流量可分为 100～1000L/s，10～100L/s，小于 10L/s 三个富水等级；按地下水径流模数，亦可分为三级：小于 $3L/(s\cdot km^2)$，$3\sim6L/(s\cdot km^2)$，大于 $6L/(s\cdot km^2)$。岩溶水埋深一般分为小于 50m，50～100m，大于 100m 三级。对覆盖型或埋藏型岩溶水，可用双层结构的方法表示。各种形态的岩溶，也应表示在图中。

对岩性岩相变化复杂的裂隙岩溶水，应划分为四个亚类：①碳酸盐岩裂隙溶洞水，碳酸盐占 90%以上；②碳酸盐岩夹碎屑岩裂隙溶洞水，碳酸盐岩占 70%～90%；③碎屑岩、碳酸盐岩裂隙溶洞水，碳酸盐岩占 30%～70%；④碎屑岩夹碳酸盐岩裂隙溶洞水，碳酸盐占 10%～30%。然后，据其中岩溶水的富水性，划分其富水等级。

（4）基岩裂隙水。一般分为构造裂隙水（指层状、似层状裂隙水）、脉状裂隙水、风化网状裂隙水和孔洞裂隙水等亚类。其富水等级，按多数常见泉水流量分为小于 0.1L/s，0.1～1L/s，大于 1L/s 三级，按地下水径流模数分为小于 $1L/(s\cdot km^2)$，$1\sim3L/(s\cdot km^2)$，大于 $3L/(s\cdot km^2)$ 三级，对接触带、岩脉等富水带和背、向斜等蓄水构造，亦应标出其富水部位。

（5）冻结层水。可分为松散岩类冻结层水和基岩类冻结层水两个亚类，亦可分为冻结层上水和冻结层下水。采用双层结构方法，分别表示两层水的富水等级，必要时，应反映出冻结层厚度和冻结层下水的顶板埋深，圈出岛状冻结区范围。冰丘等物理地质现象、现代冰川及沉积物和冰雪覆盖范围等，亦应表示在图上。

综合水文地质图上，地下水质主要按矿化度划分。一般按矿化度分为淡水（<1g/L），微咸水（1～3g/L），半咸水（3～10g/L），咸水（>10g/L），盐卤水（>50g/L）。污染的和天然有害离子或化合物的分布情况也应充分反映。

在综合水文地质图上，除上述内容外，图中还应表示出：①控制性水点（井、孔、泉）及地表水系。水点要按规定的格式、色调进行标绘，如水点左侧通常注记统一编号，右侧注记水位埋深、水量、降深、矿化度等，井、泉用蓝色，钻孔用红色等；②地下水流向，地下水和地表水的补排关系，水源地的开采量，海水入侵界限，下降漏斗范围等；③热泉和人工揭露的热水。按水温，可分为低温热水（20～40℃），中温热水（40～60℃），中高温热水（60～80℃），高温热水（80～100℃），超高温热水（>100℃）。在一般地区，可简化为温泉（20～40℃），热泉（>40℃）；④地层界线及地层符号与地质图基本相同，但地层系统可简化，各种构造及其水文地质性质，亦要标示出来；⑤第四系的成因类型、岩性结构及分布；⑥重点地貌现象，如阶地、溶洞、暗河等。

综合水文地质图一般必须附有 1～2 个区内主要方向的水文地质剖面图，以充分反映本地区各类含水层组及其水文地质结构和某个方向上或深部水文地质变化规律。剖面图的水平比例尺原则上与平面图相同，垂直比例尺可适当放大。剖面图中的各含水层组，应按平面图的富水性色谱着色（含水组中的隔水层及潜水位以上的包气带不上色）。剖面图中除反映含水岩组外，还必须把有关水文地质内容表示出来，如水位、水头、控制性钻孔及涌水量、泉水点、咸淡水界面、蓄水构造等。另外，还应适当反映地貌特征（如阶地、溶洞等）。

综合水文地质图一般还要附有柱状图。原则上可利用地质图上的柱状图改编，主要表示水文地质内容，但要突出主要方面，简化次要方面，要重视第四系的水文地质要求，选择其最主要最有代表性的地层层序，水文地质特征说明力求简明扼要，重点突出。

某些内容可编制成较小比例尺的镶图，用以表示水文地质条件或开采利用条件中突出的一种或两种要素，以补充平面主图的某些不足。如地下水开采利用规划图、地下水资源分区图、水化学图等。

根据实际情况和是否需要，还可附简要的分区说明表。

综合水文地质图的图例说明应简明扼要，以阐明富水性为主，富水性的等级按由强到弱的顺序排列，其他仅作简要的补充说明。

最后需要说明的是，在水文地质调查资料整理过程中，应尽量采用计算机辅助制图系统，如基于地理信息系统（GIS）的计算机辅助制图、AutoCAD、MapGIS、Coreldraw、Super－Map、Excel 计算机制图系统等。计算机制图具有图形附带地质属性数据的特点，实现了传统水文地质图表达信息的彻底变革，同时还具有随时修改、高效、实现数据共享、易于保存和传输等优点。

1.2.3.2　文字报告

为了充分发挥勘察报告在设计和施工中的作用，必须重视对勘察报告的阅读和分析。而文字报告是调查成果的重要组成部分，与图件相辅相成，主要用于对水文地质图系的说明和补充。文字报告与水文地质图系互相配合，才能准确、系统、全面地阐明调查区的水文地质规律，对地下水资源进行评价，对地下水资源的合理开发、利用、保护与管理等作出科学论证。

写文字报告是一项综合性、研究性很强的工作，要求把野外观察到的感性认识和室内外获得的实际资料，认真地分析，找出其客观规律，并且系统地综合起来，提高到理性认识，使报告具有科学性和实用性。编写调查报告，要精选材料，抓住核心问题，力求语言精练，条理分明，论据充分，重点突出，结论明确。要善于利用插图、表格、曲线、素描和照片等进行说明，做到图文并茂，以减少烦琐的文字描述。

通常，在编写报告书的文字之前，应先编制出主要图件，作为分析研究问题或文字论述和说明的依据。下面以区域水文地质调查成果为例，概略介绍文字报告的主要内容。

1. 序言

序言主要包括调查工作的目的任务、地质、水文地质研究程度，调查阶段，投入的工种和工作量，工作概况，存在问题及解决情况。本部分内容应附交通位置图及研究程度图等。

2. 区域自然地理条件

（1）地形。主要介绍区内地形的总趋势，各种特征地形的标高和相对高度值。要用地形控制或影响地下水分布的观点来介绍地形。

（2）水文。介绍区内地表水流域的划分，各流域内各种地表水体的分布特征，月平均与年平均流量、水位及变化值，水质、流速、含砂量、冲刷、搬运及堆积等，还应分析地表水与地下水间的补、排关系。

（3）气候。区内各流域的降水量、气温、湿度等多年的月平均与年平均值及各种特征值，以及最大值和最小值及时间。要正确地划分枯水期（年）、平水期（年）、丰水期（年）。

（4）经济概况。概略地介绍区内工业、农业及城镇发展状况与未来规划。

3. 区域地质条件及地貌

（1）地层。由老至新介绍各时代沉积岩的地区分布、产状、岩性、结构特征，分析它们的变化规律，各层间的接触关系和所含的化石。介绍各时期侵入及喷出岩体的分布、岩性、结构特征及与围岩间的关系，变质岩的分布、时代、岩性结构及变质程度等。

凡第四系发育区，应单列“第四纪地质”部分，着重介绍其成因类型、岩性、分布、厚度、时代及沉积特征等内容。

阐述岩层时，要注意分析它们的原始空隙及成岩裂隙情况、胶结和风化程度，为确定含水层提供依据。应附典型剖面、柱状图、照片、素描等。

（2）构造。以下介绍褶皱构造、断裂构造、节理型裂隙。

褶皱构造：是一个地区的主导构造，它既决定了含水层的空间状态，也控制了地下水的形成、运移、富集和水质、水量的变化规律。应对褶皱的类型、形态、分布、组成地层、形成时间及其分级等进行介绍。还应探讨不同构造体系褶皱带的特点和它们的复合关系。

断裂构造：是控制区内地下水的重要构造，对大型断裂带，应介绍其分布、产状、两盘地层、断层类型、断距、形成时代、活动次数和规模、断层带间充填胶结、破碎等情况。对中、小型断裂带，由于其在供水或疏干中有重要意义，故应作重点介绍，除介绍大型断裂带中所要求的项目外，要求对断裂的力学性质、破碎岩石的结构、断面上的现象等进行系统的讨论。还要注意分析新、老断裂彼此间的关系，断裂与褶皱间的关系。

节理型裂隙：主要指各种构造节理，这对某些含水层（体）的形成有重要意义，要求阐明各种节理型裂隙的形成条件、形态特征、发育程度、分布规律、充填胶结及后期破坏、力学性质及形成时代等问题，应分析各种构造体系的节理特点、彼此交接关系，尤其应注意对最新期未胶结节理的介绍。

如区内新构造运动强烈，则应单列“新构造运动”部分，予以详细介绍。

（3）岩溶发育规律。在讨论地质条件的基础上，探讨区内岩溶形成规律。如区内可溶岩分布广泛，编写勘探报告时，这部分亦可独立编写。要阐述区内可溶岩的层组、时代及其分布特征，岩溶发育层位，岩溶形态及地貌特征，岩溶发育因素和发育规律，发育阶段和发育强度等问题。

（4）地貌。概述区内地貌的形态、成因、年代及其分布特征。注意分析地貌与岩性、构造、新构造运动、气候及地下水等因素之间的相互关系。

4. 区域水文地质条件

区域水文地质条件是报告的核心部分，它关系到能否正确、全面地反映出野外工作的水平，也是反映报告质量的关键，更关系到是否能解决所提出的生产问题。其主要内容如下：

（1）阐明区内含水层系统的特征。主要包括各含水层的层位、分布、厚度、水位特征、富水性及富水部位、地下水类型等地下水的赋存规律。对隔水层（组）的隔水性能加以论证。对含水层之间或与地表水之间的联系亦应予以阐述。

（2）探讨区内各种地质构造的水文地质特征。主要包括以下内容：①讨论区内褶皱带中地下水的赋存状态、径流条件和富水部位；主要含水层（尤其是承压水盆地）中地下水的补、径、排区的分布特征；②总结每条断裂带的水文地质特征及富水规律。介绍主要断裂带的透（隔）水性能、补给与排泄和富水部位，与地表水和周围层状地下水间的联系情况，介绍断裂带中及其两侧地下水水位的变化情况；③介绍各类岩层（体）中节理型裂隙的透水性能、讨论节理型裂隙层状含水层的分布规律、富水部位、节理性质与富水关系，节理型裂隙水与断裂带水之间的联系问题；④讨论富水地段的构造类型、分布规律及其水文地质特征。

（3）概述区内各主要含水层（体）中地下水的补给、径流、排泄条件。

（4）地下水的动态特征。说明影响地下水动态的因素、成因类型、主要特征等。

（5）地下水的水化学特征。说明各含水层中地下水的物理性质、化学成分特点，水化学类型、水文地球化学规律等。

5. 地下水资源评价

（1）地下水质评价。根据调查目的和要求，对地下水质进行详细评价，并进行预测。主要进行生活饮用水评价和工业用水评价等。对某些地方病的成因和污染状况加以讨论，提出防治措施。

（2）对各含水层（体）中的地下水进行水量评价。普查报告，以评价区域地下水的补给量为主；勘探报告，以评价水源地的开采量为主。

通常，地下水量计算与评价的内容为：①根据调查区水文地质条件及评价要求，选择水量评价方法，建立计算模型；②水文地质参数计算与确定；③计算地下水的补给量、储存量、允许开采量；④论证地下水允许开采量的保证程度及评价精度。

6. 地下水资源的开发利用与保护

在普查报告中，这部分只能作方向性、规划性的讨论。随勘探阶段的深入和资料的丰富，在勘探报告中，这部分的重要性明显地加强了。其内容一般包括：①提出地下水资源的规划；②对已有水源地或疏干区进行研究评价；③新建水源地的选择；④地下水的开采方法及开采方案；⑤地下水开采技术要求与注意事项；⑥对因开采地下水已发生的环境问题提出防治、修复措施，预测可能产生的环境问题及预防措施；⑦提出地下水资源保护措施等。

7. 工程地质条件

主要阐述区内一般区域工程地质条件，结合工、农业建设中存在的工程地质问题，对水利工程地质和环境地质作重点讨论。根据调查区情况，本部分内容也可省略去。

8. 结论与建议

对调查区主要的水文地质条件及水文地质问题和地下水资源总的情况作出简要结论，对地下水合理开发利用提出意见，指出尚存在的水文地质问题，对今后的调查工作提出建议。

水文地质报告还应包括：①地层柱状图及实测剖面图；②抽水（渗水、放水）试验成果表；③地下水动态与均衡观测成果表；④水质分析成果表；⑤水土岩样分析、实验成果表；⑥物探成果图表；⑦航片及卫片解译成果图表。

项目2　供水水文地质勘察

【教学目标】

1. 掌握《供水水文地质勘察规范》有关要求。
2. 掌握供水水文地质勘察的相关技术要求。
3. 熟悉生活饮用水、工业用水、锅炉用水、工程建设用水等水质的评价要求。
4. 掌握地下水资源量的计算方法。
5. 了解供水水文地质勘察报告编写的要求。

任务2.1　供水水文地质勘察方法

2.1.1　供水水文地质勘察总则

2.1.1.1　供水水文地质勘查目的及可解决的问题

供水水文地质勘查工作的目的就是为用水部门寻找、评价、开发、保护与管理地下水资源提供科学依据。

供水水文地质勘察可解决的问题如下。

（1）查明区域水文地质条件，确定主要含水层的分布及含水介质的特征。

（2）寻找地下水水源地，确定开发地下水的地段和开采层位。

（3）研究和确定水文地质计算参数。

（4）计算、评价地下水资源，即对地下水水量进行评价，提出允许开采量（可开采量）。

（5）为地下水资源开发、保护和管理提供水文地质依据，为取水工程设计（如取水工程类型、工程布局形式、工程结构等）提供所需的水文地质资料。

（6）预测开发地下水可能出现的环境地质问题，并提出科学的对策和预防措施。

根据供水水文地质勘查的目的、任务，在供水水文地质勘查工作开始前，应充分收集现有资料，进行现场踏勘，提出勘查纲要，并应根据供水水文地质条件复杂程度、需水量大小、勘查阶段、勘查区已进行的工作程度等，进一步制定供水水文地质勘查工作内容和工作量。水文地质勘察工作结束后，应编写供水水文地质勘察报告书。

水文地质勘察工作划分为地下水资源调查、普查、详查、勘探和开采5个阶段。不同勘察阶段的水文地质勘察工作的成果，应满足相应规划和设计阶段的要求。各勘察阶段的任务和深度，应符合下列要求。

（1）地下水资源调查阶段，应粗略了解区域水文地质条件，推测地下水富水地段及其地下水允许开采量，提出的允许开采量应满足E级的精度要求，为国民经济远景规划提供依据。

(2) 普查阶段，应概略评价区域或需水地区的水文地质条件，提出有无满足设计所需地下水水量可能性的资料。对可能富水的地段，估算地下水允许开采量，提出的允许开采量应满足D级的精度要求，为城镇的规划、建设项目的总体设计或厂址选择提供依据。

(3) 详查阶段，应在几个可能富水的地段基本查明水文地质条件，初步评价地下水资源，进行水源地方案比较，提出的地下水允许开采量应满足D级的精度要求，为水源地的初步设计提供依据。

(4) 勘探阶段，应查明拟建水源地范围的水文地质条件，进一步评价地下水资源，提出合理开采方案，提出的地下水允许开采量应满足B级的精度要求，为水源地的技术设计和施工设计提供依据。

(5) 开采阶段，应查明水源地扩大开采的可能性或研究水量减少、水质恶化和不良工程地质现象等发生的原因，在开采动态和专门试验研究资料的基础上，重新评价的允许开采量应满足A级的精度要求，为合理开采和保护地下水资源提供依据。供参考的地下水资源调查成果考核内容指标对应表见表2.1。

表2.1 供参考的地下水资源调查成果考核内容指标对应表

允许开采资源量级别	命名	勘查阶段	测验比例尺	求参方法	建模类型	应用范围
A	开采验证的资源量	经开采验证	1:1万～1:2.5万	实际开采	管理模型	调整开采及地下水资源管理
B	勘探探明的资源量	勘探	1:2.5万～1:5万	大型抽水	数学模型	水源地建设、开采
C	详查探明的资源量	详查	1:5万	单孔或带观测孔抽水	概念模型	供勘探、城镇供水总体规划
D	普查推断的资源量	普查	1:10万～1:20万	单孔	初步概念模型	供详查或地区规划
E	调查预测的资源量	调查	1:50万～1:100万	泉水调查（个别单孔）	概略	全国或大区远景规划

勘察阶段除应与设计阶段相适应外，尚可根据需水量、现有资料和水文地质条件等实际情况，进行简化与合并。勘察阶段简化与合并后提出的允许开采量，应满足其中高阶段精度要求。当水文地质条件简单、现有资料较多、水源地已基本确定、少数管井能满足需水要求时，可直接打勘探开采井。对有使用价值的勘探钻孔，如不影响统一开采布局时，也可结合成井。

2.1.1.2 不同水源地供水水文地质勘察的要求

1. 地下水源地的类型

根据含水层的类型、特征及分布情况，可将水源地划分为四类十三型（表2.2）。

如根据地下水的类别、含水层结构、地下水补、径、排条件及水质特征，对地下水勘察的难易程度等，可将水源地划分为三类九型（表2.3）。

表 2.2 水源地水文地质类型［据《城镇及工矿供水水文地质勘察规范》

类型		分布地区
孔隙水类水源地	山间河谷型	狭长山间河谷地区
	傍河型	具有常水头河流的傍河冲积平原地区
	冲洪积扇型	山前冲积、洪积倾斜平原及山间盆地冲积、洪积扇地区
	冲积、湖积平原型	山前冲积、洪积倾斜平原至滨海平原之间的宽阔平原及大型盆地的中部地区
	滨海平原型	滨海平原地区
	河口三角洲型	河流入海口及内陆湖口三角洲地区
岩溶水类水源地	裸露岩溶型	碳酸盐岩类大片或块段出露地区
	隐伏岩溶型	岩溶地层大部分被其他地层覆盖地区
裂隙水类水源地	红层孔隙裂隙型	主要指三叠纪以后的、以红色为主夹有杂色薄层的泥岩、砂岩、砾岩分区布
	碎屑岩裂隙型	指侏罗纪以前的以砂岩、页岩为主的地层分布区
	玄武岩裂隙孔洞型	主要指新生代玄武岩分布区
	块状岩石孔隙裂隙型	主要指火成岩、片麻岩、混合岩分布区的风化带、接触带、断裂带
混合类型		两种或两种以上水源地类型分布区

注 考虑到有些水源地类型资料不多，如黄土型、沙漠型、冻土型等，暂不列入本表。

表 2.3 水源地勘察难易程度分类

类型		水文地质特征
孔隙水类	简单型	浅埋的单层或双层含水层，岩性、厚度比较稳定或有规律的变化，补给条件较好，水质简单
	中等型	双层或多层含水层，岩性、厚度不很稳定，补给条件与水质比较复杂
	复杂型	埋藏较深的多层含水层，岩性及厚度变化较大，补给条件不易搞清，水质复杂或咸、淡水相间，开采后易与咸水层或海水发生水力联系
岩溶水类	简单型	地质构造简单，可溶岩裸露或半裸露，岩溶发育比较均匀，地下水补给边界条件简单
	中等型	地质构造比较复杂，可溶岩埋藏较浅（一般小于 50m），岩溶发育不均匀，地下水补给边界条件较复杂
	复杂型	地质构造复杂，可溶岩埋藏较深，岩溶发育极不均匀，地下水补给边界条件复杂
裂隙水类	简单型	含水层比较稳定，补给条件及水质较好，埋藏条件比较简单，一般多为浅层层间承压水或强烈风化带潜水
	中等型	含水层不稳定，地质构造、补给条件及水质较为复杂，一般为深埋的断续分布的多层层间承压水或断裂带脉状水
	复杂型	地质构造复杂，含水层（带）分布极不均匀，一般为构造裂隙水或断裂带脉状水

2. 各类型水源地应查明的水文地质问题

各类型水源地，除查明一般水文地质条件外，还应根据各自的特点，有针对性地查明相应的专门水文地质问题。

（1）山间河谷及傍河型水源地一般应查明：①河谷与河谷阶地的类型、分布范围，河道的分布范围，河流水文特征；②山区地下水对河谷地下水的补给作用；③地下水与河水在不同的河谷地段和不同时期的相互补排关系；④河水补给地下水途径、补给带宽度、河床沉积物结构。对多泥沙河流还应尽可能确定淤积系数。

（2）冲洪积扇型水源地一般应查明：①山前冲洪积扇和掩埋冲洪积扇的沉积结构、分布范围及水文地质条件；②山区与平原的接触关系、山前断裂与坳陷对冲洪积扇的形成作用，调查本流域范围内的山区水文地质条件及山区河流与地下水对平原地下水的补给特征；③地下水溢出带的分布范围、溢流量。

（3）冲积、湖积平原型水源地一般应查明：①不同成因类型、不同河系堆积物的沉积关系，岩相特点及水文地质特征；②确定古河道、古湖泊的分布范围；③咸水体的空间分布范围及咸水体与淡水体的接触关系；④第四纪陆相与海相堆积物的接触形式。

（4）滨海平原及河口三角洲型一般应查明：①海岸性质、海滨变迁、海水入侵范围及潮汐对地下水动态的影响，确定地下水、河水与海水之间的水力联系和补排关系；②三角洲的面积、河流冲积层和海相沉积层的空间分布位置，尽可能查明三角洲的形成时代和变迁情况；③咸、淡水层的空间分布范围，天然或开采条件下的补、排转化关系。

（5）裸露岩溶型水源地一般应查明：①可溶岩与非可溶岩的界线及分布范围，圈定地下河补给区，大致确定地下水分水岭的位置及其变动情况；②地下河的分布及其大致轨迹；③地下河天窗、溶洞深潭、季节性溢洪湖、落水洞、洼地、干谷、地下河出口以及地表水消失和再现等岩溶地质现象；④基本查明岩溶管道、洞穴、溶孔的发育规律及充填情况，查明岩溶发育程度及垂直分带；⑤调查地质构造、地层岩性、地形地貌、河流水文等因素与岩溶发育的关系，查明有利于岩溶水形成的地层层位，褶皱部位和断裂带等富水地段；⑥调查岩溶大泉的形成条件及主要控制因素，确定岩溶大泉的泉域范围、泉流量及泉水下游的地下水排泄量；⑦选择典型地段分别在旱季、雨季和洪峰期进行连通试验，以查明地下河连通情况和地下水的流向、流速、流量以及岩溶水在各通道之间、岩溶水与地表水之间的相互转化条件和补给关系；⑧对大型洞穴应进行专门调查与测量。

（6）隐伏岩溶型一般应查明：①盖层类型（松散层或碎屑岩类盖层或双重盖层）、分布及厚度、盖层中的含水层与下伏岩溶含水层之间的关系，以及岩溶水的水力特征；②岩溶发育的主要层位、深度及其发育特征，着重研究地质构造与岩溶发育的关系；③确定主要岩溶洞穴通道的大体空间分布位置、充填情况、岩溶水的富集规律与边界条件；④当隐伏岩溶区相邻的补给区或排泄区为裸露岩溶时，应利用邻区水文地质资料，综合分析补给与排泄条件，作为该区岩溶水资源评价的依据；⑤岩溶矿区，应充分收集矿区水文地质资料，研究供、排结合的可能性。

（7）红层孔隙裂隙型一般应查明：①红层中的溶蚀孔洞发育规律，以及砂岩、砾岩岩层的分布、厚度及富水性；②浅层孔隙裂隙潜水富集部位；③褶皱、断裂及裂隙对地下水富集规律的控制作用。

（8）碎屑岩裂隙型一般应查明：①软硬相间地层组合情况及其中硬脆性岩层的厚度及裂隙发育程度，确定其局部富水地段，查明单一硬脆性岩层的断裂构造富水带；②可溶岩夹层的分布、溶蚀程度，确定其富水性；③不整合面和沉积间断面上出露的泉及其裂隙富水带。

(9) 玄武岩裂隙孔洞型一般应查明：①各期玄武岩顶气孔带、底气孔带、原生柱状裂隙、大型孔洞的发育特征和空间分布规律以及含水性能，各喷发间断期的沉积物特征及分布规律；②玄武岩裂隙、孔洞发育层与凝灰岩等隔水层接触带的富水情况。

(10) 块状岩石孔隙裂隙型一般应查明：①风化壳的性质、深度、分布规律和含水性能，确定具有一定汇水面积的富水地段；②岩浆岩围岩接触蚀变带的类型、宽度、破碎情况和裂隙发育程度及其富水情况；③脉岩的岩性、产状、规模、穿插关系、透水性以及脉岩迎水面裂隙带和脉岩与断裂相交部位的富水程度；④断裂带与节理密集带的产状、规模、充填及富水情况。

2.1.2 供水水文地质测绘

2.1.2.1 水文地质测绘一般规定

水文地质测绘，宜在比例尺大于或等于测绘比例尺的地形地质图基础上进行。如只有上述比例尺的地形图而无地质图或地质图的精度达不到要求时，应同时进行地质测绘和水文地质测绘。

水文地质测绘的比例尺，普查阶段宜为1∶20万～1∶5万；详查阶段宜为1∶5万～1∶2.5万；勘探阶段宜为1∶1万或更大的比例尺。

(1) 水文地质测绘的观测路线，宜按下列要求布置：

1) 沿垂直岩层（或岩浆岩体）、构造线走向。

2) 沿地貌变化显著方向。

3) 沿河谷、沟谷和地下水露头多的地带。

4) 沿含水层（带）走向。

(2) 水文地质测绘的观测点，宜布置在下列地点：

1) 地层界线、断层线、褶皱轴线、岩浆岩与围岩接触带、标志层、典型露头和岩性、岩相变化带等。

2) 地貌分界线和自然地质现象发育处。

3) 井、泉、钻孔、矿井、坎儿井、地表坍陷、岩溶水点（如暗河出入口、落水洞、地下湖）和地表水体等。

水文地质测绘每平方公里的观测点数和路线长度，可按表2.4确定。

表2.4 水文地质测绘的观测点数和路线长度

测绘比例尺	地质观测点数/(个/km)		水文地质观测点数/(个/km)	观测路线长度/(个/km)
	松散层地区	基岩地区		
1∶10万	0.10～0.30	0.25～0.75	0.10～0.25	0.50～1.00
1∶5万	0.30～0.60	0.72～2.00	0.30～0.60	1.00～2.00
1∶5万	0.30～0.60	0.72～2.00	0.30～0.60	1.00～2.00
1∶2.5万	0.60～0.80	2.00～4.50	1.00～3.00	2.50～4.00
1∶1万	0.80～3.60	4.50～9.00	3.00～8.00	4.50～7.00

在进行水文地质测绘时，可利用现有遥感影像资料进行判释与填图，减少野外工作量和提高图件的精度。

（3）遥感影像资料的选用及要求。遥感影像资料的选择应符合下列要求：航片的比例尺与填图的比例尺接近；陆地卫星影像选用不同时间各个波段的1：50万或1：25万的黑白相片以及彩色合成或其他增强处理的图像；热红外图像的比例尺不小于1：5万。

遥感影像填图的野外工作，应包括下列工作内容：检验判释标志、检验判释结果、检验外推结果、对室内判释难以获得的资料，应进行野外补充。

遥感影像填图的野外工作量，每平方公里的观测点数和路线长度，可采用下列规定：地质观测点数宜为水文地质测绘地质观测点数的30%～50%；水文地质观测点数宜为水文地质测绘水文地质观测点数的70%～100%；观测路线长度宜为水文地质测绘观测路线长度的40%～60%。

2.1.2.2 水文地质测绘内容和要求

（1）地貌的调查，宜包括下列内容：确定地貌的形态、成因类型及各地貌单元的界线和相互关系；调查地形、地貌与含水层的分布和地下水的埋藏、补给、径流、排泄的关系；确定新构造运动的特征、作用强度及其对地貌和区域水文地质条件的影响。

（2）地层的调查，宜包括下列内容：测制地层控制剖面，确定标志层；确定地层的成因类型、时代、层序及接触关系；测定地层的产状、厚度及分布范围；调查不同地层的透水性、富水性及其变化规律。

（3）地质构造的调查，宜包括下列内容：确定褶皱的类型、轴的位置、轴的长度及延伸和倾伏方向。判定两翼和核部地层的产状、裂隙发育特征并判定富水地段的位置：确定断层的类型、位置、产状、规模、断距、力学性质和活动性。查明断层上、下盘的节理发育程度，断层带充填物的性质和胶结情况，判定断层带的导水性、含水性和富水地段的位置；对节理进行形态测量统计。查明节理的力学性质、充填情况、延伸和交接关系。确定不同岩层层位和构造部位中的节理发育特征及其富水性；判定测区所属的地质构造类型、规模和等级（包括对构造变动历史、新构造的发育特点及其与老构造的关系的了解）。查明测区所在的构造部位及其富水性。

（4）泉的调查，宜包括下列内容：查明泉的出露条件、成因类型和补给来源；测定泉的流量、水质、水温、气体成分和沉淀物；了解泉的动态变化、利用情况，若有供水意义时，应设观测站进行动态观测。

（5）水井的调查，宜包括下列内容：查明井的类型、深度和结构。调查井的地层剖面、出水量、水位、水质及其动态变化；查明地下水的开采方式、用量、用途和开采后出现的问题；选择有代表性的水井进行简易抽水试验。

（6）地表水的调查，宜包括下列内容：测定地表水的水位、流量、水质、水温和含砂量。调查地表水的动态变化和地表水（包括农田灌溉和污水排放等）与地下水（包括暗河和泉）的补排关系：调查地表水利用现状及地表水作为人工补给地下水的可能性；调查河床或湖底的岩性、淤塞和淤垫情况，以及岸边的稳定性。

（7）水质的调查，应包括下列内容：对有代表性的地下水水点和地表水水点，应采取水样进行水质简易分析和专门分析。采取简易分析用的水样的水点数，不宜少于《供水水文地质勘察规范》(GBJ 27—88)，即本书中表 2.4 中水文地质观测点总数的 40%；采取专门分析用的水样的水点数，不宜少于简易分析点数的 20%；水质简易分析的项目，宜包括：颜色、透明度、臭和味、沉淀、Ca^{2+}、Mg^{2+}、($Na^{+}+K^{+}$)、HCO_3^{-}、Cl^{-}、SO_4^{2-}、pH 值、总矿化度、总硬度等；水质专门分析的项目，应根据不同的目的分别确定。对生活饮用水应符合国家现行的《生活饮用水卫生标准》的要求；对生产用水，应不同工业企业的具体要求确定；在有地方病或水质污染的地区，应根据病情和污染的类型，确定分析项目；划分地下水的水化学类型，查明地下水化学成分的变化规律；了解地下水污染的来源、途径、范围、深度、程度和危害情况。

2.1.2.3　各类地区水文地质测绘的专门要求

对各类地区水文地质测绘的专门要求，应根据需水量、水质等和地区的水文地质条件来确定调查内容、调查范围及其工作精度。

(1) 山间河谷及冲洪积平原地区的调查，宜包括下列内容：查明古河道的变迁、古河床的分布和多种成因沉积物的叠置情况及其特点；查明阶地的表面形态、地质结构、成因和叠置关系。

(2) 冲洪积扇地区的调查，宜包括下列内容：查明冲洪积扇的边界、规模和分布，扇轴的位置和走向，沿扇轴方向的岩性变化规律；查明地下水溢出带的位置和水文地质特征。

(3) 滨海平原、河口三角洲和沿海岛屿地区的调查，宜包括下列内容：查明海水的侵入范围、咸水（包括现代海水和古代残留海水）与淡水的分界面及其变化规律；查明淡水层或透镜体的分布范围、厚度和水位及其动态变化；查明咸水区中淡水泉的成因、补给来源、出露条件、水质和水量；查明潮汐对地下水动态的影响。

(4) 黄土地区的调查，宜包括下列内容：查明黄土层中所夹粉土、姜结石和砂卵石含水层的分布范围，埋藏条件和富水性；查明黄土柱状节理、孔隙、溶蚀孔洞的发育特征和含水性；查明黄土塬上洼地的分布、成因和含水性；查明黄土底部岩层的含水性或隔水性。

(5) 沙漠地区的调查，宜包括下列内容：确定古河道、潜蚀洼地和微地貌（沙丘、草滩、湖岸、天然堤等）的分布及其与地下淡水层或透镜体的分布关系；查明喜水植物的分布及其与地下水的埋深和化学成分的关系；查明沙丘覆盖的淡水层和近代河道两侧的淡水层的分布及其水文地质条件。

(6) 冻土地区的调查，宜包括下列内容：查明多年冻土和岛屿状冻土的分布范围；确定醉林、冰锥、冰丘和冰水岩盘的分布规律及其与地下水的关系；查明多年冻土层的上下限、厚度、分布规律和多年冻土层中地下水的类型（冻结层的层上水、层间水、层下水）；查明融区的成因、类型、分布范围和水文地质特征。

(7) 碎屑岩地区的调查，宜包括下列内容：确定岩层的互层情况，风化裂隙、构造裂隙的发育程度和深度，及其与地下水赋存的关系；查明可溶盐的分布和溶蚀程度，确定咸水与淡水的分界面。

(8) 可溶岩地区的调查，宜包括下列内容：查明微地貌（岩溶漏斗、竖井和洼地等）和岩溶泉与地下水分布的关系；查明构造、岩性、地下水径流和地表水文网等因素与岩溶发育的关系；选择有代表性的岩溶水点进行连通试验，测定暗河的水位、流量，确定暗河或地下湖的位置、规模、补给条件和开发条件，对大型洞穴进行洞内调查。

（9）岩浆岩和变质岩地区的调查，宜包括下列内容：查明风化壳的发育特征、分布规律和含水性；查明岩脉的规模、穿插特征、岩性、产状，判定岩体、岩脉及其与围岩的接触带的破碎程度和含水性；查明玄武岩的柱状节理和孔洞的发育特征及其含水性。

2.1.3 供水水文地质勘探

2.1.3.1 地球物理勘探

水文地质抽查采用地球物理勘探（简称物探）方法，应根据地区的水文地质条件，被探测体的物理特征和不同的工作内容等因素确定。宜采用多种物探方法进行综合探测。

（1）采用物探时，被探测体应具备下列基本条件：被探测体与相邻介质对同一物性参数有明显的差异；被探测体有一定的规模；被探测体所引起的异常值，在干扰情况下尚有足够的显示。

（2）采用物探方法，可用于查明下列内容：覆盖层的厚度，隐伏的古河床和掩埋的冲洪积扇的位置；断层、裂隙带、岩脉等的产状和位置，含水层的宽度和厚度；地质剖面；地下水的水位、流向和渗透速度；地下水的矿化度和咸水、淡水的分布范围；暗河的位置和隐伏岩溶的分布；多年冻土层下限的埋藏深度等。

关于物探工作的布置、参数的确定、检查点的数量和重复测量的误差，应符合国家现行有关标准的规定。对勘探钻孔宜进行水文测井工作，配合钻探取样划分地层。为取得有关参数提供依据。对物探的实测资料，应结合地质和水文地质条件进行综合分析，提出物探成果和相应的水文地质解释。

2.1.3.2 水文地质钻探

勘探钻孔，宜在水文地质测绘和物探的基础上进行布置。勘探钻孔的布置，应能查明勘察区的地质和水文地质条件，取得有关水文地质参数和评价地下水资源所需的资料。

松散层地区勘探线的布置，宜按表2.5确定。

表2.5 松散层地区勘探线的布置

类　型	勘探线的布置
宽度小于5km的山间河谷、冲积阶地地区	垂直地下水流向或地貌单元布置，在河边或在河床下取渗透水时，应结合拟建取水构筑物类型布置垂直和平行河床的勘探线
冲洪积平原地区	垂直地下水流向布置
冲洪积扇地区	先沿扇轴布置勘探线，选择富水地段，再在富水地段布置垂直扇轴（或垂直地下水流向）的勘探线
滨海沉积地区	先垂直海岸线布置，查明咸水与淡水的分界面，然后在分界面上游选择一定距离（按咸水不能入侵到拟建水源地考虑），垂直地下水流向布置勘探线
黄土地区	垂直和沿河谷、黄土洼地布置，平行（或垂直）黄土塬的长轴布置
沙漠地区	垂直和沿河流、古河道（包括河流消失带）和潜蚀洼地布置，或垂直沙丘覆盖的冲积、潮积含水层中的地下水流向布置
多年冻土地区	垂直河流布置，查明融区类型；并结合地貌横切耐寒或喜水植物生长地段布置，查明冻土与融区分布界限

基岩地区勘探钻孔的布置，宜按表2.6确定。

表 2.6 基岩地区勘探钻孔的布置

类型	勘探钻孔的布置
碎屑岩地区	布置在下列富水地段：①厚层砂岩、砾岩分布区的断裂破碎带（张性断裂破碎带、压性断裂主动盘一侧破碎带）；②褶皱轴迹方向剧变的外侧；③岩层倾角由陡变缓的偏缓地段；④背斜轴部及倾没端等构造变动显著的地段；⑤产状近于水平的岩层的裂隙密集带和共轭裂隙的密集部位；⑥碎屑岩与火成岩岩脉或侵入体的接触带附近；⑦地下水的集中排泄带
可溶岩地区	除按碎屑地区规定布置外，还宜布在可溶岩与其他岩层（包括非可溶岩和弱可溶岩）的接触带，裂隙岩溶发育带和岩溶微地貌（如溶蚀洼地、串珠状漏斗等）发育处
岩浆岩和变质岩地区	布置在断裂破碎带、岩脉发育带、不同岩体接触带、弱风化裂隙发育带以及原生柱状节理和原生空洞发育层

松散层地区勘探线孔距离，宜符合表 2.7 的规定。

表 2.7 松散层地区勘探线孔距离 单位：km

类型	勘察阶段	勘探线间距	勘探孔间距
冲洪积平原地区	详查	3.0～6.0	1.0～3.0
	勘探	1.0～3.0	0.5～1.5
宽度为 1～5km 的山间河谷冲积阶地地区	详查	1.0～4.0	0.3～1.5
	勘探	0.5～2.0	0.2～1.0
宽度小于 1km 的山间河谷冲积阶地地区	详查	0.5～2.0	0.2～0.4
	勘探	0.3～1.0	0.1～0.3
冲洪积扇地区	详查	1.0～4.0	0.3～1.5
	勘探	0.5～2.0	0.2～1.0

注 普查阶段，当收集现有资料达不到精度要求时，应布置少量勘探孔。

勘探钻孔的深度，宜钻穿有供水意义的主要含水层（带）或含水构造带；抽水试验钻孔的直径，应根据抽水试验的技术要求确定；勘探钻孔应保持垂直，以保证过滤器顺利安装和抽水设备正常工作，在 100m 深度内其孔斜度不宜大于 1.5°。

基岩的勘探钻孔，应采用清水钻进的方法；松散层的勘探钻孔，根据含水层的情况和勘探要求，可采用水压或泥浆护壁钻进的方法。在下过滤器和填滤料前，应将孔内的稠泥浆逐步换为稀泥浆。当采用泥浆钻进的方法时，泥浆的质量，应符合国家现行的《供水管井工程施工及验收规范》的有关要求。在钻进有供水意义的含水层时，严禁采用黏土块直接代替泥浆护壁。

当需要分别查明各含水层（带）的水位、水质、水温、透水性或隔离水质不好的含水层时，应进行止水工作。止水后应检查止水效果。

钻探过程中采取土样、岩样的规定对照项目 1 任务 1.1 小节 1.1.5 中的岩、土、水样采集及相关要求。

对于松散层土的分类，应按《供水水文地质勘察规范》(GBJ 27—88) 附录四之规定执行。

在钻探过程中，还应对水位、水温、冲洗液消耗量、漏水位置、自流水的水头和自流量、孔壁坍塌、涌砂和气体逸出的情况、岩层变层深度、含水构造和溶洞的起止深度等进行观测和记录。

测量孔深时，同一个钻孔应采用相同的量具。测量时读数至厘米，每钻进 50m 和终孔后，应检查孔深，孔深误差不宜大于 2‰。钻探结束后，应对所揭露的地层进行准确分层，并应根据含水层的水头、水质情况分别进行回填或隔离封孔。勘探钻孔应测量坐标和孔口高程。勘探开采井的钻探工作除应遵守《供水水文地质勘察规范》(GBJ 27—88)的规定外，尚应符合国家现行的《供水管井设计、施工及验收规范》(GJJ 10—86)的有关要求。

工 程 实 例

《成都市某城市供水水源地水文地质勘察》，本次勘察工作主要目的是查明供水水源地的水文地质情况，即查明地下水的形成、赋存和运移条件，主要含水层的空间分布、地质结构、导水性，各含水层之间的水力联系，含水层的边界特征，地下水与地表水之间的相互转化关系、控制因素及其转化量。通过野外试验、地下水动态监测和室内测试计算水文地质参数。计算出评价区域内地下水的天然补给资源、储存资源和可开采资源。从而为地下水资源评价、开发利用、管理和保护以及环境问题防治提供所需的资料。通过本次勘察工作将为成都市某水厂供水水源地的选取提供第一手资料，有利于决策者做出正确的判断。

某区位于成都市东北部，是成都市主要工业区，原为新都和金堂属地，1960年建区，因境内某而得名。距成都25km。东邻金棠县，西界新都区，南连龙泉驿区，北与广汉市接壤。地理坐标为北纬30°39′33″～30°55′0″，东经104°9′37″～104°29′31″。供水水源地位于某市区西北约6km某右岸处，勘察面积约3.5km^2。勘察区内公路、铁路网络纵横。成金快速通道、国道川陕公路、108线，省道成绵高速、成南高速、唐巴公路穿境而过，交通十分便利（交通位置图见下图）。

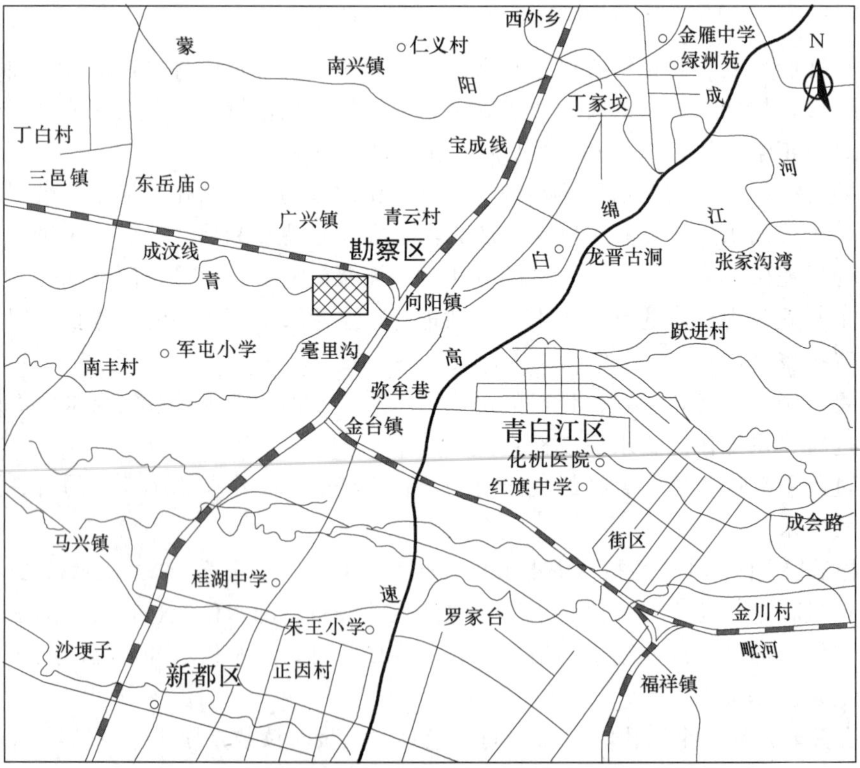

勘察区交通位置图

任务 2.2　地下水资源分类、评价与资源保护

2.2.1　地下水资源的特点与分类

2.2.1.1　地下水资源的特点

地下水资源，既不同于诸如固体金属、煤炭或液态的石油以及气态的天然气等矿产资源，也不同于地表水资源，有它自己如下的特点。

（1）可恢复性——当人工开采地下水时，在多数情况下，只要开采量不超过一定限度，虽然井附近的地下水位要降低，使地下水的储存量暂时减少，但只要停止开采，水位又可逐渐恢复原位，即地下水的储存量又得到了补充。这就是地下水的可恢复性，是与一般矿产资源的重要区别。固体矿产，开一点就少一点，没有恢复补偿性质，石油等液体矿产也是如此。地下水虽然可以不断得到补给和更新，开采后可以补充恢复，但也不是取之不尽、用之不竭的。如果大量超采，也会造成地下水资源的消耗甚至枯竭。

（2）流动性及与周围环境的密切联系性——由于地下水与周围环境（气候、水文条件及地质条件等）有密切的联系，所以大都具有流动或活动性，特别是与地表水联系得更加密切。常常可以互相转化。这种联系反映在含水层的平面和剖面边界条件上，包括地下水的补给和排泄条件。液体矿产虽然也有流动性，但往往要在开采时才表现出来。虽外部环境对其他矿产也有影响，但仅是在地质历史时代中反映出来。考虑到地下水的流动性，可用地下水的流量表示地下水的数量。由于人工开采地下水后，其边界条件可能发生变化，使地下水的流动状态改变，所以地下水的天然流量也不能完全反映地下水可被开采利用的数量。

（3）调节性（或储存量的可变性）——地下水在含水层中始终处在不断地补给和消耗的新旧交替过程中。补给和消耗量在不同年份或季节是不同的，特别是补给量随时间变化较大、当补给丰富、大于消耗时，含水层就把多余的水蓄积起来，使地下水的储存量增加；当补给较少或暂时停止时，又可用储存的地下水维持消耗，使储存量减少。储存量的这种可变性，在地下水的补给、径流、排泄及开采过程中均起着调节作用。这种性质是其他矿产资源所不具备的。有的含水盆地具有相当大的调蓄能力，如山西娘子关泉域的调蓄能力有 14 亿 m^3。利用这一性质，可以进行人工调蓄，增大开采量。

（4）系统性——地下水一般是按一定的含水系统形成和分布的，存在于同一含水系统中的水是一个统一整体，有着共同的补给、径流、排泄体系。在含水系统的任一部分注入或排出水量，其影响将波及整个含水系统。系统也可理解为水文地质单元。地下水系统有不同的级次和类型，如孔隙含水系统、裂隙含水系统、岩溶含水系统、山前倾斜平原含水系统、河流冲积平原含水系统等。地下水系统具有整体性。因此，必须从含水系统的整体上寻求最优开发利用方案，如果仅仅考虑局部地区或某一部分的利益，就会引起一系列负效应。

2.2.1.2　地下水资源的分类

国内外学者为了研究地下水资源形成基本规律和它的利用价值，对地下水资源进行了

多方面的研究，提出了各种分类的方法。如20世纪40年代苏联的普洛特尼柯夫引用矿产地质学的储量概念，提出了地下水储量的四分法，即静储量、调节储量、动储量以及开采储量等四大储量，在我国50—60年代曾被普遍引用。后来，他们把有补给保证的地下水储量称之为资源，并将“储量”和“资源”的概念同时应用，在这种背景下，1973年苏联宾德曼等提出了地下水储量和资源分类法。法国也是采用储量与资源并用的概念，将储量的开采部分称为资源，提出了地下水储量和资源的分类法。美、日等国则着重地下水的开采资源研究。目前我国主要使用《供水水文地质勘察规范》（GB 50027—2001）中的分类方案，具体分类如下。

1. 补给量

补给量是指天然或开采条件下，单位时间内以各种形式和途径进入区内含水层（计算均衡区含水层组或含水系统）的水量。常用单位为m^3/d、万m^3/d、万m^3/a等。补给来源有降水渗入、地表水渗入、地下水侧向径流流入和垂向越流（越层补给），以及其他途径渗入补给和各种人工补给等。按补给量形成的角度不同，可把补给量分为天然补给量和开采补给增量。

（1）天然补给量。是指天然状态下，进入计算区含水层的水量。

（2）补给增量（或称诱发补给量、激发补给量、开采袭夺量、开采补充量等）。是指扩大开采后可能增加的补给量或在开采条件下由于水文地质条件改变夺取的额外补给量。常见的补给增量由下列来源组成：

1）来自地表水的增量。当取水工程靠近地表水时，由于开采地下水，使水位下降漏斗扩展到地表水体，可使原来补给地下水的地表水补给量增大，或使原来不补给地下水，甚至排泄地下水的地表水体变为补给地下水。

2）来自降水渗入的补给增量。由于开采地下水形成降落漏斗，除漏斗疏干体积增加部分降水渗入外，还使漏斗内原来不能接受降水渗入补给的地区（例如沼泽、湿地等），腾出可以接受补给的储水空间，因而增加了降水渗入补给量。此外，由于地下水分水岭向外扩展，增加了降水渗入补给面积，使原来属于相邻均衡地段（或水文地质单元）的一部分降水渗入补给量，变为本漏斗区的补给量。

3）来自相邻含水层的越流补给（越层补给）增量。由于开采含水层的水位降低，与相邻含水层的水位差增大，可使越流量增加，或使相邻含水层原来从开采含水层获得越流补给，变为补给开采层。

4）来自相邻地段含水层增加的侧向流入补给量。由于降落斗的扩展，可夺取属于另一均衡段（或含水系统）地下水的侧向流入补给量，或某些侧向排泄量因漏斗水降低，而转为补给增量。

5）来自各种人工增加的补给量。包括开采地下水后各种人工用水的回渗量增加而多获得的补给量。

补给增量的大小，不仅与水源地所处的自然环境有关，同时还与采水构筑物的种类、结构和布局，即开采方案和开采强度有关。当自然条件有利，开采方案合理，开采强度较大时，夺取的补给量增量可以远远超过天然补给量。例如，在傍河地段取水、沿岸布井开采时，可获得大量地表水的入渗补给增量，并远大于原来的天然补给量，成为可开采量的主要组成部分。但是，开采时的补给增量也不是无限制的，从上述补给增量的来源可以看出它实际是夺取了本计算含水层（组）或含水系统以外的水量，从整个地下水资源的观点来看，邻区、邻层的地下水资源也要开发利用，这里补给量增加了，那里就减少了。再从“三水”转化的总水资源的观点考虑，如果河水已被规划开发利用，这里再加大开采强度。大量夺取河水的补给增量，则会减少地表水资源。因此，在计算补给增量时，应全面考虑合理的袭夺，而不能盲目无限制地扩大补给增量。

2. 储存量

储存量是指赋存于含水层中的重力水体积（常用单位：m^3）。按埋藏条件，可分为容积储存量和弹性储存量。

3. 允许开采量（可开采量）

允许开采量（或称可开采量）是指通过技术经济合理的取水方案，在整个开采期内出水量不会减少，动水位不超过设计要求，水质和水温变化在允许范围内，不影响已建水源地正常开采，不发生危害性的环境地质现象等前提下，单位时间内从水文地质单元或取水地段中能取得的水量，单位为 m^3/d、万 m^3/a 等。简而言之，允许开采量就是用合理的取水工程能从含水层中取得出来、有补给保证、还不会引起一切不良后果的最大出水量，即在一定的技术、经济和合理开发条件下，有补给保证、可长期开采的最大水量。

关于补给量、储存量和开采量的计算问题，具体可参照本项目任务 2.2 中的 2.2.2.2 地下水水量评价部分的内容。

2.2.2 地下水资源评价

2.2.2.1 水质评价

《供水水文地质勘察规范》(GB 50027—2001) 对地下水水质评价的有以下规定。

(1) 地下水水质评价，应在查明地下水的物理性质、化学成分、卫生条件和变化规律的基础上进行。对与开采的含水层有水力联系的其他含水层，以及能影响该层水质的地表水均应进行综合评价。

(2) 生活饮用水的水质评价应按国家现行的《生活饮用水卫生标准》（GB 5749—2006）执行。在有地方病的地区应根据当地环境保护和卫生部门等有关单位提出的水质特殊要求进行。

(3) 生产用水的水质评价应按生产或设计提出的水质要求和现行的有关生产用水标准进行评价。

(4) 地下水质变化复杂的地区应分区分层进行评价。

(5) 在地下水受到污染的地区应在查明污染现状的基础上着重对与污染源有关的有害成分进行评价，并提出改善水质和防止水质进一步恶化的建议和措施。

(6) 评价地下水水质时，应预测地下水开采后水质可能发生的变化并提出卫生防护措施。

不同行业对供水水质的要求不同，特别是工业企业种类繁多，即便是同一企业，由于生产形式不同，各项生产用水也有自己的水质要求。因此在对这些行业进行供水水质评价时，就要针对不同用户的水质标准进行评价。评价步骤和方法仍可采仿照前述对生活用水的水质评价方法，只需把水质标准改变即可。

下面针对几个用水量大的行业的用水水质要求进行简单介绍。

1. 生活饮用水的水质要求

生活饮用水的水质应符合下列基本要求：①水的感官性状良好；②水中所含的化学物质和放射性物质不得危害人体健康；③水中不得含有病原微生物。生活饮用水的水质标准可参见本书附录2。

2. 农田用水水质要求

(1) 水温。在我国北方，以10～15℃为宜；在南方水稻区，以15～25℃为宜。

(2) 水中矿化度。一般以不超过1.7g/L为宜。超过1.7g/L，则需视作物的种类和水中所含的盐类成分确定。对作物生长最有害的是钠盐，尤其以碳酸钠最严重，它能腐蚀作物的根部致使作物死亡，还能使土壤板结化。水中的Fe^{2+}和多种有机酸能抑制水稻根部对养分的吸收和植物体内的新陈代谢。

关于灌溉用水的水质标准可参见本书附录3。

3. 锅炉用水水质要求

在工业中，锅炉用水构成了供水的主要部分，其对水质的要求也较高。地下水在锅炉中处于高温、高压环境下，所发生的成垢作用、起泡作用和腐蚀作用等不良化学作用会严重影响到锅炉的正常使用，减少锅炉的正常寿命，甚至还可能发生爆炸。

成垢作用：当地下水中的硬度比较高时，在高温环境下，Ca^{2+}、Mg^{2+}会形成碳酸盐等沉淀物附着在锅炉壁上，形成锅垢。这会严重影响锅炉的传热，造成燃料损失。

起泡作用：是指水在锅炉里煮沸时产生大量气泡。如果地下水中的K^+、Na^+含量较高，产生的气泡就不会立即破裂，就会在水面上形成很厚的且很不均匀的泡沫层，导致锅炉中水的汽化不均匀，水位急剧升降，致使锅炉不能正常运转。

腐蚀作用：地下水中的某些酸性或碱性或盐类物质会对锅炉的炉壁（金属材料）产生腐蚀，尤其是在高温高压状态下，这种腐蚀会被加强。水的腐蚀性可按腐蚀系数来评价。由于锅炉的种类和形式很多，对水中的各种成分的具体要求有所不同，在评价时，可查阅相关规范、手册或锅炉的使用说明。

4. 工程建设用水水质评价

地下水中的氯离子、侵蚀性CO_2、硫酸根离子等会对混凝土（或钢）基础产生侵蚀性，使混凝土（或钢）基础的强度降低。

地下水对混凝土（或钢）基础产生的侵蚀作用有分解性侵蚀、结晶性侵蚀和分解结晶性复合类侵蚀等3种。具体的评价方法参见《岩土工程勘察规范》(GB 50021—2001)或有关的手册、教材等。

5. 其他行业对水质的要求

纺织业：硬水不利于纺织品着色，使纤维变脆，使皮革不坚固。

造纸业：水中如含有过量的铁、锰，能使纸张出现色斑。

食品：硬水使糖不结晶；如果水中所含的亚硝酸盐过高，可使糖制品大量减产。

2.2.2.2 水量评价

1. 一般规定

(1) 进行地下水的水量评价时应具备下列条件：勘察区含水层的岩性、结构、厚度、分布规律、水力性质、富水性以及有关参数；地下水的开采现状和今后的开采规划；含水层的边界条件，地下水的补给、径流和排泄条件；水文、气象资料和地下水动态观测资料；初步拟定的取水构筑物类型和布置方案。

进行地下水的水量评价时，应根据实际要求，结合地区的水文地质条件，计算地下水的补给量和允许开采量，必要时，应计算储存量。

（2）进行地下水的水量评价时，宜符合下列要求：根据初步估算的地下水水量和拟定的开采方案，计算取水构筑物的开采能力和区域动水位；根据工程的实际需要和水源地类型（常年的、季节性或非稳定型的），论证在整个开采期内的开采和补给的平衡；确定允许开采量。

地下水水量评价的方法，应根据需水量，勘察阶段和地区水文地质条件确定，宜选择几种适于勘察区特点的方法进行计算和分析比较，得出符合实际的结论。

2. 补给量的确定

补给量是指天然状态或开采条件下，单位时间从下列途径进入含水层（带）的水量：地下水径流的流入；降水渗入；地表水渗入；越层补给；人工补给。

计算补给量时，应按天然状态和开采条件下两种情况进行。当开采条件下的补给量显著增加时，应主要计算开采条件下的补给量。

进入含水层的地下水径流量，可按式（2.1）计算：

$$Q=KIBM \tag{2.1}$$

式中 Q——地下水径流量，m^3/d；

I——天然状态或开采条件下的地下水水力坡度；

B——计算断面的宽度，m；

M——承压含水层的厚度，m。

降水入渗的补给量，可按式（2.2）计算：

（1）当采用降水入渗系数计算时：

$$Q=F\alpha X/365 \tag{2.2}$$

式中 Q——日平均降水入渗补给量，m^3/d；

F——降水入渗的面积，m^2；

α——年平均降水入渗系数；

X——年降水量，m。

（2）在地下水径流条件较差、以垂直补给为主的潜水分布区，计算降水入渗补给量：

$$Q=\mu F\sum\Delta h/365 \tag{2.3}$$

式中 $\sum\Delta h$——一年内每次降水后地下水水位升幅之和，m。

（3）地下水径流条件良好的潜水分布区，可用数值法计算降水入渗补给量。

农田灌溉水和人工漫灌水的入渗补给量，可根据灌入量、排放量减去蒸发量及其他消耗量进行计算。

河、渠的入渗补给量，可根据勘察区上、下游断面的流量差或河渠入渗的有关公式确定。

当利用各单项补给量之和确定总补给量时，应对各单项补给项目进行具体分析，确定对本区起主导作用的项目，并应避免重复。

当利用开采区内的地下水排泄量和含水层中地下水储存量之差计算补给量时，可按式（2.4）计算：

$$Q_B=E+Q_y+Q_j+Q_k+\Delta W/365 \tag{2.4}$$

式中 Q_B——日平均地下水补给量，m^3/d；

E——日平均地下水蒸发量，m^3/d；

Q_y——日平均地下水溢出量，m^3/d；

Q_j——流向开采区外的日平均地下水径流量，m^3/d；

Q_k——日平均地下水开采量，m^3/d；

ΔW——连续两年内相同一天的地下水储存量之差（年储存量小于上年者取负值），m^3/d。

地下水总补给量，可根据水源地上游地下水最小径流量与水源地影响范围内潜水最低、最高水位之间的储存量之和确定。

计算补给量时，应以天然补给量为主，同时考虑合理的补给增量。也可应按天然状态和开采条件下两种情况进行计算。实际上，许多地区的地下水都已有不同程度的开采，很少有保持天然状态的情况，因此，应首先计算现实状态下地下水的补给量，然后计算大开采后或开采条件下可能增加的补给量（补给增量）。地下水的补给量是地下水运动、排泄、交替的主导因素，它维持着水源地的连续长期开采。允许开采量主要取决于补给量。因此计算补给量是地下水资源评价的核心内容。

3. 储存量的计算

储存量是指储存于含水层内的重力水体积。

潜水含水层的储存量，可按式（2.5）计算：

$$W=\mu V \tag{2.5}$$

式中 W——地下水的储存量，m^3；

μ——含水岩石的给水度（小数或百分数）；

V——潜水含水层的体积，m^3。

承压水含水层的弹性储存量，可按式（2.6）计算：

$$W=F\mu^* h \tag{2.6}$$

式中 W——地下水的弹性储存量，m^3；

F——单元承压含水层的面积，m^2；

μ^*——储水（或释水）系数（无因次）；

h——承压水含水层自顶板算起的压力水头高度，m。

由于地下水的水位常常是随时间而变化的，地下水储存量也随时而异，这是由于地下水的补给与排泄不均衡而引起的，地下水的储存量在地下水的运动交替和地下水开采过程中起着调节作用。在天然条件下，地下水的储存量呈周期性的变化，主要有年周期，还有不同长短的多年周期，一般应当计算一年内最大储存量和最小储存量，在开采条件下，如开采量不大于补给量，储存量仍呈周期性变化，在开采量超过补给量，使储存量出现逐年减少的趋势性变化。

按地下水储存量的动态，可把储存量分为永久储存量（或称静储量，不变储存量）和暂时储存量（或称调节储存量，可变储存量）。永久储存量是指一定期限内的最小储存量，它是在一定周期内不变的储存量；暂时储存量是指最大与最小储存量之差，也即最低水位以上储存的地下水体积。在地下水径流微弱的地区，暂时储存量可以很大，几乎接近补给量，可以将它作为允许开采量。在一般情况下，计算允许开采量时，不能考虑永久储存量。如果动用永久储存量，就会出现区域地下水位逐年持续下降的趋势，导致地下水源枯竭。但是，如果永久储存量很大（如含水层厚度大、分布又广的大型储水构造），每年适当动用一部分永久储存量，使用100年可以的。

4. 允许开采量计算和确定

允许开采量是指通过技术经济合理的取水构筑物，在整个开采期内出水量不会减少，动水位不超过设计要求，水质和水温变化在允许范围内，不影响已建水源地正常开采，不发生危害性的工程地质现象的前提下，单位时间内从水文地质单元或取水地段中能够取得的水量。

在地下水的补给以地下水径流为主，含水层的厚度不大、储存量很少且下游又允许疏干的情况下，可采用地下水断面径流量法确定允许开采量，其值不宜大于最小的地下水径流量。

当水源地具有长期开采的动态资料，证明地下水有充足的补给，且能形成较稳定的下降漏斗时，可根据总出水量与区域漏斗中心处的水位下降的相关关系，计算单位下降系数，并应结合相应的补给量确定扩大开采时的允许开采量。

当含水层埋藏较浅，水位下降后地表水能充分补给时，可根据取水构筑物的型式和布局，采用有关岸边渗入公式确定允许开采量。

当需水量不大，且地下水有充足补给时，可只计算取水构筑物的总出水量作为允许开采量。

当地下水属周期性补给，且有足够的储存量，采用枯水期疏干储存量的方法计算允许开采量时，宜符合下列要求：①能够取得的部分储存量，应满足枯水期的连续开采，且抽水井中动水位的下降不超过设计要求；②在补给期间可能得到的补给量，应保证被疏干的部分储存量能够得到补偿。

当利用泉作为水源，根据泉的动态观测资料，结合地区的水文、气象资料，进行评价泉的允许开采量时，按不同的具体情况，宜分别符合下列规定：①当需水量显著小于泉的枯水流量时，宜根据泉的调查和枯水期的实测资料直接进行评价；②当需水量接近泉的枯水流量时，宜根据泉流量的动态曲线和流量频率曲线进行评价，也可建立泉流量的消耗方程式进行评价；③当需水量大于泉的枯水流量时，如有条件，宜在枯水期进行降低水位的试验，确定有无扩大泉水流量的可能性。在此基础上进行评价。

当利用暗河作为供水水源时，可根据枯水期暗河出口处的实测流量评价允许开采量。如有长期观测资料，也可结合地区的水文、气象资料，根据暗河的流量频率曲线评价允许开采量。在暗河分布地区，个别地段的允许开采量可采用地下径流模数法进行概略评价，也可选择合适的断面，通过天然落水洞、竖井或钻孔进行抽水，计算过水断面上的总径流量进行评价。

当勘察区与某一开采区的水文地质条件基本相似，且开采区已有多年的实际开采资料时，根据两地区的典型比拟指标，可采用比拟法评价勘察区的允许开采量。

当布置井群开采地下水时，允许开采量可根据干扰井群的总出水能力和开采条件下的相应补给量，并结合设计要求的动水位，反复试算和调整后确定。

当水文地质条件复杂，补给条件难以查明时，可采用枯水期单孔或群孔开采试验的方法，根据抽水试验的实测资料直接（或适当推算）确定允许开采量。

（注：如实测的总出水量大于或等于需水量，动水位能较快达到稳定且不超过设计要求，停抽后动水位又能较快恢复时，抽水试验的时间不宜太长，否则应符合项目1任务1.1第1.1.4节抽水实验中的相关要求。）

对大厚度含水层的分段取水，每一井组的允许开采量，可选用有关公式或按实际干扰抽水试验资料确定。对复杂的大型水源地，宜采用数值法计算允许开采量，预报水位变化规律，也可采用模拟方法（如电模拟）确定允许开采量。

在确定允许开采量的过程中，如需计算各抽水井内或近井区的水位下降值时，应考虑由于三维流、紊流、井损等因素的影响而产生的水位附加下降值。

允许开采量可划分为A、B、C、D、E共5级，各级的精度，宜按下列内容进行分析和评价：

（1）水文地质条件的研究程度。

（2）动态观测时间的长短。

（3）计算所引用的原始数据和参数的精度。

（4）计算方法和公式的合理性。

（5）补给的保证程度：

1）E级允许开采量的精度应符合以下规定：根据现有地下水有关资料，结合必要的路线踏勘，概略了解区域水文地质条件；推测圈定可能富水的地段；粗略评价地下水资源，估算允许开采量。

2）D级允许开采量的精度应符合下列规定：初步查明含水层（带）的空间分布及水文地质特征；初步圈定可能富水的地段；概略评价地下水资源，估算地下水允许开采量。

3）C级允许开采量的精度应符合下列规定：基本查明含水层（带）的空间分布及水文地质特征；初步掌握地下水补给、径流、排泄条件及其动态变化规律；应根据带观测孔的抽水试验或枯水期的地下水动态资料确定有代表性的水文地质参数；结合开采方案初步计算允许开采量，提出合理的采用值；初步论证补给量，提出拟建水源地的可靠性评价。

4）B级允许开采量的精度应符合下列规定：查明拟建水源地区的水文地质条件与供水有关的环境水文地质问题，提出开采地下水必需的有关含水层资料和数据；根据一个水文年以上的地下水动态资料和互阻抽水试验或试验性开采抽水试验，验证水文地质计算参数，掌握含水层的补给条件及供水能力；建立或完善数学模型，结合具体的开采方案，计算和评价补给量，确定允许开采量；预测地下水开采条件下水位、水量、水质可能发生的变化；提出保护和改善地下水水量和地下水水质的措施。

（注：直接利用泉水天然流量作为允许开采量时，应具有 20 年以上泉流量系列观测资料。A 级允许开采量的精度应符合下列规定：具有为解决开采水源地具体课题所进行的专门研究和试验成果；根据开采的动态资料进一步完善地下水数学模型，并逐步建立地下水管理模型；掌握 3 年以上水源地连续的开采动态资料，并对地下水允许开采量进行系统的多年的均衡计算和评价；提出水源地改造、扩建及保护地下水资源的具体措施。）

5）一般来说，A 级精度主要作为调节开采制度、科学管理及改造扩建水源地的依据；B 级精度作为建设水源地，进行技术设计和施工设计的依据；C 级精度可为供水选择水源地提供初步设计依据；D 级精度主要是为建设项目的总体设计或为经济发展规划提供水源的依据。

2.2.3　地下水资源保护

地下水资源的保护应在勘察初期同步进行，勘察期间应根据全面规划、合理开采、开源节流、化害为利的原则，及时开展与地下水资源保护有关的水文地质工作。凡出现以下情况的地区，在没有采取专门措施，如人工补给地下水，或由当地统一调整用水量时，不宜在同一开采区再进行增加开采量的勘察：①现有水源地的开采量和补给量已达到平衡，且在当前的技术经济条件下补给量已不能增加；②水质明显恶化，不能满足需要；③现有水源地的开采引起危害性的地面沉降或地表塌陷。

在已有水源地的附近，进行新水源地的勘察或扩大已有水源地的勘察时，应符合下列要求：①掌握已有水源的开采动态和发展规划；②协调新水源和已有水源地的开采动水位；③合理利用多层含水层，但应考虑长期开采后上、下各层的相互干扰影响。

在地下水开采过程中，根据地下水动态观测所获得的资料，宜对地下水的补给量和允许开采量进一步进行计算和评价，对水位、水质的变化和不良工程地质现象的发生作出预测，并根据其结果提出调整开采方案或采取防护措施的建议。

在有污染源（包括咸水）的地区进行勘察时，应遵守下列规定：①水源地应选择在污染源的上游；②进行污染调查，掌握污染源对地下水水质的影响情况，并应预测开采后可能引起的变化；③控制开采量和开采动水位，防止水质不好的水入侵。有条件时，也可用人工补给地下水；④对开采井及观测孔应采取止水措施，防止垂直方向上不同含水层中水质好的和不好的地下水直接发生联系；⑤水质分析除应进行一般项目的分析外，尚应根据污染源的类型、性质和有害物质成分，进行相应的有害元素和有机化合物的分析及放射性物质的测定。

在大量开采地下水的地区，可根据上部土体的压缩性和各层地下水的区域水位下降值，提出有无因开采地下水而引起地面沉降的可能性。在已产生地面沉降的地区，应建立地下水观测网，设置测定地面沉降值的分层标和基岩标，掌握沉降的发展规律，采用调整开采方案和人工补给地下水等综合措施进行控制。在过量开采地下水的地区，当地表水或工业回水丰富、储水地层的构造条件又允许时，宜采用人工补给地下水的方法补充地下水水源。人工补给后的地下水水质不宜劣于补给前的地下水水质。在大量开采地下水的地区，为地下水的合理开发和保护，应做好地下水动态监测工作。

工 程 实 例

李红娟等（2011）针对临沂市山丘区分布的实际特点和特性，采用消退流量比值法、降水综合入渗系数法、单指标评价法等方法，分类分析山丘区地下水资源总量与水资源质量特性。临沂市一般山丘区多年平均地下水资源量为94979万m^3，岩溶山丘区多年平均地下水资源量为46884万m^3，山丘区地下水资源量为141863万m^3。选用80余处单井现状水质监测资料，对临沂市山丘区，地下水水质进行分析评价。评价依据为《地下水质量标准》（GB/T 14848—93）。地下水水质监测井的性质为浅水层。按单指标评价法确定单井水质类别。单井控制面积按泰森多边形法进行计算统计。

临沂市辖山丘区Ⅲ类或好于Ⅲ类、Ⅳ类、Ⅴ类的地下水面积占其总面积的百分比分别为58%、32%、10%，水资源占其总量的百分比分别为51%、40%、9%。

沂沭河流域浅层地下水污染区主要指标为氨氮、亚硝酸盐氮、硝酸盐氮锰等；中运河区浅层地下水污染主要指标为亚硝酸盐氮锰硝酸盐氮等；潍坊白浪区沂水县境内水质污染为Ⅴ类水，主要超标项目为氨氮，单井超标倍数为1.8倍。可看出，临沂市山丘区地下水污染物质主要是氮类，饮水安全受到影响。污染原因与人为活动农业施肥、工业及生活废污水的排放、城镇面源污染、土壤污染等因素导致浅层地下水存在不同程度的污染有关。

临沂市地下水污染区氮污染问题目前已很突出，针对地下水污染的现状及成因，应对措施有：提高饮水打井工程的上覆厚层黏性土壤的封闭效果，避免表层土壤污染物质的下渗；划定地下水功能区保护区；遏制污染企业废污水下渗；结合农村卫生厕所建设环境卫生整治和健康教育工作，编制农村饮水安全总体规划，并做到同步实施。

任务2.3 供水水文地质勘察的成果整理

2.3.1 文字部分

根据《供水水文地质勘察规范》（GB 50027—2001），供水水文地质勘察报告书应包括下面的内容。

序言

（1）说明任务的来源及要求。

（2）简要评述勘察区以往水文地质工作的程度及地下水开发利用的现状和规划。

（3）概述勘察工作的进程以及本次勘察所完成的工作量。

第一章 自然地理及地质概况

（1）概述勘察区的地形和地貌条件。

（2）简述气象和水文特征。

（3）叙述地层和主要地质构造的分布及特征。

本部分应侧重叙述与地下水的形成、补给、径流、排泄条件以及与地下水污染有关的内容。

第二章 水文地质条件

(1) 叙述含水层带的空间分布及其水文地质特征。

(2) 阐述地下水的补给径流排泄条件及其动态变化规律。

(3) 叙述地下水的水化学特征污染现状及其变化规律。

(4) 说明拟采含水层带与相邻含水介质及其他水体之间的水力联系状况。

第三章 勘察工作

结合地下水资源评价方法的需要，论述勘察工作的主要内容及其布置，提出本次勘察工作的主要成果，并评述其质量和精度。

第四章 地下水资源评价

(1) 论述水文地质参数计算的依据；正确计算所需的水文地质参数；论述水文地质条件概化和数学模型的建立。

(2) 水量计算：计算地下水的天然补给量和储存量，以及开采条件下的补给增量。根据保护资源合理开发的原则，提出相应勘察阶段的允许开采量，论证其保证程度，并预测其可能的变化趋势。

(3) 水质评价：根据任务要求，说明水质的可用性，结合环境水文地质条件，预测开采条件下地下水水质有无遭受污染的可能性。提出保护和改善地下水水质的措施。

(4) 预测地下水开采可能引起的环境地质问题。

第五章 结论和建议

(1) 提出拟建水源地的地段和主要水文地质数据和参数。

(2) 评价地下水的允许开采量、水质及评价精度。

(3) 建议取水构筑物的型式和布局。

(4) 指出水源地在施工中和投产后应注意的事项。

(5) 建议地下水动态观测网点的设置及要求。

(6) 建议水源地卫生防护带的设置及要求。

(7) 指出本次工作的不足和存在问题。

2.3.2 主要附件

(1) 勘察工程平面布置图。

(2) 水文地质图及其剖面图。

(3) 与地下水有关的各种等值线图。

(4) 勘探孔柱状图及抽水试验综合图。

(5) 水文气象资料图表。

(6) 井泉调查表。

(7) 水质分析成果统计表。

(8) 颗粒分析成果统计表。

(9) 地下水动态观测图表。

(注：编写报告书时，应根据需水量大小、水文地质复杂程度和勘察阶段对本提纲的内容进行合理的增、删。论述应突出资源评价，言简意赅。文字与图表应相互呼应。)

项目3　水利水电水文地质勘察

【教学目标】

1.《水利水电工程水文地质勘察规范》有关要求。

2. 了解影响水库渗漏的地质因素。

3. 掌握水库渗漏的水文地质勘察。

4. 掌握坝址水文地质勘察方法。

5. 坝基砂土液化及渗透变形勘察。

6. 掌握水利水电工程水文地质勘察的技术要求。

在水利水电工程的勘察、设计、施工等环节中，水文地质勘察一般结合工程地质勘察进行，它既是工程地质勘察之中的一部分，也是工程地质勘察的补充，是一个不可忽视的重要影响因素，而实际中却往往不被相关人员所重视，忽视了水文地质对建筑工程的影响。水利水电水文地质勘察目的是：查明水利工程所在区域地下水的赋存条件及运动规律，为水利工程的施工安全及正常运行或为病险水利工程的除险加固提供设计参数。然而在众多的水库库区滑坡地质灾害、病坝险坝工程中都可以发现导致危害结果的因素中因水文地质导致岩土发生灾害的工程不在少数。因而在工程勘察中要明确和评估地下水水文地质的实际情况，收集相关数据，预测地下水对工程和建筑物的影响，降低和消除因地下水对建筑物引起的危害，保护人民群众的生命、财产安全。由此可见，研究水利水电工程的水文地质勘察，有着十分重要的现实意义以及社会意义。限于篇幅，本章仅就中小型水利水电工程中的几种常见水文地质勘察作介绍（表3.1）。

表3.1　常见水库类型及其工程地质问题

水库类型	工程地质问题		工程实例
峡谷水库	渗漏	岩溶	水槽子、六甲、扮贡
		单薄分水岭垭口	镜泊湖
		玄武岩大孔隙	
	浸没	居民点	三门峡沙溪口
		矿区	桃山
		古迹	刘家峡炳灵寺
		盆地农田	万家寨、官厅
	坍崖岸	基岩	拓溪、刘家峡、乌江渡
		近坝库区滑坡	龙羊峡
		松散岩	
		岩溶坍陷	

续表

水库类型	工程地质问题		工程实例
峡谷水库	水库	诱发地震	新丰江、丹江口、葠窝、湖南镇
	淤积	泥石流	岷江上游
		黄土流	三门峡、盆锅峡
	污染	放射性元素污染	丹江口
		有害矿产污染	新安江
低山平原水库	浸没	平原农田盐渍化，地下水上升沼泽化	金堤河、东平湖、官厅
		库尾壅高形成拦门砂坝	三门峡
	坍岸	黄土库岸	三门峡
	渗漏	砂砾层	东平湖

任务 3.1 水库区的水文地质勘察

水库渗漏是指库水沿透水岩、土带向库外低地渗漏的现象，可分为坝区渗漏和库区渗漏两部分。坝区渗漏是指大坝建成后，库水在坝上、下游水位差作用下，经坝基和坝肩岩、土体中的裂隙、孔隙、破碎带或喀斯特通道向坝下游渗漏的现象。经坝基的渗漏称坝基渗漏，经坝肩的渗漏绕坝渗漏。对于已出现病险大坝（尤其是土石坝），经常还存在库水由坝体向外渗漏的现象，这种渗漏称为坝体渗漏。

库区渗漏包括库水的渗透损失和渗漏损失。库岸和库底岩、土体因吸水饱和而使库水产生的损失，称渗透损失，这种渗漏现象称暂时性渗漏。库水沿透水层、溶洞、断裂破碎带、裂隙节理带等连贯性通道外渗而引起的损失，称渗漏损失，这种渗漏现象称经常性渗漏，或永久性渗漏。通常，库区渗漏是指永久性渗漏。库、坝区渗漏途径示意图如图 3.1 所示。

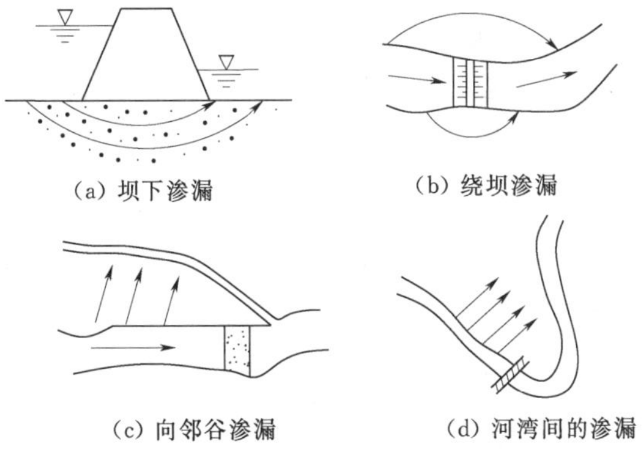

(a) 坝下渗漏　(b) 绕坝渗漏　(c) 向邻谷渗漏　(d) 河湾间的渗漏

图 3.1 库、坝区渗漏途径示意图

库水沿土石坝坝身的渗漏一般是不允许的，严重时会产生溃坝，发生巨大灾难。库水沿坝基和坝肩岩体中的裂隙或破碎带渗漏时，会产生渗透压力，坝基可能的滑动面上的法向渗透压力（浮托力）将使可能滑动面上的法向荷载减小，从而也减小了由法向荷载所产生的抗滑力。坝肩岩体中的侧向渗透压力和可能滑动面上的法向渗透压力，将会使坝肩岩体的侧向推力增加，这对坝基、坝肩以及下游的边坡稳定都不利。此外，坝区渗漏还可软化坝区岩体中的软弱夹层、断层破碎带，或产生潜蚀（管涌）等现象，降低坝基或坝肩岩体的承载力和抗滑力。坝区渗漏还可能浸没坝下游宽广的耕地或居民点。库区渗漏可在邻谷区引起新的滑坡，或使古滑坡复活，造成农田浸没、盐渍化、沼泽化，危及农业生产及村舍安全。

3.1.1 影响水库渗漏的地质因素

3.1.1.1 地形地貌条件

水库附近河谷切割的深度和密度，对水库的渗漏至关重要。当相邻河谷被切割较深，低于库水位，且与水库间的分水岭比较单薄时，由于渗透途径短，水力梯度大，有利于库水渗漏。在库周围水文网切割深度较大的山区，容易发生水库渗漏。有时虽分水岭较宽，但由于水库回水范围内河流的支流发育，将某段的分水岭切割得比较单薄，也可能形成渗漏地段。山区河谷急剧拐弯处（坝址常选在此位置附近），河湾间山脊有时很薄，库水就有可能通过山脊产生渗漏。在比较顺直的河谷段，应注意分水岭上的垭口，当垭口的两侧或一侧山坡发育有冲沟，使山体变薄，库水也可能通过垭口渗漏。

平原地区的河流均可形成急剧转弯的河曲，若在河弯地段筑坝建造水库，就会在库区与坝下游河流之间形成单薄的河间地块。此时，上下游之间的水力梯度大，就有可能让库水向下游的河道发生侧向渗漏［图3.1（d）］。

另外，由于河流的地质作用，当河流多次改道变迁形成的古河道若通向库外时，库水就会沿着古河道河床堆积物的渗漏通道漏失。如果古河道与邻谷或坝下游河道相连，库水也会沿之漏失。

3.1.1.2 地层岩性及结构

渗透性强烈的岩土体（碳酸盐岩、未胶结的砂卵砾石层）可构成水库的渗漏通道，漏失量与其结构、渗透性有关。

1. 平原松散岩类坝基水库

（1）当坝基地层从上到下的组成物质由粗变细时，上部为较强透水层，下部为弱透水层或是隔水层，此时，库水多沿坝基上部强透水层渗漏。

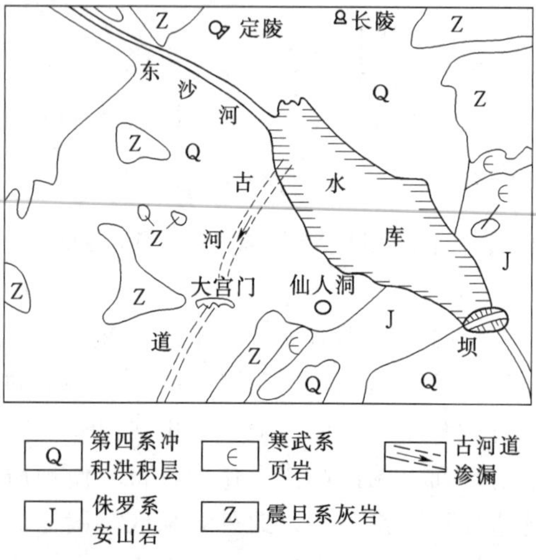

图3.2 十三陵水库右岸古河道及水库示意图

（2）当坝基地层从上到下的组成物质由细到粗，而上部弱透水层在坝前遭河流、冲沟或人工取土破坏，则其下部强透水层——古河道堆积物就成为严重的渗漏通道，如图3.2为北京十三陵水库古河道对水库渗漏的影响。

（3）当坝基的地层粗细粒相间，且以粗粒为主时，一般在坝区内无完整的表土层作为天然铺盖，而且覆盖层中又无厚度大、分布完整的黏性土层作为相对隔水层，多以厚层强透水层为主，夹黏性土薄层或透镜体，此类坝基渗漏及渗透变形一般较为严重。

2. 山区水库

(1) 山区河谷狭窄，谷坡高陡，当砂卵石层分布于谷底且厚度小于 15m 时，这种坝基的砂卵石层不厚，而且多由粗碎屑物质组成，其中或有呈透镜体状的砂层分布，且表部没有黏性土覆盖，岩层透水性甚强，渗漏主要发生于坝基。

(2) 当山区河谷谷底的砂卵石厚度大于 15m 时，砂卵石层多以卵砾石和砂组成，其中间或有透镜状的砂层分布，一般透水性很强，而且往往有集中渗流通道存在，渗透变形破坏类型主要是管涌。

(3) 当河谷较宽，谷坡上分布有多级基座阶地时，坝基除河谷覆盖层情况与上述基本相仿外，还可能沿阶地基座面上的砂卵石层渗漏。

3. 岩溶地区水库

碳酸盐岩中的岩溶洞穴或暗河若与库外相通，可形成严重的径流带或管道流，这是最严重的渗漏通道。当库区强岩溶化的碳酸盐底部无隔水层分布，或虽有隔水层存在，但其埋藏很深或封闭条件很差时，也有可能通过分水岭向邻谷、向河谷下游或向远处低洼排泄区发生渗漏，如图 3.3 所示。

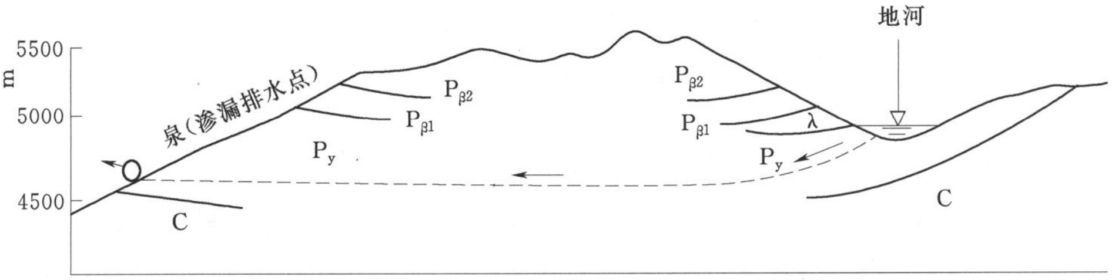

图 3.3 某水库库区渗漏示意图

$P_{\beta2}$—二叠系峨眉山玄武岩；$P_{\beta1}$—二叠系火山砾岩夹凝灰岩；λ—辉绿岩；

P_y—二叠系厚层灰岩及含煤地层；C—石炭系白云质灰岩及石灰岩

3.1.1.3 地质构造

一般而言，地层变形越大、褶皱比较发育的地段，其地层所受的地应力也越强，各类断层和裂隙也都比较发育。断层破碎带，尤其是横切河谷与邻谷相通的宽大而未胶结的断层破碎带，是形成大量渗透的通道；具有宽大密集裂隙的岩层也易于造成渗漏。在岩溶地区，断层带上往往发育着岩溶管道。

在地层中夹有透水岩层时，向斜构造要比背斜更利于抗渗漏，这是因为在向斜构造中，隔水层在库区周围封闭得较好 [图 3.4 (a)、(c)]；而背斜构造的河谷，库水很容易沿着透水岩层向邻近河谷渗漏 [图 3.4 (b)、(d)]。

如有纵向断层将透水岩层切断，使渗漏通道与邻谷的连通性失掉，这对防止水库渗漏有利，如图 3.5 所示。但也有相反的情况，隔水层被切断，反而使不同的透水层连通起来，成为渗漏通道。此外，在勘察时还应注意断层的透水性，这与断层的时代及其胶结程度有关。

3.1.1.4 水文地质条件

地形地貌、岩性及地质结构是决定水库渗漏的必要条件，但不是充分条件，还必须研

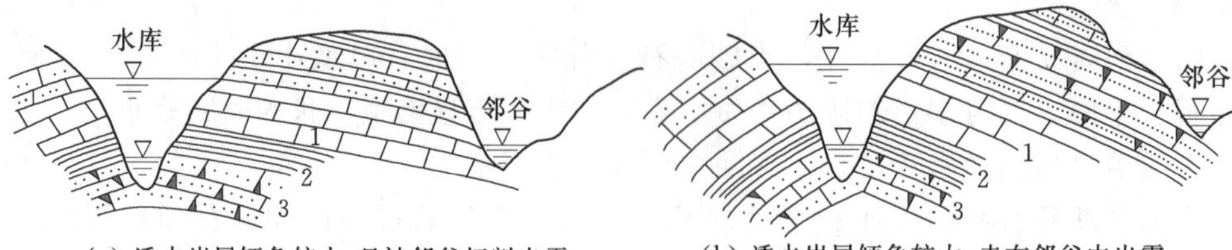

(a) 透水岩层倾角较小，且被邻谷切割出露，可能导致库水向邻谷的渗漏

(b) 透水岩层倾角较大，未在邻谷中出露，不会导致库水向邻谷的渗漏

背斜构造与水库渗漏

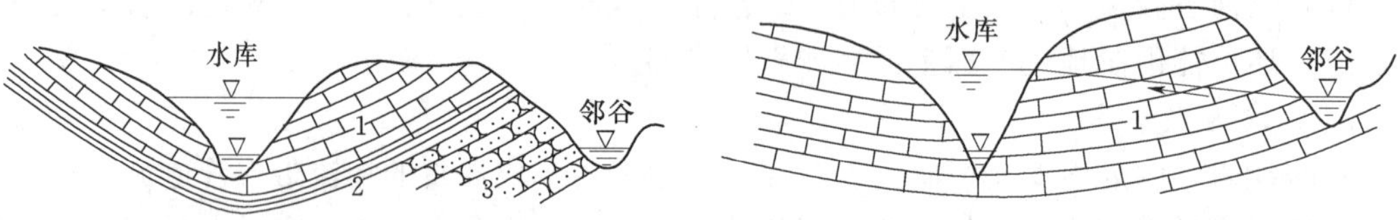

(c) 有隔水层阻水的向斜构造，不会引起向邻谷的渗漏

(d) 无隔水层阻水、又与邻谷相通的向斜构造，可能引起向邻谷的渗漏

向斜构造与水库渗漏

图 3.4 背斜及向斜构造与水库渗漏

1—漏水石灰岩；2—隔水页岩；3—透水性小的砂岩

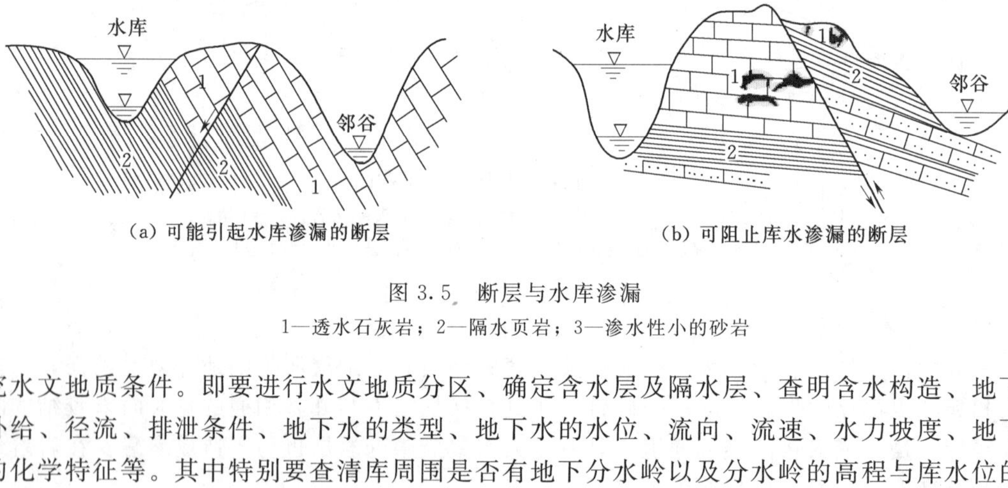

(a) 可能引起水库渗漏的断层

(b) 可阻止库水渗漏的断层

图 3.5 断层与水库渗漏

1—透水石灰岩；2—隔水页岩；3—渗水性小的砂岩

究水文地质条件。即要进行水文地质分区、确定含水层及隔水层、查明含水构造、地下水补给、径流、排泄条件、地下水的类型、地下水的水位、流向、流速、水力坡度、地下水的化学特征等。其中特别要查清库周围是否有地下分水岭以及分水岭的高程与库水位的关系，来大致判断库水向邻谷渗漏的可能性。

（1）当地下分水岭高于水库正常高水位时，不会发生渗漏［图 3.6（a）］。

（2）当地下分水岭低于水库正常高水位时，如有漏水通道存在，库水就会发生渗漏［图 3.6（b）］。

（3）在蓄水前已出现库区河谷的水流向邻谷流去，无地下分水岭，则蓄水后水库将渗漏更严重［图 3.6（c）］。

（4）在蓄水前若出现邻谷水流向库区河流流去，无地下水分水岭，但建库后邻谷水位低于水库正常高水位，蓄水后水库仍有可能发生渗漏［图 3.6（d）］；若邻谷水位高于水库正常高水位，则蓄水后水库就不会发生渗漏［图 3.6（e）］。

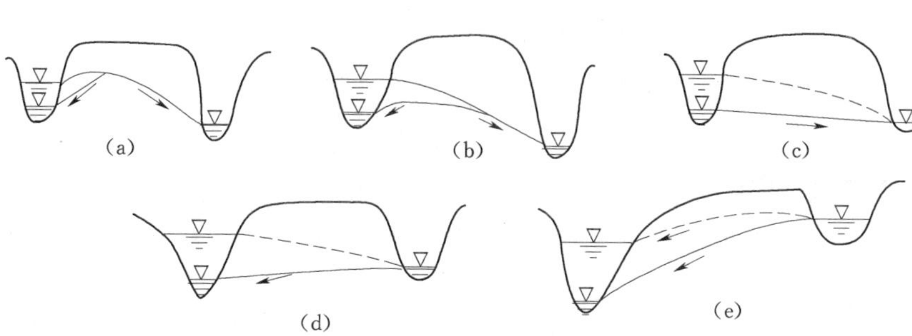

图 3.6 水库水位与邻谷水位对渗漏的影响示意图

3.1.1.5 岩溶发育特征

在岩溶地区，需要查明库区内岩溶的发育强度和发育规律。具体包括：①各个地层的岩溶发育强度（溶隙率）、发育方向，以及受地质构造作用控制情况；②岩溶形态及分布规律；③岩溶水的动力特征（包括补排条件、垂直分带性、流动特点）；④建坝前后泉水流量的变化和动态变化等。

3.1.1.6 渗漏通道及其连通性

1. 渗漏通道的存在分析

水库的渗漏通道一般是透水岩层（如砂卵砾石层）、透水带（断层破碎带、裂隙密集带）、岩溶管道等。

（1）岩浆岩地区水库：岩浆岩的透水性一般较弱，库水一般不易发生渗漏。但如有规模大、延伸长的构造破碎带（未充填），或有连通性好的节理裂隙密集带贯穿于库区及岭谷之间，或贯穿于坝址的上下游，库水也有可能沿之发生渗漏。如当玄武岩中因岩浆冷凝时所形成的柱状节理比较发育时，也可能形成漏水通道的透水岩层。

（2）沉积岩地区水库：一般是由透水岩石、断层破碎带、节理密集带构成漏水通道。如节理裂隙发育的某脆性岩，只要它们穿过坝基，同时在上游库区和下游河床出现，即可成为漏水通道。此外，如果组成分水岭的岩石是孔隙度大的、结构松散的能透水的砂砾岩，库水有可能会通过砂砾岩发生渗漏。

（3）第四纪堆积物层水库：坝下渗漏通道常见的是古河道、河床和阶地内的砂卵砾石层。当古河道穿过坝基或贯通上下游时，沿之就可能发生严重渗漏；在建坝时如坝下的截水墙太浅，未能将砂卵砾石层全部截断，残留的砂卵砾石层就成为漏水通道。

2. 漏水通道的连通性分析

（1）砂砾石层等松散岩层渗漏通道的连通性主要决定于其地层的结构特征。

上游山区河流，河床的沉积物多为单一的粗粒物质，透水层的连通性好。中下游河床的细粒成分增加，地层呈多层、双层结构。双层结构时沉积物上细下粗，上部弱透水层构成了天然防渗铺盖，但若在建坝取土时破坏了此相对隔水层，或它因受河流冲刷已出现了部分损坏，则它就不再具有隔水作用，应将其修补完整。多层结构时，漏水通道的连通性主要受相对隔水层的厚度、延伸情况及其完整性的影响。有的厚度较小，被渗漏水击穿后不再起隔水作用，还有的延伸不远即自行尖灭，起不到隔水作用。

（2）基岩透水层、透水带及岩溶发育管道的连通性则受地质构造的控制。纵向河谷（即岩层走向与河流流水平行）的透水层的连通性往往较好，而横向河谷透水层的连通性往往较差。

3.1.1.7 坝体的组成物质

土石坝如果在建坝时用了含砂砾高的砂土做坝体，或在土料填筑后夯压不实，坝体内就存在渗漏通道，出现库水通过坝体渗漏。

3.1.2 拟建水库渗漏的水文地质勘察

拟建水库渗漏的水文地质勘察是其工程地质勘察中的一部分，因而其勘察也是分阶段进行的，不同的勘察阶段，其勘察的内容及研究程度有所不同。水库渗漏包括库区渗漏和坝（闸）址区的渗漏，任务3.1中只介绍对库区渗漏的水文地质勘察，坝（闸）址区渗漏的水文地质勘察在任务3.2中再作介绍。

3.1.2.1 规划阶段

此阶段是对河流开发和为水利水电工程规划进行水文地质论证。

（1）勘察任务。了解各规划方案水库的水文地质条件，分析建库的可能性。

（2）勘察内容。主要包括：①了解库区水文地质条件，含水层和隔水层的分布范围；②了解可能导致水库渗漏的可溶岩层及洞穴系统、古河道、贯穿库外的大断裂破碎带、低矮垭口、单薄分水岭、低邻谷等的分布情况和附近泉、井水位及流量。

（3）勘察手段。主要包括：①水文地质测绘：对于水文地质工程地质条件复杂的库区，宜进行库区水文地质工程地质综合测绘，比例尺可选1∶10万～1∶5万，在可溶岩地区，测绘比例尺可选1∶5万～1∶2.5万，测绘范围应扩大至分水岭及邻谷；②勘探：当库区存在严重渗漏时，可在渗漏危险地段布置少量的勘探，并与地质勘察结合进行；③水文地质试验：如布置钻探，应进行水位观测，基岩钻孔应进行压水试验。

3.1.2.2 可行性研究阶段

该阶段是在选定的规划方案的基础上进行的，其目的是论证建库的条件，对影响建库方案的水文地质问题和环境问题作出初步评价。

1. 勘察内容

勘察内容主要是查明库区的渗漏条件，主要内容如下：

（1）单薄分水岭、低谷区、强透水岩土层（带）、断层破碎带、古河道、第四纪透水层分布等水文地质条件，对产生渗漏的可能性及其严重程度作出初步评价。

（2）在可溶岩地区，应调查喀斯特的发育及其分布规律，喀斯特洞穴的延伸和连通情况，相对隔水层和非喀斯特岩层的分布、厚度变化、隔水性能和构造封闭条件，地下水与河水的补排关系，分析可能的渗漏形式、途径和严重程度，初步评价对建库的影响及处理的可能性。

（3）溶洞水库区和溶洼水库区喀斯特泉水与暗河的分布，水文动态、流量和汇水范围，分析地表水和地下水流系统的补排关系，初选堵体的位置，初步评价建库的可能性。

（4）对于拟修建于干河谷或悬河上的水库、抽水蓄能电站和引水工程泵站的水库，重点调查水库的垂向和侧向渗漏情况。

2. 勘察手段

(1) 收集资料。主要是区域地质及水文地质资料。

(2) 水文地质测绘。水文地质条件复杂的库区，宜单独进行库区水文地质测绘，测绘比例尺可选用 1∶5 万～1∶1 万。测绘范围除应包括整个库盆外，并应包括与渗漏有关的邻谷地段。

(3) 物探。应根据地形、地质条件，采用综合物探方法。探测库区可能发生渗漏地段的地下水位、地下水流速与流向、隔水层的埋深、古河道和喀斯特通道以及隐伏的大断层破碎带的埋藏和延伸情况等。

(4) 钻探。在严重渗漏地段，水文地质勘探剖面线应平行和垂直渗漏方向布置，剖面数量可根据渗漏段的长度及地质情况确定。勘探方法宜以物探为主，辅以控制性钻孔。每一剖面控制性钻孔不少于 3 个，钻孔深度一般应钻至可靠的相对隔水层或地下水枯水位或当地最低侵蚀基准面以下不少于 5m。

(5) 水文地质测试。钻孔在蓄水位以下孔段应进行水文地质试验，并保留适量钻孔和其他水文内地质点一起进行水文地质观测，观测时间不应少于一个水文年或一个丰水、枯水季。

3.1.2.3　初步设计阶段

初步设计阶段是在可行性研究阶段所选定的坝（闸）址的基础上进行的，是为选定的坝址、枢纽布置进行水文地质论证。按《中小型水利水电工程地质勘察规范》（SL 55—2005）附录 F 的规定，该阶段需要提交水文地质图。

(1) 勘察任务。查明水库区水文地质条件，对水库渗漏作出评价，预测蓄水后可能引起的水库浸没、固体径流等环境地质问题。

(2) 勘察内容。对非喀斯特库区可能发生渗漏的地段，应：①查明相对隔水层及主要透水层（带）的岩土性质、厚度、产状和延伸分布情况；②查明渗漏层（带）的地下水位、透水性，评价因渗漏可能引起的浸没等危害；③查明渗漏地段泉井的分布位置、高程及地下水补排关系；④查明天然铺盖层的物质组成、厚度以及渗透特性；⑤估算可能渗漏地段的渗漏量，对防渗处理措施提出建议。

喀斯特库区水文地质勘察内容包括：①查明喀斯特系统及主要溶蚀带（层）的发育特征、分布规律、形态与规模、充填程度、连通情况及其与河流的关系；②查明地表水点和地表水、地下水网的空间分布及补给、径流、排泄关系；③查明相对隔水层的厚度、分布、延伸性及其封闭条件；④查明地下水位埋深，地下水分水岭的位置、高程；⑤查明天然覆盖层类型、性质、分布范围、厚度变化、渗透性及渗透稳定性；⑥估算渗漏量，对防渗处理的范围和深度提出建议。

(3) 勘察方法：

1) 水文地质测绘。在非喀斯特地区，地形、地质条件复杂的地段应进行专门的水文地质测绘，比例尺可选用 1∶1 万～1∶2000。测绘的范围包括渗漏层（带）可能的入渗、出逸区和渗漏量估算所必需的范围内。在喀斯特地区，渗漏不严重地段的水文地质测绘可结合水库的地质测绘进行，对严重渗漏地段应进行专门的水文地质测绘，比例尺也可选用 1∶1 万～1∶2000，测绘范围包括分水岭两侧可能渗漏通道的进口、出口部位与渗漏评价有关地段。对与评价渗漏有关的主要溶洞、漏斗、落水洞、地下河及喀斯特泉等应测绘其位置、高程、流量和延伸的情况。

2）物探。对非喀斯特地区，宜采用物探方法探测渗漏（层）带的位置，勘探剖面线应垂直或平行于可能的渗漏方向布置，剖面线的位置、数量应根据渗漏层（带）的类型、产状和渗漏地段宽度而定，并应注意不同地貌单元和水文地质条件的代表性。在喀斯特或断层破碎带发育强烈的地区，宜采用综合物探方法探查喀斯特或断层破碎带的空间分布、岩体的汇水特征、地下水位和强透水带的位置。物探范围和剖面数量可根据地段的重要性和喀斯特复杂程度确定。

3）钻探。对非喀斯特地区，当水文地质条件复杂时，可布置钻探，钻孔的数量和孔距可根据水文地质情况确定，钻孔的深度应进入相对隔水层或当地河流枯水位以下10～15m。在喀斯特严重渗漏地段应垂直和平行可能的渗漏方向布置勘探剖面，剖面线上的钻孔不宜少于3个，其中地下水分水岭最低处附近宜布有1个孔。钻孔深度应进入相对隔水层，或穿越强喀斯特发育下限，或穿越本区常年最低河水位（含临谷水位）以下适当深度。在深喀斯特或有越流渗漏的地区，孔深可根据需要确定。

4）水文地质试验。在非喀斯特地区，对钻孔的地下水位应进行动态观测，对设计蓄水位以下的钻孔，应分段或分层进行压水（或注水）试验，在第四系透水层地下水位以下宜进行抽水试验。

在喀斯特地区，各钻孔在设计蓄水位以下应进行压水试验或注水试验；还应进行连通试验，以查明喀斯特洞穴间的连通情况和地下水补给、径流、排泄条件，还应进行地下水位长期观测。对多层含水层的钻孔应分层隔离进行同步观测；对与渗漏评价有关的地表水点及主要喀斯特水点，应同步进行水位、流量等的观测，观测期应不少于一个水文年或一个丰水、枯水季。在喀斯特地下水流比较复杂地区或在研究喀斯特水形成的地球化学环境时，宜对地表水点、地下水点进行采样作化学分析，试验项目可根据研究目的选定。必要时，可进行堵洞试验、地下水氚含量分析、洞穴充填物破坏等专项试验。

3.1.2.4 技施设计阶段

技施设计阶段的水文地质勘察应根据初步设计的审查意见和设计要求，为补充论证专门性水文地质问题而进行的勘察，其目的是对施工中出现各种水文地质问题提出处理建议，并对施工和运行期间的水文地质监测的内容、方法、布置方案及技术要求提出建议。

勘察内容：①复核库区的水文地质条件；②当施工开挖后出现渗漏及渗漏稳定性问题时，要确定渗漏的分布范围、规模、深度及透水岩（土）层的渗透特性，评价渗漏及渗漏稳定性对工程的影响程度。

勘察方法：当需要查明出新出现的水文地质问题时，可进行水文测绘，比例尺可选用1∶500～1∶200，并根据具体情况布置钻探、物探、硐探和水文地质试验工作。

3.1.3 渗漏病险水库除险加固阶段的水文地质勘察

3.1.3.1 水库渗漏的原因

中国目前有众多病险水库急需治理，其渗漏的原因多样，归纳起来主要有以下几个方面：

（1）前期勘测工作投入不足，对坝基的地质情况没有查清，对特殊地层结构的坝基认识不够，没有对水库的渗漏及渗透变形做必要的处理或防渗措施选择不当。如有些水库建在软土地基上，大坝出现裂缝而发生渗漏；一些在平原区河谷修建的水库，因地层结构松散层，库水沿坝基上部的强透水层发生渗漏。如青海省互助县境内的南门峡水库，因其坝址坐落于厚度为 10～19m 的鹅卵石覆盖层上，基岩中多为石灰岩断层，节理裂隙发育，自 1983 年建成一期工程蓄水以来，渗漏一直是一项突出问题。

（2）施工质量差。如利用含砂砾高的砂土做坝体、土料填筑后夯压不实、坝基有渗漏通道，防渗工程做得不彻底等。如黑龙江省科洛河流域的板石沟水库，所用的筑坝材料主要为砂砾土料，透水性强，在土料填筑后夯压不实，分段填筑的接缝处未结合好，建后也未进行防渗处理，经过几十年的运行后，水库的溢洪道两侧的渗水已浑浊，由集中的渗水流发展成了管涌，坝体随时有坍塌的可能。

（3）地层的允许水力梯度选择不合理。如果对坝基地层允许水力梯度的研究不够充分，甚至许多工程都未做过，而是采用经验数据。如设计中采用的允许水力梯度偏大，就会使水库蓄水运行后坝基的实际水力梯度超过地层的允许水力坡降值，从而引起坝基渗透变形（管涌、流土等）。

（4）工程监测不健全，运行后管理不善。水库建成运行后，水库附属建筑物究竟有无病害，能否安全运行发挥效益，必须通过全面系统的监测工作来完成，特别是在前期地质工作调查不足的情况下，监测工作就显得尤为重要。如果监测系统不健全、管理不完善就很容易导致渗漏的发生。

（5）自然灾害引发。如 2005 年 8 月浙东南台州市玉环县山塘水库和双庙水库因受“海棠”和“麦莎”两次台风袭击，库岸山体疏松发生大渗漏。2008 年发生在四川汶川的“5.12”8.0 级的特大地震中，周边多处水库出现裂缝、滑坡、沉陷、变形、渗漏等险情，其中江油市出现病险水库 187 座（出险率 100%），其中的 25 座为重大险情水库；重庆市 23 个区（县）中有 79 座水库出险，其中 17 座发生渗漏。

3.1.3.2　水库的渗漏类型

根据《中小型水利水电工程地质勘察规范》（SL 55—2005）附录 E，病险水库的渗漏按渗漏的部位分类，有以下几种类型：

（1）土石坝坝体渗漏；

（2）非喀斯特坝（闸）基、坝肩渗漏；

（3）喀斯特坝（闸）基、坝肩渗漏；

（4）防渗帷幕渗漏；

（5）涵、洞渗漏。

3.1.3.3　除险加固阶段水文地质勘察的内容

病险水库的水文地质勘察包括为病险水库安全鉴定勘察和病险水库除险加固设计勘察两个方面。勘察时均应先系统地收集前期的勘察资料，在此基础上进行一些鉴定性和补充性勘察工作。按《中小型水利水电工程地质勘察规范》（SL 55—2005）附录 F，对除险加固的水库的勘察不需提交水文地质图。

1. 安全鉴定勘察的内容

坝址区的鉴定勘察包括：①调查坝基与坝体接触部位的物质组成及其渗透性，及坝体埋管、输水涵洞的渗漏情况，并对原防渗效果进行初步评价；②调查可溶岩坝基喀斯特发育情况及其对渗漏的影响；③调查坝基和绕坝渗漏的范围，渗漏量的动态变化及其与库水位的关系；④检查原防渗体的质量，初步分析渗漏原因和可能的通道。

病险水库中，土石坝坝体的渗漏最为常见，对土石坝坝体的鉴定勘察包括：①调查坝体填筑土的物质组成、渗透性等，评价填筑土的质量是否满足有关要求；②调查坝体的渗漏部位、处理情况与效果；③调查坝体的浸润线分布的高度及其与库水位之间的关系。

2. 加固设计阶段的勘察内容

对坝基和坝肩渗漏勘察内容有：①坝基、坝肩施工期未作处理的第四纪松散堆积层、基岩风化层的厚度、性质、颗粒组成及渗透特性；②坝基、坝肩断层破碎带、节理密集带的规模、产状、延续性和渗透性；③可溶岩区主要漏水地段或主要通道的位置、形态和规模，两岸地下水位低槽带与漏水点的关系；④渗漏量与库水位的相关性；⑤渗控工程的有效性和可靠性；⑥输水涵洞的漏水情况；⑦环境水对混凝土的腐蚀性。

如果是土石坝坝体发生了渗漏，则应调查：①坝体填筑土的物质组成、渗透性、填土中砂性土的位置、厚度及分层结合部的渗透参数；②坝体渗漏的部位、范围及其引发的其他不良地质现象，如开裂、沉陷等；③调查坝体的浸润线分布的高度及其与库水位之间的关系；④防渗体的渗透性、有效性及新老防渗体之间的结合情况；⑤反滤排水棱体的可靠性；⑥坝体下游坡渗水、渗漏部位、特征、渗漏量的变化规律及渗透稳定性；⑦坝体塌陷、裂缝、生物洞穴的分布位置、规模及延伸连通情况；⑧坝体与山坡结合部位的物质组成、密实性和渗透特性。

3.1.3.4 除险加固阶段水文地质勘察的手段

1. 水文地质测绘

如有必要，可在安全鉴定地质测绘的基础上进行补充修编。测绘范围应包括渗漏通道及其进出口地段。山区水库应包括库区周围的分水岭及邻谷，平原地区则应包括正常高水位以上的第一级阶地；测绘比例尺可选用1：1000～1：500。

在岩溶地区，凡能追索的岩溶洞穴都应进行测绘；对严重存在岩溶渗漏的地段，测绘的比例尺可采用1：10000～1：2000（库区）及1：5000～1：1000（坝址）。

2. 水文地球化学调查

地下水的化学特征能反映许多地下水的流动信息，如利用放射性同位素资料可以估算出地下水的年龄（获库水补给的地下水很年轻）。在岩溶地区，还可利用饱和指数可以了解地下水的循环速率（饱和程度低的地下水，其循环速度较快，获得大气降雨或地表水的补给量越多）。

陈波等（2005）在对贵州马官地下水库进行渗漏分析时，曾根据其库底隔水层内的地下水水化学类型、矿化度、电导率等水化学特征与灰岩含水层相差很大来判定其库底隔水层已有效地阻止了库水向底部渗漏。同时，陈波等人还根据水库渗漏点的各种常规离子浓度均高于库水的事实分析认为，这是由于库盆内的软物质（岩层）逐渐被渗漏水侵蚀所致。并由此推断，随着水库蓄水年限的增长，水库的渗漏通道将变大，渗漏量也会加大。

3. 钻探和地球物理勘探

钻探工作一般结合地质勘探进行。勘探剖面线应根据水文地质结构和地下水的分布情况，并结合可能的防渗处理方案作布置。在多层含水层结构区，各可能渗漏的岩组内不应少于两个钻孔，钻孔应进入隔水层或枯水期地下水位以下一定深度；喀斯特区钻孔的深度应穿过喀斯特强烈发育带。

地球物理勘探对查明渗漏通道有很好的效果。中国地质科学院水文地质环境地质研究所曾在深圳罗屋田水库渗漏勘察中利用了井间地震波 CT 技术，来确定主要的渗漏通道与渗漏点位置，为其渗漏治理及水库扩容提供科学的地质依据。桂林市水利电力勘测设计研究院等单位曾利用充电瞬变电磁法、瞬变电磁法进行探测，通过对异常的分析、解释及推断，确定桂林市郊官庄岩溶水库漏水通道的异常范围，并布置钻孔对异常带进行验证，为堵漏设计提供可靠的依据。

4. 水文地质实验

防渗线上的钻孔应进行压（注）水试验，并应收集钻进过程中的水文地质资料。第四纪地层中的钻孔，应在钻进过程中观测地下水位，并应划分含水层和隔水层，主要含水层应布置抽水试验，测定渗透系数，还应取水样进行水质分析。

土石坝坝体应结合钻孔分层取原状样进行室内渗透试验，喀斯特洞穴冲填物也应取样进行室内颗粒级配实验和渗透实验。

喀斯特发育区应进行连通试验，以查明喀斯特洞穴与漏水点间的连通关系。示踪试验是研究岩溶连通性的直接方法，以往多采用食盐或染料作为示踪剂，对于大型渗漏或复杂渗漏问题研究受到限制。目前，国内外探索用微量元素及环境同位素进行示踪研究。王建强等人则利用荧光素示踪剂进行连通试验调查湖北省三河水电站（岩溶地区）的水库渗漏，试验结果认为，连通试验能较好地揭示研究区地下水的流向、流速、地下岩溶与裂隙的发育情况、地表径流与地下水之间的水力联系，是岩溶地区水库渗漏勘察的有效手段之一。

5. 地下水动态观测

在可能发生渗漏的地段应利用已有的钻孔或水井进行地下水位观测，对重点地段宜埋设长期观测装置，对地下水动态进行观测。各可能渗漏的岩组内不应少于两个观测孔，观测时间应不少于一个水文年。观测内容除常规项目外，还应观测降雨时的洞穴涌水和流量情况。

工 程 实 例

1. 工程概况

胡家坟水库位于云南省曲靖市麒麟区茨营乡胡家坟村，距曲靖市区 33km，流域位于东经 103°56′48″～103°56′58″，北纬 25°25′22″～25°25′28″。地处珠江流域西江水系南盘江上游支流的龙潭河源头。属云贵高原丘陵典型的喀斯特地貌，具有高原山地与盆地相间的地貌特征。区内北东、北北东向断裂构造发育，北西向断裂构造次之，成为该区地貌格局的控制因素。该区地势北、西、东三面高，南部低，最高点为水库西北部，高程 2058m，最低点为坝址区下游，高程约 1905.4m。山岭大致呈北东、北北东向延伸，与区域主构造线基本一致。

库区灰岩广布，地质构造较复杂，发育一顺河向断裂，断层断于二叠系栖霞、茅口组（P1q+m）浅灰、灰白色泥晶骨屑灰岩内，基本呈南北向展布，长约1km，为一逆断层，在库区转为北西—南东向，倾向246°，倾角约68°，自大坝河槽处穿过。库区岩层产状紊乱，陡倾角裂隙发育，两岸岩层破碎，溢洪道出口附近并见有角砾岩，断层沿线喀斯特极为发育，见有地下暗河、溶洞、落水洞、竖井等，无充填。在大坝左岸测得灰岩产状为223°∠39°，大坝右岸测得灰岩产状为141°∠17°。

根据1：400万《中国地震动参数区划图》（GB 18306—2001），工程区的地震动峰值加速度为0.15g，地震动反应谱特征周期为0.45s，相应地震烈度为Ⅶ度。该区处于构造稳定区内，区域稳定性好。

胡家坟水库流域处在低纬度高原，属亚热带季风气候区。夏秋季阴雨日数多，降水集中；冬春季节晴天多，日照足，温暖干燥。多年平均气温14.5℃，最高气温33.7℃，最低气温12.9℃，多年平均日照数为2008h，多年平均无霜期240d。多年平均风速为15m/s，历年最大风速为20m/s。一般年份汛期始于5月中旬，10月下旬结束，汛期降水量占全年降水量的87%左右，多年平均降水980mm，年最大降雨量1354.7mm（1965年），年最小降水量691.8mm（1958年）。暴雨降水历时短，强度大，单点暴雨突出，易形成洪涝灾害。

2. 工程施工中存在的问题及处理

（1）对右岸0+116.90～0+120.10m断层破碎带补做钻探水文地质勘察，重新对断层进行防渗设计，设计批复以后对断层进行灌浆处理，停工两个月。

（2）项目在具体施工中，由于工程所处环境及地质条件发生变化，导致实际施工工程量大于合同工程量；溢洪道工程基础开挖时，遇破碎带，设计增加基础断面，增加碎石垫层，实际开挖工程量比设计大。

（3）大坝灌浆先导孔施工时，部分孔终孔段压水实验未满足设计要求，增加孔深，工程量增大；断层灌浆处理较原设计缩小孔距，工作量增大。

3. 工程事故分析

从工程施工中遇到的以上主要事件中可以看出，造成这些事故发生、工程量增大、工期延误，主要是由于在进行水文地质勘察时，勘察不仔细造成的。可见在水库建设、病险水库渗漏处理中进行水文地质勘察的重要性。

任务3.2 库区浸没的水文地质勘察

水库蓄水后使库区周围地下水位上升，导致地面盐碱化、沼泽化及建筑物地基条件恶化等后果，这种现象称为“浸没”。库区“浸没”是地下水的作用结果，是由水库蓄水引起的。

3.2.1 水库浸没造成的灾害

（1）两岸地下水的水位被抬高，出现土地沼泽化、盐碱化，农作物和果树烂根、减产甚至死亡；部分房屋因地下水位抬高，地基承载力下降，地基沉陷、基础下沉，墙壁出现开裂或倒塌。

（2）在库水的顶托作用和上游的严重水土流失影响下，河道出现大量的泥沙淤积，河床淤高，变为“地上悬河”。

（3）两岸潜水或承压水位相应壅高，地下水的水力梯度由陡变缓，地下水的流速缓慢甚至出露于地表，形成更大的浸没区。

（4）由于地表水排水的出口淤高，地表水排水不畅而形成内涝，造成浸没区内道路翻浆破坏、行车困难。

以上灾害如不能及时得到有效治理，浸没灾害必将进一步发展。

3.2.2 库区浸没发生的条件

（1）库区周围有透水岩土体。只有在透水的岩石和第四纪松散堆积物中才会发生浸没，而不透水的岩（土）层就没有这个问题。

（2）库区周围地形存在低洼地。库区周围地形比较平坦的，特别是洼地地段一般浸没较为严重，如平原型水库的下游低洼地、沼泽地的边缘、阶地与洪积扇相接的阶地后缘等。

（3）库区周围的水文地质条件。浸没易出现在地下水位埋藏较浅的库岸地段，或地表水和地下水排泄不畅、补给量大于排泄量地段。

（4）位于库区周围的地下建筑物。高程接近或低于水库正常高水位的建筑物易遭到浸没危害。

3.2.3 库区浸没水文地质勘察

拟建库区的浸没的水文地质勘察应分阶段进行，根据《水利水电工程地质勘察规范》（GB 50287—99）规定执行。

3.2.3.1 规划阶段

勘察内容：调查库区周围的地形及水文地质条件，以了解水库建成后库区周围是否存在浸没的威胁及浸没范围。

勘察手段：当水库可能存在浸没时，应以水文地质测绘为主。测绘比例尺可选 1∶10 万～1∶5 万，在可溶岩地区，测绘比例尺可选 1∶5 万～1∶2.5 万。当初步判定库区存在浸没时，可根据需要布置少量勘探。

3.2.3.2 可行性研究阶段

勘察目的：调查库区周围的地形及水文地质条件，预测水库的浸没范围。

勘察内容：①水库周边的地形地貌特征；②地层结构及其岩性，基岩或相对隔水层的埋藏条件，地下水位以及地下水的补排条件；③区域地质构造、断裂的发育特征（研究库水的渗漏通道）；④潜水含水层的厚度，含水层的颗粒组成、渗透性、给水度、饱和度、易溶盐含量、土的物理力学性质等参数（这些指标与地基承载力下降原因有关）；⑤主要农作物种类、根须层厚度、有关地下水位以下毛管水上升带的高度、临界地下水位的实验观测资料，地区土壤盐渍化和沼泽化的历史及现状；⑥喀斯特区水库邻近洼地的分布、高程、喀斯特发育与连通情况、地表径流与地下水的排泄条件、地下水位与河水或库水的水力联系等；⑦预测可能的浸没范围。

勘察手段如下：

（1）水文地质测绘。当库区周围存在浸没威胁时，应进行水文地质测绘，其比例尺可选用1∶5万～1∶1万。测绘范围包括水库正常蓄水位以下可能的浸没区所在的阶地后缘或相邻地貌单元的前缘。

（2）物探。应根据地形、地质条件，采用综合物探方法，探测库区可能发生浸没区的地下水位、地下水流速与流向、隔水层的埋深、古河道和喀斯特通道以及隐伏的大断层破碎带的埋藏和延伸情况等。

（3）勘探。库区勘探剖面线和勘探点的布置应垂直于库岸或平行于地下水的流向布置。勘探点宜采用钻孔或试坑，试坑应挖到地下水位，钻孔应进入相对隔水层。

（4）水文地质测试。可能发生浸没的地段应利用已有钻孔和水井进行地下水位观测。重点地段宜埋设长期观测装置，进行地下水动态观测，观测时间不应少于一个水文年。

3.2.3.3 初步设计阶段

1. 勘察内容

（1）调查浸没区的地形地貌特征，丰水季节地表渍水及其消泄情况。

（2）查明土层成因、层次、厚度、颗粒组成和下伏基岩或相对隔水层的埋深。

（3）查明各土层的渗透性、地下水位埋深和变化规律，及地下水的补给、排泄条件。

（4）查明土的毛管水上升带高度、给水度、土壤含盐量、浸没区植物种类和根系深度、建筑物的基础型式及埋深，确定产生浸没的地下水临界深度。

（5）预测浸没区的范围。对水库浸没引起的盐渍化、沼泽化对农作物、矿产资源、建筑物和交通线路等的危害作出评价。对防治措施提出建议。

（6）当地面高程低于水库蓄水位时，查明防护区的水文地质条件，评价防护区的浸没及防护工程地基的渗透稳定性，对结合防治浸没的处理措施提出建议。

2. 勘察方法

（1）水文地质测绘。比例尺可选1∶5000～1∶1000，测绘范围应包括全部可能浸没区的影响区。

（2）钻探。并应垂直库岸或平行地下水流向布置剖面线。剖面线间距：农业地区为1000～2000m，城镇地区为500～1000m。勘探点宜用钻孔或试坑，每一剖面线上不宜少于3个勘探点。在可能浸没区靠近水库设计蓄水位边线附近、建筑物密集区等应有钻孔或试坑控制，试坑深度应达到地下水位，钻孔深度应进入可靠的相对隔水层或可溶岩层中的非喀斯特化岩层。

（3）水文地质测试。通过室内试验和野外试验测定土的渗透系数、饱和度、毛管水上升高度、土壤含盐量和地下水化学成分等。主要土层的物理性质和化学成分试验组数累计不应少于5组。对面积较大的重要浸没区，可根据需要利用剖面上的坑孔建立长期观测网，观测内容应包括地下水位、水化学成分、土壤含盐量。观测期不应少于一个丰水、枯水季节或一个水文年。

任务3.3　坝（闸）址区水文地质勘察

坝（闸）址区常见的工程地质问题有绕坝渗漏、坝基渗漏、坝基渗透变形、坝基岩体滑动、坝基压密变形、坝肩附近岩体自然坡的稳定、施工基坑的涌水、大坝下游的冲刷、土质坝身渗漏、坝体沉陷、土质或堆石坝坡的稳定等问题。这些问题均直接或间接与地下水的活动有关，因此，坝（闸）址的水文地质勘察很重要。

3.3.1　拟建大坝坝址的水文地质勘察

拟建大坝坝址的水文地质勘察与其工程地质勘察结合进行。根据《水利水电工程地质勘察规范》（SL 55—2005）规定，各阶段坝址的水文地质勘察内容和手段如下。

1. 规划阶段水文地质勘察

（1）勘察任务：了解各规划方案坝（闸）址区的水文地质条件，分析建坝（闸）的可能性。

（2）勘察内容：各梯级坝（闸）址区的勘察应包括下列内容：①了解坝（闸）区地层岩性、覆盖层厚度、岩体风化层的深度和各岩土层的渗透性；②了解坝（闸）地质构造、主要破碎带的分布、位置、产状和性质；③了解强透水岩土体、强喀斯特化岩层及溶蚀带、古河道、古冲沟等可能与库外连通的通道及通道的延伸情况。

（3）勘察方法：①水文地质工程地质综合测绘：近期开发的工程应进行坝（闸）址区水文地质工程地质综合测绘，比例尺在峡谷区可选1：5000～1：2000，丘陵平原区可选1：1万～1：5000，测绘范围应包括各比较坝（闸）址及坝（闸）址附近可能渗漏的岸坡地段。当各比较坝（闸）址相距较远时，可分别进行测绘；②勘探：各梯级坝（闸）址应有一个代表性勘探剖面，并宜用地面物探方法勘察；近期开发的工程应布置钻探，钻孔的布置根据水文地质工程地质复杂程度而定。河床、两岸及对规划方案成立影响较大的水文地质条件复杂的地段，应有钻孔控制。

2. 可行性研究阶段水文地质勘察

可行性研究阶段的水文地质勘察是在选定的规划方案的基础上进行，为选定的坝（闸）址、推荐基本坝型、枢纽布置等进行水文地质论证。

（1）勘察的主要任务。调查特定坝（闸）址区的水文地质条件，对有关的主要水文地质问题作出初步评价。

（2）勘察内容。一般岩基坝（闸）址区的勘察内容：①初步查明河谷地形地貌、两岸冲沟和低垭口发育状况，及河床深槽、埋藏谷、古河道等的分布；②初步查明第四纪沉淀物的厚度、成因类型、组成物资及分布情况；③初步查明地层岩性及其分布，特别是主要断层、破碎带、缓倾角结构面及节理裂隙的分布、性质、产状、规模、充填物和胶结情况，并初步分析各类结构面及其组合对坝（闸）基的稳定性和渗漏的影响；④初步查明坝址区的水文地质条件，重点是岩土层的渗透性，相对隔水层的埋深、厚度和连续性，两岸地下水水位、补排条件、环境水的腐蚀性。

可溶岩坝（闸）址区的勘察内容：①初步查明河谷地形地貌、两岸冲沟和低垭口发育状况，及河床深槽、埋藏谷、古河道等的分布；②调查喀斯特的发育规律和分布情况，主要是溶洞和喀斯特通道的规模、分布、连通和充填情况；③调查岩溶水文地质条件，相对隔水层的分布、厚度及其延伸性，初步分析可能发生渗漏的地段、渗漏类型及其严重程度，对处理方案提出建议。

土基坝（闸）址区的勘察内容：①调查河谷地貌特征、阶地类型及地质结构，初步查明各阶地的接触关系和古河道、古冲沟、古塘、决口口门、沙丘等的埋藏、分布情况；②初步查明各类土的性质、成因、厚度、分布、颗粒组成及渗透特性；③对地震峰值加速度在0.1g及以上地区的饱和无黏土、少黏砂土地基的震动液化问题进行初步评价；④初步查明透水层和相对隔水层的埋藏条件、渗透及渗透稳定性、各透水层间的水力联系，地下水与地表径流及潮汐的水力联系、补排关系、地下水位及其变幅、地下水水质及土的化学成分等，必要时应研究地下水的流向；⑤初步查明基岩浅埋及利用基岩作防渗依托的坝（闸）址基岩的埋深、风化程度和渗透性。

软质岩坝（闸）址区的勘察内容：①初步查明河谷地形地貌、两岸冲沟和低垭口发育状况，及河床深槽、埋藏谷、古河道等的分布；②软质岩风化、软化、泥化、崩解、膨胀、抗冻、抗渗等特性，初步评价坝基沉陷和抗滑稳定性。

（3）勘察手段如下：

1）水文地质工程地质综合测绘。测绘比例尺可选用1：5000～1：1000。测绘范围包括各比较坝（闸）枢纽、有关建筑物及其下游冲刷区在内。当各比较坝（闸）址相距较远时，可单独测绘。

2）物探。物探应根据坝（闸）址区的地形、地质条件等确定。物探剖面线应结合钻探剖面线布置，覆盖型可溶岩坝（闸）区、宽敞河谷深厚覆盖层和软质岩基坝（闸）址区宜布置物探探测网格，并充分利用钻孔进行综合测试。各比较坝（闸）址区至少应布置一条代表性勘探剖面，必要时可增加勘探剖面。

3）钻探。各比较坝（闸）址区至少布置一条代表性的勘探剖面，勘探剖面上应有坑、孔控制，勘探点间距50～150m，河床及两岸坝肩部位也应布置钻孔；必要时，两岸宜布置勘探平硐。岩基坝（闸）址区代表性勘探剖面上河床部位的钻孔深应为1～1.5倍坝高，两岸岸坡上的钻孔应进入相对隔水层或稳定的地下水位以下。在可溶岩地区，控制性钻孔应深至地下水位以下一定深度。有特殊要求的钻孔，其深度可按实际情况确定。在土基坝（闸）址区，每个不同工程地质单元应有钻孔控制，一般钻孔深度宜为1～1.5倍坝高。当坝（闸）基下分布有强透水层或深厚软土层时，钻孔应深入坚实土层一定深度或基岩相对隔水层5～10m。

4）水文地质测试。坝（闸）址区的基岩钻孔应分段进行压水试验，并应收集钻进过程中的水文地质资料。可溶岩区根据需要进行连通试验。在土基坝（闸）址区钻探时，应分层观测地下水位，还应取河水、地下水样作腐蚀性分析，评价其对混凝土的腐蚀性；对主要含水层应布置抽水试验或注水实验。

3. 初步设计阶段水文地质勘察

初步设计阶段是在可行性研究阶段所选定的坝址的基础上进行的，是为选定的坝（闸）址、坝型和其他建筑物、枢纽布置进行水文地质论证。

（1）勘察任务。查明坝（闸）址区的水文地质条件，为选定的坝址提供水文地质资料与建议。

（2）勘察内容。一般的岩基坝（闸）址区，勘察内容包括：①查明河床及两岸覆盖层的厚度、组成物质、分布情况及其透水性；②查明坝（闸）址区地层岩性，地质构造和节理裂隙的发育特征；③查明断层破碎带、节理密集带的具体位置、产状、规模、充填物的形状和透水性；④对于土石坝岩基，应评价其防渗体变形及渗透稳定的影响；查明坝（闸）址区的水文地质条件、进行岩体渗透性分级、查明相对隔水层的埋藏深度，提出防渗处理建议。

可溶岩基坝（闸）址区，除上面内容外，还应重点查明：①坝基喀斯特形态的类型、特征、分布位置、规模、发育规律，主要溶洞和渗漏通道的空间分布、连通性和充填物的性状、充填程度、渗透稳定性及其对坝基（肩）渗漏与稳定的影响；②坝址水文地质结构类型，喀斯特地下水的赋存特点、水动力特征，喀斯特地下水与河水的关系，以及河谷的水动力条件；③相对隔水层的岩性组合特征、厚度、延伸分布、受构造破坏情况及顶板、底板附近的溶蚀情况，并对相对隔水层的可靠性作出评价。

在喀斯特发育调查时，需要根据钻探资料确定出：①钻孔遇到岩溶的频率（面岩溶率）、遇到溶洞的个数；②溶洞高程的分布情况，溶洞的高度、规模、走向、连通性、溶洞内的充填程度及其充填物的颗粒组成；③根据孔内水位的变化受河水位起伏的影响程度，判断溶洞地下水和地表水的连通性。

对软质岩基坝（闸）址区，除了与一般的岩基坝（闸）址区的勘察内容相同外，还宜重点查明软岩层的风化、软化、崩解、膨胀、抗冻、抗渗的稳定性。

对土基坝（闸）址区，勘察内容应包括：①查明场地的地形地貌特征、阶地类型及结构、古河道、暗滨、古冲沟、决口口门、沙丘、地下洞穴、地下坑穴、埋藏谷等具体的位置、范围及埋深；②查明坝（闸）址区土层的分布、成因，重点查明粉细砂、软土、湿陷性黄土等的分布、厚度；③对地震震动峰值加速度在 0.1g 及以上地区，应对饱和无黏性土、少黏性地基土的振动液化作出评价；④查明坝（闸）址区透水层、相对隔水层的埋深、厚度、分布范围、地下水位及其变化规律，各透水层（带）的渗透系数及允许水力坡降；⑤调查坝（闸）前库区表层土的性质、分布、厚度、颗粒组成、渗透性基渗透稳定性，研究其作为天然铺盖防渗的可能性；⑥查明岩溶塌陷或土洞、膨胀土胀缩性等不良地质作用的分布情况，评价其对工程的影响；⑦查明基岩浅埋区河床和两岸基岩的埋深与风化深度，基岩面的起伏变化情况及防渗线部位基岩的透水性。

张家发等人对三峡大坝坝址区花岗岩全风化带的渗透性进行研究时，曾进行了室内试验及现场测试。其室内试验包括对原状样和扰动样的水分特征曲线分别进行分析，用原状样和扰动样分别进行达西试验（渗透试验），求得其饱和渗透系数。现场测试是进行现场的降雨入渗试验，求得了该区地表的渗透系数。宋汉周等人（1997）根据某坝址不同部位水溶液中碳酸盐类物质的饱和指数的来研究相应部位的渗流状态，他们发现在渗流较大的地段，地下水的饱和指数 SI 较小，呈不饱和态；而在径流滞缓地段 SI 较大，呈饱和态。

（3）勘察方法：

1）水文地质测绘。测绘比例尺可选用 1：1000～1：500，测绘范围包括枢纽所在位置及坝间等可能存在渗漏的部位。对于土基坝（闸）址区，比例尺宜为 1：2000～1：500，测绘范围包括坝（闸）址区及附近所有水工建筑物场地、坝肩绕渗部位和下游冲刷淤积区。

2）物探。一般岩基坝（闸）址区，勘探剖面线应根据具体的地质情况结合建筑物的特点布置。对土石坝岩基，宜沿大坝防渗线或坝轴线布置。对混凝土坝，应沿坝轴线布置。辅助线可根据建筑物的位置和需要而定。溢流坝段、厂房坝段、过坝建筑物等应有代表性勘探剖面。宜采用地震、声波、孔内电视及综合测井等物探方法探查结构面、含水层和渗漏带的位置。在可溶岩基坝（闸）址区，各孔（洞）间宜进行无线电波透视或地震波穿透及成像技术测试。

3）钻探。结合地质勘探进行。一般岩基坝（闸）址区，沿勘探剖面线除布置物探、坑（槽）探外，主勘探剖面线的河床及两岸应有钻孔控制，钻孔间距不应大于50m，钻孔深度进入相对隔水层不应小于10m。当坝基的相对隔水层较深时，孔深不应小于1倍坝高或闸底宽度，两岸钻孔孔深应达到河水位以下或枯季地下水位以下。辅助勘探剖面的钻孔深度可根据需要确定。

在可溶岩基坝（闸）址区，主勘探剖面钻孔间距宜位 30～50m。河床部位钻孔深度应进入相对隔水层或弱喀斯特化岩层；岸坡部位钻孔深度在平原区宜与河床钻孔的深度相同；峡谷区控制性钻孔的深度应达到河床底基岩面以下 10m。高山峡谷区，岸坡部位可采用硐探，必要时，利用探硐布置钻孔。对重要的水点和洞隙可进行平硐或井探追索。

对于土基坝（闸）址区，宜沿建筑物的轴线或防渗线布置主勘探剖面线，必要时，可布置辅助勘探剖面线。各勘探剖面线应用物探方法探查，并应有坑探和钻孔控制。当基岩的埋深小于1倍坝高或1倍闸底宽度时，钻孔深度应进入基岩相对隔水层；当基岩埋深很大时，钻孔深度宜位建基面以下 1.5 倍坝高或 1.5 倍闸底宽度。在钻探深度内如遇有对工程不利的特殊土时，还应有一定数量的控制性钻孔，钻孔深度应能满足渗透计算要求。

4）水文地质试验。在一般岩基坝（闸）址区，钻孔应分段进行压水试验或注水试验，在钻进中遇到承压水问题时，应测定顶底板位置、初见水位、稳定水位、水温和流量。当坝基存在规模较大的胶结较差的顺河断层破碎带和软弱夹层时，宜进行大于设计水头的渗透试验。应取地表水和地下水样进行水质分析，评价其对混凝土的腐蚀性。必要时，应对钻孔进行地下水位长期观测。

在可溶岩基坝（闸）址区，主要含水层和洞隙渗漏带宜进行抽水试验和连通试验，必要时还应进行地下水动态长期观测，对多层含水层应分层进行观测。观测点应包括钻孔、井和主要地表水点。对坝基下洞隙内的充填物，宜取样进行颗粒分析、渗透性和渗透稳定性试验。必要时应进行帷幕灌浆试验。

对于土基坝（闸）址区，土层的渗透系数和允许渗透比降宜由室内试验结合工程地质类比法提供，对坝（闸）址有影响的主要含水层宜进行抽水试验或注水试验，必要时宜进行渗透变形试验。对河水、地下水、土体应取样进行腐蚀性分析，试样数量不应少于 3 件。对地震动峰值加速度位 0.1g 及以上的坝（闸）址区的可液化土层，应进行标准贯入试验。

对软质岩基坝（闸）址区，应进行岩石软化、冻融、崩解、膨胀等试验，并不少于6组。

4. 技施阶段水文地质勘察

技施阶段的水文地质勘察应根据初步设计的审查意见和设计要求，为补充论证专门性水文地质问题而进行的勘察。该阶段的勘察内容、勘察方法与库区渗漏的相同，在此不再赘述。

3.3.2　坝基砂土液化及主要勘察手段

坝基砂土液化是指饱水砂土在受到震动时，由于孔隙水压力和动水压力急聚增大，砂土由固态变为流态，承载力急剧降低的现象。

影响砂基液化的因素主要有：①砂土的粒度成分。易发生液化的是粒径比较均一、含黏粒少的粉砂或细砂。②砂的密度。疏松的砂易液化。③砂层上覆盖层的压力。砂土埋藏越深，承受的压力越大，越不易发生液化。④地震的强度和持续时间。震级越大、持续时间越长，砂土越容易发生液化。

如果坝址区覆盖层是由粉砂、粉土组成的（如中国沿黄地区），由于它们在振动作用下易形成离析现象。依据《建筑抗震设计规范》（GB 50011—2001），必须对场地砂土液化性作出综合评价。

对液化地区土层的勘察手段的主要是：①利用钻探查明地层结构及分布规律；②利用标准贯入试验确定地基土承载力、变形参数及判别场地砂土液化参数；③室内试验，以确定出地基土的黏粒含量指标，为砂土液化判别提供准确依据。

任务 3.4　岩溶区水文地质勘察

3.4.1　勘察内容

（1）岩溶地貌发育特征及与邻近河流之间的关系，可能出现渗漏的低邻谷高程、距离，河弯捷径长度，本河流裂点及下游排泄基准面高程、距离等。

（2）新构造运动特点及其对岩溶发育的控制作用。褶皱、断裂性质及空间展布情况。

（3）岩溶特征、规模、分布、发育规律，岩溶洞穴类型、规模、充填物及其空间分布规律，延伸性及贯通性，岩溶发育随深度的变化情况等。对岩溶化岩组进行分类，岩溶化岩组分类应符合表 3.2 的规定。

表 3.2　　岩溶化岩组分类表

碳酸盐岩层组类型	CaO/MgO	比溶蚀度	岩溶发育强度	岩溶化岩组类型	富水性
连续型石灰岩类型	≥10	>1	地表，地下岩溶很发育；岩溶地貌形态典型，个体岩溶形态发育，正负地形高差大，岩溶洼地密度常大于 15 个/km^2，地下岩溶常见规模较大的岩溶管道，地下河系	强岩溶化岩组	强

续表

碳酸盐岩层组类型	CaO/MgO	比溶蚀度	岩溶发育强度	岩溶化岩组类型	富水性
连续型白云岩类型、夹层型云灰岩类型、次纯石灰岩类型	1～10	<1	地表岩溶较发育，岩溶地貌形态典型，正负地形高差小，负地形多为不平坦谷地及叠状浅洼地，发育密度 5～15 个/km^2，地下发育有规模较小的溶洞，岩溶管道及地下河	中等岩溶化岩组	中等
互层型不纯碳酸盐岩类型、夹层型不纯碳酸盐岩类型	—	—	地表岩溶形态由溶蚀型向侵蚀型过渡，有小规模溶洞、落水洞，个体发育形态密度不大于 5 个/km^2，地下局部有岩溶管道发育	弱岩溶化岩组	弱

注　变质碳酸盐类地区可参照表 3.2 进行相应分类。

（4）相对隔水层的岩性组合特征、厚度、延伸分布及其封闭条件；可溶岩沟通库内、外或坝址上、下游，组成统一的岩溶含水系统情况。

（5）岩溶含（透）水层的类型及其富水性、透水性。岩溶含水层类型划分应符合表3.3的规定。

表 3.3　岩溶含水层类型表

类　型	图　式	基　本　特　征
均一含水层	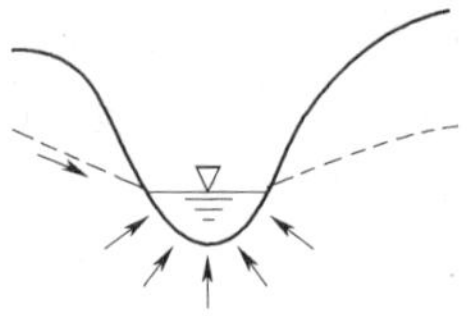	（1）岩溶一般较强烈、深度大、易发育深岩溶；（2）饱水带多形成统一含水层，并可能有岩溶管道
双层含水层	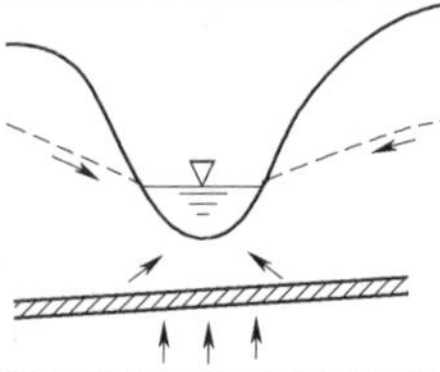	（1）上部岩溶发育较强，隔水层以下岩溶受到限制；（2）形成双层含水层，下部可能形成承压水
多层含水层	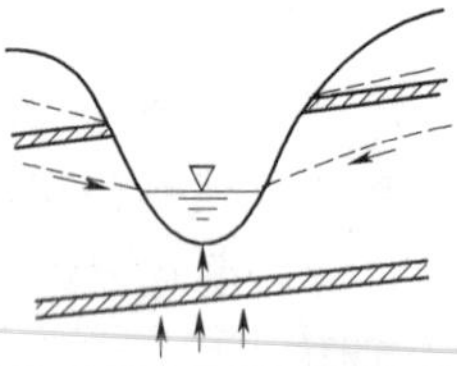	（1）受多层隔水层限制，深部岩溶明显减弱；（2）可形成多层岩溶含水层，有承压水或半承压水
混合含水层	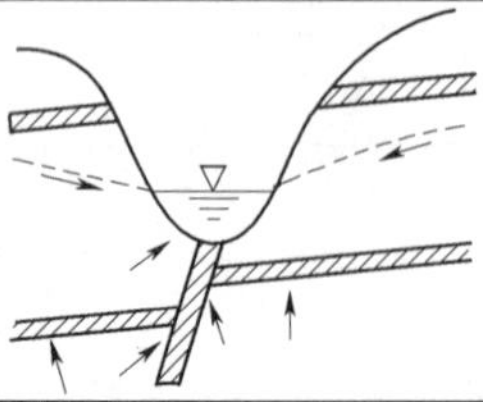	（1）常沿断层带附近发育深岩溶；（2）各岩溶含水层之间、地下水的联系较复杂

（6）岩溶水补给源、补给方式和渗流条件、形式。

（7）岩溶水流动系统的边界和水文地质结构特征、水动力特征。河谷岩溶水动力条件基本类型应按表 3.4 确定。

表 3.4　　河谷岩溶水动力条件基本类型表

岩溶水动力类型	水动力条件示意图	水动力特征	形成条件	实　例
补给型	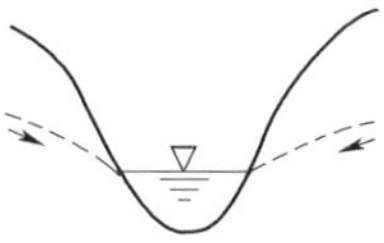	两岸地下水补给河水	(1) 河谷是当地的或区域的最低排水基准面； (2) 河谷的岩溶层不延伸到邻谷； (3) 两岸有地下水分水岭	乌江渡、天生桥、猫跳河大部河段，隔河岩等
补排型	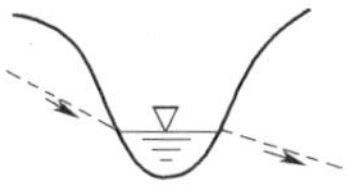	河流的一侧地下水补给河水，另一侧河水补给地下，向下游或邻谷排泄	一侧有地下水分水岭；另一侧有岩溶层延伸到低邻谷，且无地下水分水岭	黄河万家寨河段，贵州红岩电站库首、云南绿水河、齐齐河、以礼河披戛河段
补排交替型	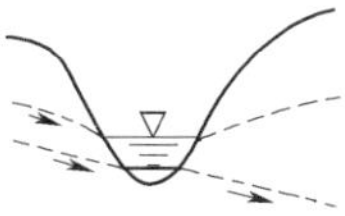	洪水期、地下水补给河水；枯水期，河水从一侧或两侧补给地下水，向外排泄	(1) 两岸和河床基岩岩溶发育，且有较近期发育的岩溶管道通往比本河段更低的排水基准面； (2) 本河段地下水位变动幅度大，洪水期为补给型河谷，枯水期为排泄型河谷	篆长河高桥河段、南斯拉夫特列比什尼察河中下游河段
排泄型	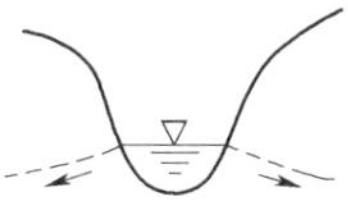	河水从两岸向外排泄，补给地下水	(1) 两侧有低邻谷，并有岩溶层延伸分布，且无地下水分水岭； (2) 两岸有强岩溶带或岩溶管道顺河通向下游，地下水位低于河水位	怒江明子山水库、窄巷口电站水库
悬托型	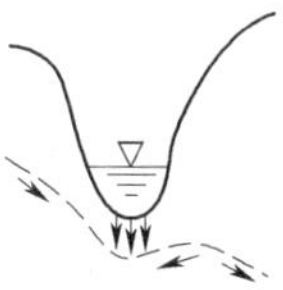	河床处，地下水位埋藏在河床以下深处；地下水与河水完全脱离分开，两者无直接水力联系	(1) 河床基岩岩溶发育，透水性强； (2) 岩溶地下水的排水基准面低； (3) 河床表层透水性弱，多见于高原河谷	云贵高原、水槽子水库、罗平湾子水库，漆水河羊毛湾河段，石川河桃曲坡河段，泾河东庄河段

(8) 地下水水位、流量、水质的动态变化规律，地下水分水岭位置、高程。地下水动态类型宜按表 3.5 确定。

表 3.5　　岩溶地下水动态类型表

类　型	地下水动态特征	岩溶发育特征
水文型	观测点（钻孔、溶洞、天窗、竖井等）地下水位动态变化统计特征值、历时曲线与河水位变化动态过程密切相关而与天气降水过程典线相关关系较差	一般反映岩溶发育并与河水位沟通，多见于岸坡地带；但当存在河间地块或河湾地段时，有可能存在排泄型或局部排泄型河谷地下水动力条件。应根据观测网点的最枯水位作进一步分析判断

续表

类　型		地下水动态特征	岩溶发育特征
气象型	对称状尖峰型	观测点岩溶地下水动态历时曲线对应于降雨历时曲线呈一系列近于对称状尖峰型	一般反映枯水季地下水位以上岩溶岩组中岩溶管道发育、岩溶发育
	尖峰状退水段折线型	观测点岩溶地下水动态历时曲线对应于降雨历时曲线是一系列不对称尖峰状，但每个峰形的退水段均存在一个变缓的折线段	一般反时折线拐点以上岩溶管道发育，拐点以下变缓段或岩溶发育较弱或管道被充填，具体应结合钻孔记录、压水试验资料及洞穴调查资料分析确定
	峰簇状台面型	观测点岩溶地下水动态历时曲线对应降雨历时曲线呈由若干小峰起伏状组成的台面型	一般反应岩溶发育弱，多为溶隙型
	迟缓型	观测点地下水历时曲线对降雨反映比较迟缓，滞后时间多大于 10 天，呈缓波状起伏	一般反应岩溶发育较弱

(9) 对岩溶渗漏及建筑物区渗透变形问题进行评价，提出防渗处理建议。

3.4.2　勘察方法

水文地质测绘应符合下列规定：测绘范围应包括水库、建筑物区可能出现的与岩溶水文地质问题有关的地区，测绘比例尺应符合《水利水电工程水文地质勘察规范》（SL 373—2007）附录 B 的规定；岩溶层组类型的划分应有实测岩性剖面，其比例尺应大于测绘比例尺的 5～10 倍。对重要岩性应有 5 组以上的磨片鉴定及矿化分析；典型岩溶洞穴调查应在航（卫）片解译及水文网法、洼地分析法判断等工作的基础上进行，调查内容应包括洞穴高程、方向、几何形态，洞穴内微地貌及沉积物等；分析地下暗河、溶洞、落水洞、竖井等与剥离面、阶地面的对应关系。

水文地质物探应符合下列规定：应采用综合物探的方法，物探方法的选择应符合《水利水电工程水文地质勘察规范》（SL 373—2007）附录 F 的规定；探测内容应包括地下水位，岩溶通道及隔水层埋深等。

水文地质勘探应符合下列规定：钻孔布置应兼顾观测网与数值模拟的需要，相对隔水层被断层切割或相变为可溶岩的地段、强岩溶渗漏带应布置控制性钻孔；河间地块、河弯地带等可疑渗漏带应布置勘探剖面，钻孔间距可为 50～200m；当无相对隔水层时，孔深应进入弱岩溶化岩体不小于 10m；对岩溶洞穴可采用平硐开挖追索。

水文地质试验应符合下列规定：钻孔进入正常蓄水位以下的岩体均应进行压（注）水试验，地下水位以下代表性地段宜进行抽水试验；坝址两岸及河床均应至少有一个钻孔，随钻进按孔深每 20～30m 测一次稳定的内、外管水位与相应时段河水位，并分层取水样 3 组以上进行水质分析，终孔一段时间后宜观测钻孔中地下水位并绘制曲线；钻孔钻进中遇承压水时应测定承压水头，当承压水头高出孔口时应进行涌水试验，并测量水温，取水样作水质分析；分水岭或岸坡钻孔遇重要洞穴时和有水注入的落水洞均应进行示踪试验；试验时应测定投放点与接收点的地下水位；示踪试验应符合《水利水电工程水文地质勘察规范》（SL 373—2007）附录 L 要求；有条件的地方，宜进行堵洞抬水试验，并布置相应观测网；对坝基中岩溶洞穴充填物应取样进行物理性试验、渗透变形试验，必要时进行破坏性压水试验，绘制 $P-Q$ 曲线。

岩溶区地下水动态观测网、点布设及观测工作应按《水利水电工程地质观测规程》(SL 245—1999)的有关规定执行。

3.4.3 岩溶区水库渗漏问题评价

关于岩溶区水库渗漏问题的评价，应根据地形地貌、地层结构、地质构造、岩溶发育程度及其空间分布规律、河谷岩溶水动力条件、地下水位等对岩溶区水库渗漏问题进行综合判定。岩溶渗漏基本类型应符合表 3.6 的规定。

表 3.6 岩溶渗漏基本类型

分类原则	类型		岩溶渗漏特征（条件）	备注
岩溶渗漏部位	Ⅰ	邻谷渗漏型	水库向一岸或两岸比正常蓄水位低的邻谷。包括向本河谷下游支流渗漏	渗漏距离一般较远，渗漏量的大小决定于有无管道贯通
		库首渗漏型	库水通过库首河弯地块，或与下游支流构成的地块向本河谷下游渗漏	渗漏距离一般较远，渗漏量的大小决定于有无管道贯通
		库底渗漏型	在排泄型与悬托型河谷中，库水通过库底向两岸或一岸的远方区域地下水排泄基准面的渗漏	多为垂直渗漏，渗漏量较大
		坝址渗漏型	沿坝基及两岸产生的坝基及绕坝渗漏	渗漏范围一般在坝前 1～2km 内
渗漏范围	Ⅱ	地下水位以上渗漏型	地下水位线以上的岩溶层渗漏取决于该范围内岩溶岩组的透水性	地下水位以下则岩溶不发育。该类型主要是与地质历史时期水文地质条件所控制的岩溶化程度有关
		地下水位以下渗漏型	该类型的渗漏条件比较复杂	综合性勘察方法和手段查找岩溶渗漏通道
渗漏介质	Ⅲ	管道型渗漏	岩溶管道的尺寸大于 20cm，连通性甚好，地下水流态为紊流	渗漏量大，管道呈线状分布。小型管道 20～100cm；中型管道 100～500cm；大型管道大于 500cm
		脉管型渗漏	由溶隙进一步溶蚀扩大而成，其宽度一般 5～20cm，平面连续性较好，地下水流态以紊流为主	渗漏量小，顺缝隙渗漏为主
		溶隙型渗漏	由构造裂隙经溶蚀后形成，宽度一般小于 5cm，平面延续性较好，地下水主要作渗流运动	渗漏量弱，以裂隙渗漏为主
		复合型渗漏	上述三种形式的两种或三种复合型	渗漏量大，管道呈网状分布，水力联系密切
渗漏影响	Ⅳ	影响水库效益渗漏	渗漏量大	
		影响建筑物安全渗漏	渗漏量大或小	

关于岩溶区水库渗漏问题、坝基和绕坝渗漏问题的判别应符合《水利水电工程地质勘

察规范》（GB 50287）的有关规定。

工 程 实 例

某水电站坝址区岩溶强烈发育，大坝、地下厂房、导流洞等主要建筑物均遭遇岩溶。岩溶给工程建设带来了诸多不利影响，如岩溶涌水、河水倒灌、围岩稳定等。工程实例中主要通过对岩溶发育特征的介绍，针对各建筑物特点，采取不同的工程处理措施。

（1）坝基岩溶：坝基开挖到位后对已揭露的岩溶管道、溶洞、岩溶带进行深挖后进行混凝土回填处理；对坝基、坝肩一定深度内未揭露的隐伏岩溶，先利用钻探与物探结合探明位置、规模后，再视情况进行挖填或灌浆处理。

（2）绕坝渗漏处理：针对坝基及两坝肩岩溶管道渗漏，进行防渗处理。两坝肩防渗线向上游偏折，接T1y1泥页岩进行封闭；坝基下无隔水层，只能为悬帷幕，帷幕下限至透水率小于1Lu岩体。

（3）地下厂房岩溶处理：先对地表K29落水洞及附近强岩溶裂隙带进行封闭，并设排水沟后，堵截近厂房区地表水流；封堵S－64、Sj－2岩溶管道及设阻水帷幕，防止河水倒灌；设封闭式防渗帷幕及多层排水洞、排水幕及排水设施，加强地下水堵排；岩溶破碎段，封堵空洞并加强支护。

（4）导流洞岩溶处理：隧洞尽量缩短，减少遭遇岩溶管道机率；将2号导流洞调整布置于右岸，并尽可能在枯水期施工；隧洞通过K31岩溶管道水凹槽带时，避开Kp1、Kp2、Kp3岩溶潭；K30、K31发育段，河边设阻水帷幕，内侧设截水帷幕及排水洞；岩溶管道水发育处考虑排水，以避免增加外水压力；加强衬砌。

（5）上游围堰K30岩溶的处理：结合导流洞内K30处理进行，在K30岩溶管道出口设置集水槽及排水孔，将岩溶水及承压水排泄出堰体外。

（6）经左岸导流洞K30、K31处理后，岩溶气爆将会消除，K12因离大坝较远，岩溶气爆对建筑物影响甚微，可不作特殊处理。

在我国覆盖型岩溶地区，地面塌陷的严重后果引起了各有关部门的关注；近年来，曾对此开展各种研究。国外亦非常重视岩溶地区的塌陷问题，美国在佛罗里达州专门成立了塌陷研究所，并于1984年10月召开了第一次国际性多学科的塌陷学术讨论会。导致塌陷的原因是多方面的，有因矿山和隧洞的疏干排水、供水源地抽水、爆破和机械振动以及采掘、地震、洞穴垮塌等所诱发，亦有因自然降雨或修建水库工程等引起的。其中岩溶水库区的塌陷所占比例很大，全国发生在岩溶库区的塌陷据初步统计有120多处，约占全国塌陷区总数的26%。产生岩溶塌陷的水库必然导致严重渗漏。岩溶库区的塌陷和渗漏，严重影响工程的效益，甚至危及人民生命财产的安全。因此查明水库及建筑物区的岩溶水文地质条件，为工程设计和施工提供处理建议是一项重要工作。

项目4　地下水污染调查与评价

【教学目标】

1. 了解常见地下水污染调查方法。

2. 了解地下水污染调查的基本内容。

3. 基本掌握地下水污染调查样品采集方法及相关要求。

【引导项目】

(1)《淮河流域平原地区地下水污染调查评价》(2006—2010年),淮河流域平原地区地下水污染调查评价系中国地质调查局下达给南京地质矿产研究所的计划项目。该项目是为查明淮河流域平原地区地下水污染状况,综合评价地下水污染程度及变化趋势,编制地下水污染防治区划,建立地下水污染调查评价信息系统,为该区地下水污染防治和地下水资源保护、保障饮水安全和人民身体健康提供科学依据。以2006年具体工作任务为例,其主要完成的工作如下:①系统收集和整理区内地质、水文地质以及地下水质量评价和污染状况资料,为实施地下水污染调查奠定基础;②以淮河流域平原地区重要水源地和重要经济区为重点,按统一的技术要求,分省市进行1∶25万地下水污染调查,选择重点地区开展1∶5万地下水污染调查;③按照统一的技术要求,进行地下水有机污染样品的采集、保存和测试工作;④开展地下水污染调查评价技术方法研究。

(2)河北省石家庄水文水资源勘测局对石家庄市污染源进行调查,在调查的项目中,化学需氧量是主要污染源,其次为氨氮。通过对石家庄市不同行业污水排放量调查,污水排放量最大的行业为化工行业;对污水排放去向分析,84.32%的污水流入汶河;石家庄市污水对地下水的污染途径主要为厂区污染、排放过程中的污染和污水灌溉污染。选择常规类离子、氮类化合物、有毒物质类项目的监测结果,与1999年监测结果进行对比分析,大部分污染物含量有所增加。以1985年对污染物监测结果作为背景值,分别对评价区进行评价,划分为未污染区、轻污染区和中等污染区。未污染区占评价面积的62.5%,轻污染区占38.5%,中等污染区占1.7%。最后提出地下水保护的措施和建议。

任务4.1　地下水污染调查

4.1.1　地下水污染调查概述

地下水是水资源的重要组成部分,对我国经济社会发展具有非常重要的作用。目前,全国总供水量的近20%来自地下水。全国400多个城市开采利用地下水,在华北和西北城市供水中地下水所占的比例高达72%和66%,许多城市地下水几乎是唯一的供水水源。

近20年来,由于城市生活垃圾和工业“三废”等的不合理处置,农业生产中农药、化肥的大量使用，全国地下水污染状况日趋加重。国土资源部门长期地下水监测资料结果以及1999年以来开展的京津地区、长江三角洲地区、珠江三角洲地区、淮河流域平原区地下水污染调查评价试点结果初步显示我国地下水污染范围日益扩大，水质整体下降，“三致”（致癌、致畸、致突变）微量有机污染物有所检出，国际关注的持久性有机污染物（POPs）在地下水中也有部分检出。我国尚未系统开展过地下水水质和污染调查评价工作，对地下水水质和污染总体状况缺乏了解，对地下水污染的潜在危害认识不足。为全面掌握我国地下水水质与污染状况，为国家制订和实施地下水污染防治规划，有效保护地下水资源，保障饮水安全，为实现人与自然和谐发展提供科学依据，中国地质调查局将在已有工作基础上，组织开展全国地下水污染调查评价。

在天然地质环境及人类活动影响下，地下水中的某些组分发生变化，可能导致水质变化而使其不符合某种用途的要求，地质历史中形成的地下水水质不合格现象是无法预防的；而人类活动影响引起的地下水水质不合格现象，只要查清其影响原因及影响途径，采取相应措施是可以预防的。

在人类活动影响下，地下水中某些组分浓度的变化总是由小到大的量变过程，在其浓度没有超标之前，实际上污染已经产生。显然，把污染物浓度变化超标以后才视为污染是不科学的，也失去了预防的意义。因此，在分析地下水是否受到污染时，应参考水质标准，判别地下水水质是否朝着恶化的方向发展，只要是朝着水质恶化的方向发展，就可以视为地下水污染。因此，地下水污染应定义为：凡是在人类活动的影响下，地下水水质变化朝着恶化的方向发展的现象，统称为地下水污染。这一定义强调：①水质变化是由人类活动引起的；②只要水质变化朝着恶化方向发展，而不管是否影响到使用的程度，均视为污染。

4.1.2 地下水污染基础调查内容与技术方法

4.1.2.1 地下水污染源及污染途径

引起地下水污染的各种物质来源称为地下水污染源。污染源的分类多种多样，常用的污染源分类见表4.1。污染源调查以资料收集、整理为基础，对重要污染源或重要潜在污染源应进行野外核查，查明污染源的类型、空间分布特征。其调查内容包括：

工业污染源调查。机械、电子、化工、采矿、冶炼、石油等企业的名称、位置，污水、废渣（尾矿）排放量、排放方式、规模、途径和排放口位置，污染物种类、数量、成分及危害，以及重要污染企业废弃场地、废弃井、油品和溶剂等地下储存设施等的调查。

生活污染源调查。垃圾场的分布、规模、垃圾处理方式与效果、淋滤液产生量及主要污染组分、存放场地的地质结构情况等；生活污水产生量、处理与排放方式、主要污染物及其浓度和危害等的调查。

农业污染源调查。土地利用历史与现状；农田施用化肥和农药的品种、数量、方式、时间等；污灌区范围、灌溉污水主要污染物及浓度、污灌次数和污灌量。养殖场及规模，乡镇企业污染源情况等。

地表污染水体调查。污染水体（河、湖、塘、水库及水渠等）的分布、规模、利用情况及水质状况等。

海（咸）水入侵调查。海水入侵和咸水分布及咸淡水混染情况。

表 4.1　**按造成地下水污染的原因分类表**

分类名称	主 要 原 因
自然污染源	海水、咸水、含盐量高及水质差的其他含水层的地下水进入开采层，大气降水
人为污染源	城市液体废物：生活污水，工业废水，地表径流 城市固体废物：生活垃圾，工业固体废物，污水处理厂、排水管道及地表水体的污泥 农业活动：污水灌溉，使用农药、化肥及农家肥 矿业活动：矿坑排水，尾矿淋滤液，矿石选洗

地下水的污染方式可分为直接污染及间接污染两种方式。

直接污染的特点是，地下水中污染组分直接来源于污染源，污染组分在迁移过程中，其化学性质没有任何改变的污染。由于地下水污染组分与污染源组分的一致性，因此较易查明其污染来源及污染途径，这是地下水污染的主要方式。在地表或地下以任何方式排放污染物时，均可发生此种方式的污染。

间接污染的特点是，地下水的污染组分在污染源中的含量并不高，或低于附近的地下水，或该污染组分在污染源中根本不存在，它是污水或固体废物淋滤液在地下迁移过程中，经复杂的物理、化学及生物反应后的产物。例如：地下水硬度的升高，多半以这种方式产生。有人把这种污染方式称之为“二次污染”。其实其过程很复杂，“二次”一词不够科学。

地下水污染途径是复杂多样的。有人以污染源的种类而分，诸如污水渠道和污水坑的渗漏，固体废物堆的淋滤，化学液体的溢出、农业活动的污染、采矿活动的污染等等，不一而足，显得过于繁杂。实际上，按照水力学上的特点分类更加简单明了。按此方法，地下水污染途径大致可分为四类，见表 4.2。

表 4.2　**地下水污染途径分类**

类　型		污染途径	污染来源	被污染的含水层
Ⅰ. 间歇入渗型	$Ⅰ_1$	降水对固体废物的淋滤	工业和生活的固体废物	潜水
	$Ⅰ_2$	矿区疏干地带的淋滤和溶解	疏干地带的易溶矿物	潜水
	$Ⅰ_3$	灌溉水及降水对农田的淋滤	主要是农田表层土壤残留的农药、化肥及易溶盐类	潜水
Ⅱ. 连续入渗型	$Ⅱ_1$	渠、坑等污水的渗漏	各种污水及化学液体	潜水
	$Ⅱ_2$	受污染地表水的渗漏	受污染的地表水体	潜水
	$Ⅱ_3$	地下排污管道的渗漏	各种污水	潜水
Ⅲ. 越流型	$Ⅲ_1$	地下水开采引起的层间越流	受污染的含水层或天然咸水等	潜水或承压水
	$Ⅲ_2$	水文地质天窗的越流	受污染的含水层或天然咸水等	潜水或承压水
	$Ⅲ_3$	经井管的越流	受污染的含水层或天然咸水等	潜水或承压水
Ⅳ. 注入径流型	$Ⅳ_1$	通过岩溶发育通道的注入	各种污水或被污染的地表水	主要是潜水
	$Ⅳ_2$	通过废水处理井的注入	各种污水	潜水或承压水
	$Ⅳ_3$	盐水入侵	海水或地下咸水	潜水或承压水

1. 间歇入渗型

其特点是，污染物通过大气降水或灌溉水的淋滤，使固体废物、表层土壤或地层中的有害或有毒组分，周期性地从污染源通过包气带渗入含水层。这种渗入多半是呈非饱和状态的淋雨状渗流形式，或者呈短时间的饱水状态连续渗流形式。这种途径引起的地下水污染，其污染组分原来是呈固态形式赋存于固体废物或土壤里的。因此，进行研究时，首先要分析固体废物或土壤等的成分，最好能取得通过包气带的淋滤液，这样才能查明地下水污染的来源。此种污染，无论在其范围或浓度上，均可能有季节性的变化。主要污染对象是潜水。如图 4.1 所示。

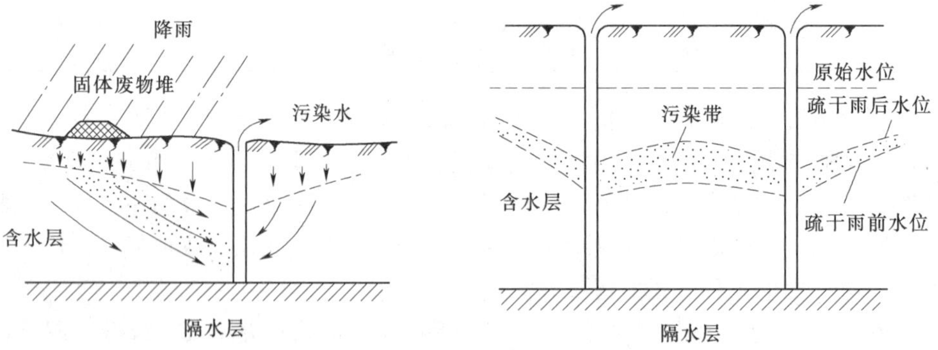

图 4.1　间歇入渗型污染途径示意图

2. 连续入渗型

连续入渗型主要有两种方式污染含水层，一种是垂向通过包气带进入含水层，另一种则是以侧向入渗型进入含水层。

通过包气带垂向入渗型是地面污染源以一定的浓度连续不断地向包气带土层中输入污染水体，进而不断渗入含水层。在这种情况下，或者包气带完全饱水，呈连续渗入的形式渗入含水层；或者包气带上部饱水呈连续渗流的形式，下部不饱水呈淋雨状的渗流形式渗入含水层。形成上述污染形式的污染源有污水坑（池）、蒸发池、蒸发池、排污水库、污水渗坑（池）、废渣水池、化粪池、排污沟渠、管道渗漏段、输油管和储油罐的损坏漏失处以及污水灌溉的田等，如图 4.2 所示。

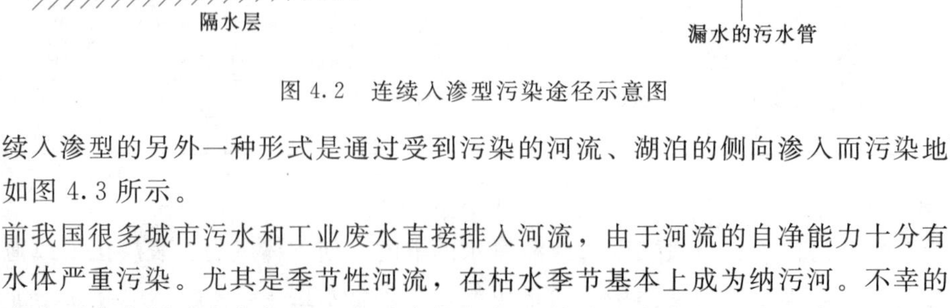

图 4.2　连续入渗型污染途径示意图

连续入渗型的另外一种形式是通过受到污染的河流、湖泊的侧向渗入而污染地下水含水层，如图 4.3 所示。

目前我国很多城市污水和工业废水直接排入河流，由于河流的自净能力十分有限，造成地表水体严重污染。尤其是季节性河流，在枯水季节基本上成为纳污河。不幸的是，大多数城市地下水水源地又大都建立在透水性良好、补给源丰富的河流两岸，以期取得河水的侧向渗透补给来保证稳定的开采量。如西安市的水源井均布置在河流岸边，而且多数井沿河岸布置，河水被酚污染，不同地段酚含量达 0.002～0.11mg/L，在岸边的水源井中亦都有酚被检出，有的井含量还较高，无疑是河流侧向渗入的结果。

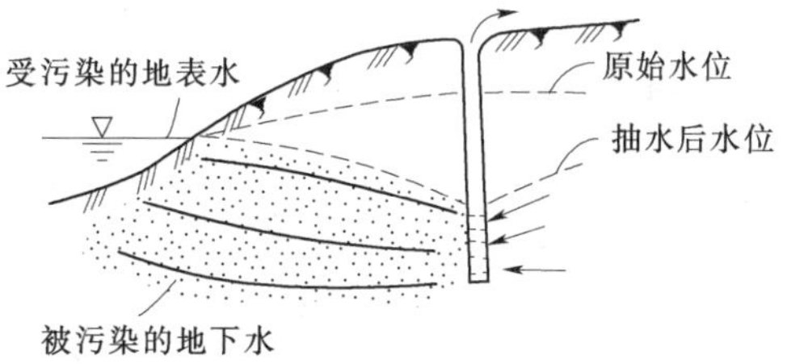

图 4.3　侧向入渗型污染途径示意图

3. 越流型

当开采封闭较好的承压含水层时，如果顶板之上的潜水含水层已受到污染，则可能由于开采承压水时水位下降，与潜水含水层形成较大的水头差，潜水就会通过弱透水的隔水层顶板直接流入承压含水层中；还可以通过承压含水层顶板的“天窗”流入；亦可通过止水不严的套管与孔壁的间隙向下漏入承压含水层中；未封填死的废弃钻井亦是流入承压含水层的通道，如图 4.4 所示。

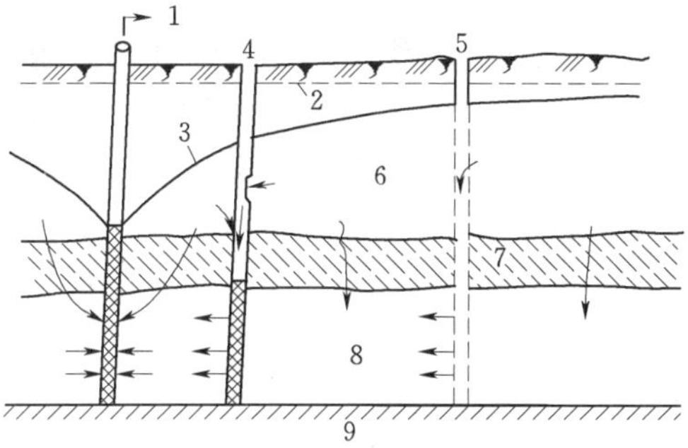

图 4.4　被污染的潜水含水层向承压含水层越流示意图

1—承压含水层中抽水井；2—污染潜水水位；3—承压水动水位；4—未封闭好的或套管被腐蚀的钻井；5—废弃钻井；6—污染的潜水含水水层；7—弱透水层；8—未污染的承压含水层；9—隔水层

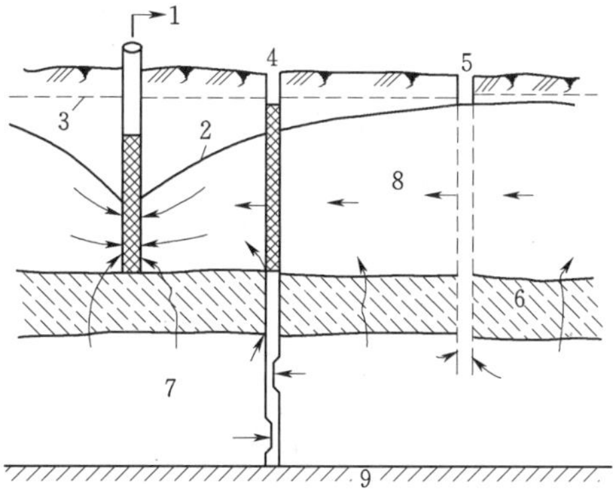

图 4.5　深层咸水向上越流通道示意图

1—潜水抽水孔；2—抽水时潜水动水位；3—深层咸水水位；4—未封闭好或套管被腐蚀的钻井；5—废弃钻井；6—弱透水层；7—咸承压水层；8—潜水含水层；9—隔水层

当开采潜水或浅层承压水时，深层承压水如果是咸水同样可以通过上述途径向上越流污染潜水或浅层承压水，如图 4.5 所示。上述情况发生在由于勘探石油，煤田或其他矿产时，一些勘探孔未作严格的封孔处理，构成了深层咸水向浅层流动的通道。

4. 注入径流型

此种污染形式的特点是污染物不是从地表通过包气带土层下渗，而是将污水送到地面以下一定深度处或直接送入含水层之中。因为有些特殊的高浓度工业废水处理费用昂贵，所以常常将它排入到地下深处的土壤孔隙或岩石裂隙中，叫作工业废水的“地下处理法”。利用土壤、岩石表面对污染物的物理、化学的自净作用，使污染物浓度得以降低，乃至完全净化，如图 4.6 所示。

从地下水污染角度来看，这种“地下处理”的方法带来直接的或潜在的环境问题，使

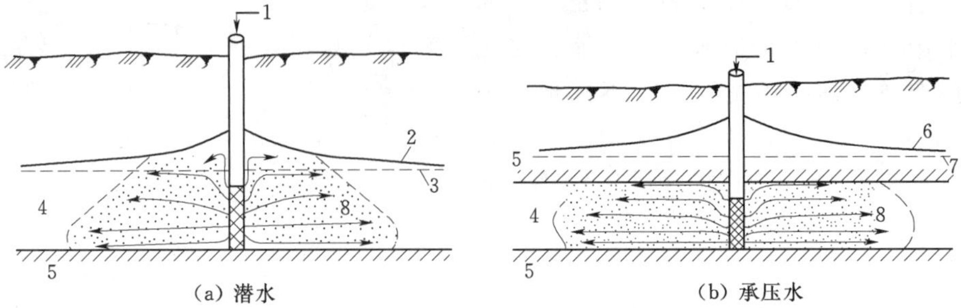

图 4.6 由排污井直接注入废水示意图

1—废水注入；2—新潜水位；3—原潜水位；4—含水层；5—隔水层；6—新承压水位；7—原承压水位；8—污染带

用不当，往往引起地下水的大范围污染。主要是由于排入地下的污染物，在污染物质浓度梯度及地下水动力场的驱动下，不断向外围扩展而造成大面积的地下水污染。

海水入侵是海岸地区地下淡水超量开采而造成海水向陆地流动的地下径流。在天然条件下沿海岸地区的地下淡水和咸水建立了水动力平衡，如图 4.7 所示。伸入陆地的咸水楔和淡水体形成了天然的交界面。如果大量开采地下淡水，则会由于降落漏斗的扩大使天然地下水面降低，破坏了咸淡水体之间形成的平衡。为了达到新的平衡，淡水和咸水界面就会向陆地方向推移。

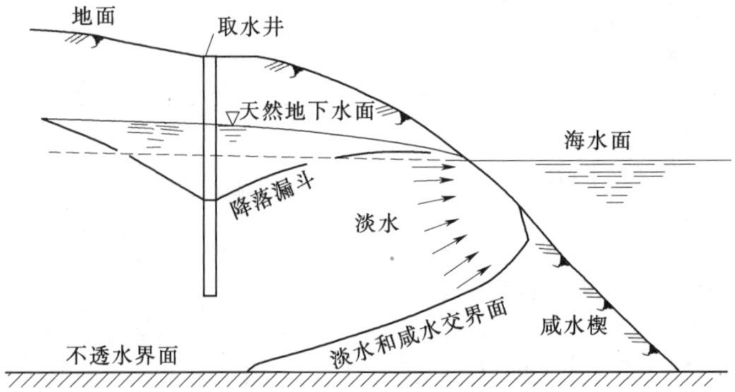

图 4.7 沿海地区地下淡水和咸水的关系

水文地质调查应以已有调查研究成果为基础，基本查明重点地区包气带岩性、厚度及其区域分布；重点查明区域地下水补给、径流和排泄条件变化及影响变化的自然因素及贡献，建立、完善地下水系统结构模式或模型；查清重要的人类活动（例如土地利用、水资源开发等）情况，重点是地下水开发利用状况，集中开采水源地分布及其开采量等。

4.1.2.2 地下水污染调查内容

基础调查主要包括土地利用调查、污染源调查和水文地质调查。重点加强人类活动对地下水质量影响的调查。

土地利用调查是指按照国家土地利用分类，结合调查区土地利用特点，调查土地利用现状及其变化情况，包括城市、农用地、林地、工矿用地、草地等现状及变化。

据中国地质调查局地质调查技术标准《地下水污染地质调查评价规范》（DD 2008—01）地下水污染调查的主要调查内容有：

（1）包气带结构调查。在区域调查阶段要初步查明包气带岩性组成、厚度以及区域分布特征；而在重点区调查阶段则要查明土壤类型与分区，包气带岩性、厚度、结构及分布特征，特别是包气带中黏性土层的组成、厚度与分布特征等。

（2）地下水系统结构调查。建立、完善地下水系统结构模式模型。包括主要含水层的岩性组成、厚度与分布，边界条件，弱透水层的岩性、分布与厚度。区域调查应突出对地下水系统的整体性、区域分布和边界条件的调查。重点区调查应根据含水层渗透性，结合包气带防污染特征及污染源分布，初步圈定易污染区等。

（3）补给、径流、排泄条件变化调查。基本查明降水变化、水利工程、土地利用等对地下水补给变化的影响，调查地下水排泄的主要方式与排泄量的变化，分析地下水流场变化及其原因。

区域调查应开展地下水水位统测，进行区域地下水补给、径流、排泄条件变化的均衡动态分析。重点区调查根据系列动态资料，通过数理统计或建立数值模型模拟，分析地下水流场变化。表 4.3、表 4.4 分别为地下水污染调查中的水文点、水文地质点野外调查表，表 4.5 为污染源调查表。

表 4.3　　地下水污染调查表格——水文点调查表

统一编号			水点名称	
野外编号			图幅名称	
地理位置	省（自治区、直辖市）　市　县　乡（镇）　村			
地理坐标	经度：　°　′　″		纬度：　°　′　″	
	X		Y	
所属水系				
地表水类型				
水体特征	样品类型		色	
	水位高程/m		味	
	气温/℃		嗅	
	水温/℃		浊度	
	流速/(m/s)		透明度	
	流量/(m^3/h)		pH 值	
	流量季节变化特征			
取样情况				
地形、地貌情况：			污染情况：	

调查人：　　　记录人：　　　审核人：　　　调查日期：　　年　月　日

表 4.4　　　地下水污染调查表格——水文地质点野外调查表

统一编号		野外编号		图幅名称及编号	
地理位置	省（自治区、直辖市）		市	区	街
地理坐标	经度： ° ′ ″		纬度： ° ′ ″		
	X		Y		
采样情况				高程	m
地形、地貌、地层、构造与地表岩性 地下水补、径、排特征 与地下水污染有关的主要环境地质问题 沿途描述及访问记录					
井口直径/m		井口高程/m		原编号	
水位埋深/m				井深/m	
井的类型	□机井 □民井 □其他			井与地表水体距离/m	
取水层段	m — m			取水设备及型号	
开采量/(m^3/h)				井结构及洗井情况	
水质特征 气温/℃		水温/℃		味	
水质特征 pH 值				嗅	
水质特征 色				透明度	
成井时间	年 月 日			开采方式	□连续开采 □间歇开采 □其他
周围可能的污染源	□污水坑 □排污河渠 □垃圾 □冶炼厂 □化工厂 □加油站 □养殖场 □其他			主要用途	□生活用水 □工业用水 □农牧业用水
	距井距离	m			
调查点平面位置示意图			井孔地层柱状图或水文地质剖面		

调查人：　　　　记录人：　　　　审核人：　　　　调查日期：　　年　月　日

表4.5 **污染源调查表** 共 页第 页

统一编号：________野外编号：________图幅名称及编号：____________________

地理位置：________省________市（县、区）________乡（镇）________村（街道）

地理坐标：经度____°____′____″ 纬度____°____′____″

X ____________________ Y ____________________

地面高程：____________ 比例尺：________ 照片编号：________ 照片张数：________

油品、溶剂等地下储存设施：

类型：____________________ 数量：____________________

是否发生过意外事件：____________________

受影响的面积：____________________

固体废物、危险废物堆放场/垃圾填埋场：

类型：□矿渣 □危险废物 □生活垃圾 □建筑垃圾 □油泥堆放场 □其他

堆置时间：____________ 数量/面积：____________ 填埋深度：____________

堆置方式：____________ 防渗措施：____________ 运行状态：____________

堆置场地包气带厚度及介质类型：____________________

堆置场地地下水埋藏条件：____________________

与地下水源地的位置关系及距离：____________________

企业废弃场地：

类型：□化工 □冶炼 □机械 □电子 □矿山 □其他 建厂时间：____________

搬迁时间：____________________ 场地面积：____________________

场地包气带厚度及介质类型：____________________

场地地下水埋藏条件：____________________

与地下水源地的位置关系及距离：____________________

养殖场：

类型：□猪 □牛 □家禽 □其他

建场时间：____________________ 场地面积：____________________

养殖数量：____________ 废水产生量：____________ 固废产生量：____________

废物处置方式：____________________

场地地下水埋藏条件：____________________

与地下水源地的位置关系及距离：____________________

废弃井：

类型：□油田采油/注水井 □矿井 □废弃水井 □其他

废弃时间：____________________ 处置方式：□封 □填 □无处置

井深：____________________ 层位：____________________

井结构：□裸井 □管井 废弃原因：____________________

与地下水源地的位置关系：____________________

调查人： 记录人： 审核人： 调查日期： 年 月 日

4.1.2.3 地下水污染调查技术方法

地下水污染调查应在充分收集利用已有资料基础上，以地面调查为主，根据任务需要，结合调查精度、工作目的等，有选择地采用以下调查技术方法。

(1) 遥感技术。在1∶25万区域调查中，宜选用TM/ETM卫星遥感图像，用于区分地貌类型、地质构造、水体、地下水溢出带、土地利用变化等；1∶5万重点区调查中，宜选用彩色红外片、紫外或红外扫描航空遥感片和TM/SPOT卫星遥感图像，主要用于识别点、线、面污染源，如管线泄漏污染调查，城市垃圾和工业固体废物的堆放及规模，城市建设发展变化和工业布局等的调查。

(2) 地球物理勘探。地球物理勘探主要用于确定专题研究和1∶5万重点地区中人类活动频繁区域的地质、水文地质条件和地下水污染空间分布特征调查。

水文测井：在重点调查区配合钻探取样划分地层，评价水文地质条件，为取得有关参数提供依据。用于地下水污染调查钻孔的主要地球物理测井方法见表4.6。

表4.6　用于地下水污染调查钻孔的主要地球物理测井方法

地球物理测井方法	解决的问题
电阻率（常规和单点）	测定不同岩层的特性和厚度，识别多孔沉积状况，说明水质和可能受到的污染。区别黏土/页岩、砂/砂岩的岩性以及淡水和咸水。追踪回灌水的运移，污染质的扩散、稀释和迁移等
自然电位（SP）	确定地下水流向
天然伽玛测井（无管和有管）	定性分析岩层间的相关关系和透水性，评估岩石类型
测径仪	测量钻孔直径、测定下管深度、洞穴位置、碳酸盐岩含水层等
流量测井	测定井中水来源和流动状况（特别是裂隙水和强透水带），井管渗漏等
温度测井	确定污染含水层位置
井下电视视频	确定洞穴、节理位置，划分岩层

地面物探工作布置根据待查的水文地质条件而定，重点布置在地面调查难以判断而又需要解决问题的地段，钻探困难或仅需初步探测的地段。其探测深度应大于钻探深度。在地下水污染调查中可采用的主要物探技术方法有：探地雷达（GPR），磁法（EMS）、电法（ER），地震折射（CSR）、地磁测量（MM）和核磁共振（NMR），频率域电磁法，主要包括有可控源电磁法（CSAMT）和音频电磁法（AMT）。其中的可控源电磁法1∶5万测网密度为，线距1～2km，点距0.3～0.5km；磁法1∶5万测网密度为，线距0.5km，点距0.05～0.2km；核磁共振法1∶5万测网密度为，线距0.3km，点距0.1km；其他方法，如探地雷达无需考虑工作比例尺，或可参照相关规程及专题需要确定测网密度。

(3) 水文地质钻探。钻探主要用于1∶5万重点地区调查和专题研究。钻孔设置要求目的明确，尽量一孔多用，如水样和/或岩（土）样采取、试验等，项目结束后应留作监测孔。

(4) 环境同位素与示踪技术。环境同位素应重点应用氢、氧稳定同位素分析地下水形成过程，用^{3}H、^{14}C、CFC 测定地下水年龄，用 O、C、S、N 等稳定同位素识别污染源，并研究污染物迁移转化过程，分析地下水和地表水之间的水力联系等。

采用 Cl^-、Br^-、I^-等离子化合物，^{131}I、^{79}Br、^{81}Br、^{60}Co 等放射性示踪剂，荧光素、甲基盐、苯胺盐等有机染料，磷氟化合物及微量元素等开展示踪试验，获取弥散系数等参数。

在地下水污染调查过程中，应及时分析地下水污染调查结果，全面掌握地下水污染状况，提出地下水污染监测网优化方案。地下水污染监测网点部署方案应在充分分析掌握区域水文地质条件的基础上，结合污染源类型、地下水污染现状、污染物特征、污染途径、污染危害等布设。

地下水污染监测网点布设原则：区域地下水污染监测点部署应在地下水系统的补给、径流、排泄区、边界线、主要地下水开采区（层）、主要环境地质问题发生区等不同地区或部位分别布点监测。区域地下水污染监测点数宜控制在地下水污染采样点总数的 5%～20%；重点区地下水污染监测应在区域地下水污染监测网点基础上加密布设，重点监测地下水污染严重区、大中型地下水水源地保护区、重要农业区等地段。重点区地下水污染监测点数应根据地下水污染程度、污染范围和污染物种类等具体确定；特殊地下水污染组分监测点部署根据需要确定。区域地下水污染监测点采样频率，一般每年平水期采样一次；重点区地下水污染监测点采样频率，一般每年丰、枯水期各采样一次；特殊地下水污染组分监测，一般每季度或每月采样一次。

区域地下水污染监测项目根据地下水污染调查结果确定。重点区地下水污染监测项目，除应包括地下水污染调查确定的污染指标外，还应根据情况对可能污染的指标进行监测。特殊地下水污染组分的监测根据实际情况确定。

任务 4.2　样　品　采　集

4.2.1　样品采集要求

样品采集一般要求是根据设计书和调查重点，按要求采集样品和分析测试。在重点区的采样点要结合污染源分布特点进行布设，有针对性地重点调查。查明地下水水质及污染现状。包括地下水污染层位、污染范围、主要污染物种类、浓度及其空间分布。基本查明地下水污染途径。

采样点需根据调查目的在调查点中优选。在区域控制的基础上，优先选择重要地下水水源地、国家级、省级地下水监测孔、大泉（泉群）、有系列分析资料的农用井、大型工矿企业自备井、矿山排水、油田供水井、重要污染源附近的监测井等井孔或水点。

1∶5 万重点区采样点布设时重点考虑污染源、含水层分布、地下水流向，并结合污染物的扩散形式来确定。当现有井（泉）点不能满足采样密度时，应采用人工揭露方法采集地下水样品。地表水采样点主要选在污染地下水采样点附近，最好是水文观测点；土壤采样点宜与地下水采样点相对应。

关于采样点密度，区域调查地下水采样点山区和丘陵区按每 100～200km^2 1 组样，平原地区按每100km² 3～4组样采集。采样主要在平水期进行，对主要水源地分析异常点做检查采样，并采集相应的地表水样品。

重点区调查地下水采样点按100km² 取10～20组样。样品分丰水期、枯水期两期采集。污染异常区可适当加密采样点，特别是超过饮用水标准的地区，适当加密，原则上按10%～20%增加。并采集相应土壤和地表水样，加强相应异常指标的分析。

4.2.2 采样准备

（1）采样计划。内容包括采样时间安排，采样人员安排，采样点位置与数量，采样行程与进度安排，检测项目，采样容器种类与数量，采样用试剂种类与用量，现场检测项目与仪器，采样设备，采样器材种类与数量，现场质控样品种类与数量，样品送检数和时间等。

采样前应与送检实验室协商编制采样计划。

采样计划发放至项目组每个成员和承担检测任务的实验室。

（2）采样准备。从送检实验室获取所需数量的有机采样瓶、用于制作现场空白的纯水、制作现场基体加标回收样的标准溶液、现场所使用的各种保护剂，野外取样冷藏箱自备。

做好现场用检测仪器的校准。

做好采样泵等其他采样器材的准备工作。

根据分析项目、钻孔类型选择采样设备。

采样设备对不同分析项目的适用性见表4.7。

采样设备对不同类型钻孔的适用性见表4.8。

表4.7 采样设备对不同分析项目的适用性

采样设备	地下水分析项目												
	a	b	c	d	e	f	g	h	i	j	k	l	m
敞口定深采样器	√		√		√	√	√		√		√		√
闭合定深采样器	√	√	√	√	√	√	√	√	√	√	√	√	√
惯性泵	√	√	√		√	√	√		√				√
气囊泵	√	√	√	√	√	√	√	√	√	√	√	√	√
气提泵	√				√		√		√				
潜水泵	√	√	[√]	[√]	√	√	√	[√]	√	[√]	[√]	[√]	[√]
离心泵	√	√	√		√	√	√		√				√

注 √—适合；[√]—在一定条件下适用。

a—电导率（κ）；b—pH值；c—碱度；d—氧化还原电位（E_h）；e—主量离子；f—痕量金属；g—硝酸盐等阴离子；h—溶解气体；i—非挥发性有机化合物；j—VOCs和SVOCs（挥发性和半挥发性有机化合物）；k—TOC（总有机碳）；l—TOX（总有机卤）；m—微生物指标。

表 4.8　　采样设备对不同类型钻孔的适用性

采样设备	井孔类型					
	大口井（潜水）	水文孔		地质观测孔		测压管
		上部含水层	下部含水层	上部含水层	下部含水层	
敞口定深采样器	√	√		√		[√]
闭合定深采样器	√	√	√	√	√	[√]
惯性泵			√		√	√
气囊泵	√	√	[√]	√	[√]	√
气提泵	√	√	[√]	√	[√]	√
潜水泵	√	√	√	√	√	√
离心泵	√	√	[√]	√	[√]	√

注　√—适合；[√]—在一定条件下适用。

所选采样设备应同时与表 4.7 和表 4.8 给出的适用范围相符合。

4.2.3　样品采集方法

（1）单一含水层井孔水样采集。采样前应清洗井孔，使全孔或采样部位的存储水排出。它分为全孔清洗和微扰清洗两种方式。全孔清洗采集混合样品或来自单一含水层井孔水样，全孔清洗应采用大流量潜水泵或离心泵。排出水量大于井孔储水量的 3 倍，且现场检测参数：水温、电导率、pH 值、氧化还原电位、溶解氧等趋于稳定（参数值不再持续升高或降低，而是在某一示值附近波动，波动幅度与所用仪器精密度指标一致）。

微扰清洗用于采集指定深度水样，使用可调潜水泵为最佳。微扰清洗时应将泵的进水口置于采样层位，通过平稳缓慢地排出井孔储水的方式，引起含水层局部涌水，使采样部位储水得到更新。待所选取的现场检测项目全部趋于稳定时，清洗完成。

（2）多含水层（含水层组）混合水样品采集。全孔清洗井孔可用于混合水样采集。分析项目在表 4.7 中标记为√者，可以直接用采样瓶从泵的出水接取。分析项目在表 4.7 中标记为[√]者，表示采样设备有条件地适用，即不能用采样瓶直接接取泵的出水。正确的采样方式为：在泵的出水口前通过一小直径支管分流出一部分排水，将支管的末端插入采样瓶底部，使水发生溢流，缓慢上移出水支管并移出采样瓶。根据检测项目的不同直接或加入保护剂后迅速旋紧瓶盖。

（3）地表水样采集。用于地表水采样的设备有：敞口定深采样器、闭合定深采样器、惯性泵。

三种采样设备对不同分析项目的适用性见表 4.7。其中敞口定深采样器适合在距离水面较近的深度采样，惯性泵更适合在靠近河床的深水区采样。闭合定深采样器适合在所有深度采样。

河流采样点位应能客观反映水系或所在区域的水环境质量状况。即采样断面的位置在混合区或污染带之外，以了解河段的平均水质并能客观反映水质特征。最好选在水文监测站（点）。采样点位一般应在水面 0.5m 以下、河床 0.5m 以上。水深不足 1m 时，采样点位设在实际水深的1/2处。

湖泊、水库采样点位应能客观反映湖泊或水库的整体水环境质量状况。采样点位应远离岸边、河流入口和排污口。一般应在水面0.5m以下、距湖（库）底0.5m以上。水深不足1m时，采样点位设在实际水深的1/2处。

（4）土样的采集。按试坑（长1.2m、宽0.8m、深1.2m）剖面采集样品，地下水位较高时，剖面挖至地下水面；山地丘陵土层较薄时，剖面挖至风化层；每个剖面一般采集B、C两层土样，通常B层在距地表30～40cm处、C层在距地表100～200cm左右采集；测量重金属的样品应用竹片或木片去除与金属采样器接触的部分再采样。剖面每层样品采集重量1000g左右。

无机化合物测定样一般用棉布袋包装，如潮湿样品可内衬塑料袋。有机化合物测定样需将样品置于专门处理的玻璃瓶内。

土样采集后应妥善密封，防止湿度变化，严防暴晒或冰冻。在运输过程中应严防样品的损失、混淆和玷污。对光敏感的样品应有避光外包装。对易于振动液化和水分离析的土样应就近进行实验。

（5）采样记录。现场即时填写采样记录表和采样标签。

野外编号原则：由省（自治区、直辖市）简称＋县名拼音开头字母（大写）＋镇名拼音开头字母（小写）＋取样顺序号组成。例如：河北省清河县连庄镇第50号样的编号为冀QHlz50。

采样记录：样品编号、采样时间、采样地点及地理坐标、水源类型、表观描述、现场检测参数及结果（例如水温、气温、电导率等）及天气情况等；检测项目、保护剂类型及添加量、采样深度，取水层段位置等。

采样瓶标签：应填写样品编号、采样时间、采样地点等。

4.2.4 样品保存与送检

（1）样品保存。所有野外采集的样品，须按照规定的方法进行保存，具体保存方法如下。

1）保存措施：

a. 应根据测定指标选择适宜的保存方法，主要有冷藏、加入保存剂等。

b. 水样在4℃冷藏保存，贮存于暗处。

2）保存剂：

a. 保存剂不能干扰待测物的测定，不能影响待测物的浓度。如果是液体，应校正体积的变化。保存剂的纯度和等级应达到分析的要求。

b. 保存剂可预先加入采样容器中，也可在采样后立即加入。易变质的保存剂不能预先添加。

3）保存条件：

a. 水样的保存期限主要取决于待测物的浓度、化学组成和物理化学性质。

b. 水样保存没有通用的原则。表4.9提供了常用的保存方法。由于水样的组分、浓度和性质不同，同样的保存条件不能保证适用于所有类型的样品，在采样前应根据样品的性质、组成和环境条件来选择适宜的保存方法和保存剂。

表 4.9　　采样容器和水样的保存方法

项目	采样容器	保存方法	保存时间
浊度[a]	G，P	冷藏	12h
色度[a]	G，P	冷藏	12h
pH[a]	G，P	冷藏	12h
电导[a]	G，P		12h
碱度[b]	G，P		12h
酸度[b]	G，P		30d
COD	G	每升水加入 0.8mL 浓硫酸冷藏	24h
DO[a]	溶解氧瓶	加入硫酸锰，碱性碘化钾叠氮化钠溶液，现场固定	24h
BOD_5[b]	溶解氧瓶		12h
TOC	G	加硫酸，pH 值≤2	7d
F^-[b]	P		14d
Cl^-[b]	G，P		28d
Br^-[b]	G，P		14h
I^-[b]	G	氢氧化钠，pH 值=12	14h
SO_4^{2-}[b]	G，P		28d
PO_4^{3-}	G，P	氢氧化钠，硫酸调 pH 值=7，三氯甲烷 0.5%	7d
氨氮[b]	G，P	每升水样加入 0.8mL 浓硫酸	24h
NO_2^--N[b]	G，P	冷藏	尽快测定
NO_3^--N[b]	G，P	每升水样加入 0.8mL 浓硫酸	24h
硫化物	G	每 100mL 水样加入 4 滴乙酸锌溶液（220g/L）和 1mL 氢氧化钠溶液（40g/L），暗处放置	7d
氰化物，挥发酚类[b]	G	氢氧化钠，pH 值≥12，如有游离余氯，加亚砷酸钠除去	24h
B	P		14d
一般金属	P	硝酸，pH 值≤2	14d
Cr^{6+}	G，P（内壁无磨损）	氢氧化钠（pH 值=7～9）	尽快测定
As	G，P	硫酸，至 pH 值≤2	7d
Ag	G，P（棕色）	硝酸，至 pH 值≤2	14d
Hg	G，P	硝酸（1+9，含重铬酸钾 50g/L），至 pH 值≤2	30d
卤代烃类	G	现场处理后，冷藏	4h
苯并（a）芘[b]	G		尽快测定
油类	G（广口瓶）	加入盐酸，至 pH 值≤2	7d
农药类[b]	G（衬聚四氟乙烯盖）	加入抗坏血酸 0.01～0.02g 除去残留余氯	24h
除草剂类	G	加入抗坏血酸 0.01～0.02g 除去残留余氯	24h

续表

项目	采样容器	保存方法	保存时间
邻苯二甲酸酯类	G	加入抗坏血酸0.01～0.02g除去残留余氯	24h
挥发性有机物	G	用盐酸（1+10）调至pH值≤2，加入抗坏血酸0.01～0.02g除去残留余氯	12h
甲醛，乙醛，丙烯醛	G	每升水样加入1mL浓硫酸	24h
放射性物质	P		5d
微生物[b]	G（灭菌）	每125mL水样加入0.1mg硫代硫酸钠除去残留余氯	4h
生物[b]	G，P	当不能现场测定时用甲醛固定	12h

注 水样采集后应尽快测定。水温、pH值、游离余氯等指标应在现场测定，其余项目的测定也应在规定时间内完成。G为硬质玻璃瓶，P为聚乙烯瓶（桶）。

a 表示应现场测定。

b 表示应低温（0～4℃）避光保存。

（2）样品送检：

1）样品运输。必须按采样计划在规定的时间内将样品送到指定的实验室。运输前应逐件核对样品记录表和样品瓶标签，分类装箱。需在40℃保存的样品放在专用冷藏箱内运输。运输过程应采取防震措施，避免阳光照射。分析VOCs，S-VOCs及气体组分的样品瓶应按要求运输。冬季运输应采取防冻措施。

2）样品交接。由送样人填写送样单，送样人和收样人共同核对样品，确认无误后双方在送样单上签字。送样单一式二份，双方各保存一份。

4.2.5 现场重复样、空白样、加标样质量控制

根据调查任务需要，要求对NOD一分析样、半挥发性有机分析样进行质量监控。原则上每批（约20个样）取重复样一组（取双份），空白样一组，加标样一组。经费限制情况下，每期工作可安排3次监控样，分别在工作初期、中期和末期采集重复样一组，空白样一组，加标样一组。

任务4.3 地下水污染评价

4.3.1 地下水污染评价概述

地下水污染调查评价是一项基础性、公益性的水文地质工作。其主要目的是系统查明我国区域地下水水质和污染状况，为地下水资源保护及污染防治提供科学依据，为保障国家供水安全、粮食安全和生态安全提供基础数据，为水文地质科学研究和普及地下水污染防治科学知识提供基础资料。

地下水污染调查评价的基本任务是：在查明区域水文地质条件的基础上，系统调查我国主要地下水开发区和具有开发前景地区的地下水水质与污染状况；进行地下水质量、地下水污染、地下水系统防污性能评价；制定地下水污染防治和地下水资源保护区划；建立地下水污染调查评价信息系统；提出地下水水质与污染动态监测网优化方案。

4.3.2　地下水污染评价内容及要求

地下水污染调查范围主要是指具有现实和潜在利用价值的地下水分布区。当地下水染污调查采用精度为 1∶25 万比例尺时，主要用于调查评价区域地下水质量和污染状况；当采用精度为 1∶5 万比例尺时，则用于调查评价重点城市和城市密集区、地下水集中供水水源区、重要污染源分布区等重点区地下水质量和污染状况。地下水污染调查层位以潜水含水层和用于供水目的承压含水层为主。

地下水污染调查评价主要分为三个阶段，即基础调查阶段、采样测试阶段和评价区划阶段。基础调查阶段主要用于查明区域水文地质条件、水点类型与分布、污染源和土地利用状况，为制订地下水质量和污染采样计划提供依据；采样测试阶段需完成制订地下水质量和污染采样计划，核查采样点、规范采样与测试；而评价区划阶段则要评价地下水质量和污染状况，编制地下水污染防治区划。

调查评价基本要求是：综合开展地下水水质与污染调查，突出微量有机污染调查，兼顾相关地表水和重点地段土壤污染调查；地下水污染调查评价应以区域地质、水文地质调查资料和研究成果为基础。资料与成果不足时，补充相应区域水文地质调查；加强新技术、新方法和新理论应用；成果应体现科学性、先进性和实用性。

附录1　非稳定流抽水试验资料的整理——降深比值法

利用非稳定抽水试验资料求水文地质参数，可用（泰斯标准曲线）配线法、雅柯布半对数直线图解法、降深比值法等。其中前二者基本上都是利用作图来求解参数，其方法在相关的教材（地下水动力学或地下水文学）已作详细的介绍，不再赘述。这里仅介绍降深比值法。该方法简单易行，在资料严重不足时（仅需两个时刻的降深数据即可）就能估求参数。

1. 降深比值法的原理

在做非稳定流抽水试验时，同一观测孔中两个不同时刻 t_1、t_2 所观测的水位降深分别为 S_1、S_2，相应时刻的积分参数为 u_1、u_2。

根据泰斯式可分别列出以下二式：

$$S_1=\frac{Q}{4\pi T}W(u_1),\quad u_1=\frac{\mu^* r^2}{4Tt_1}(\text{承压水})\text{或}\ u_1=\frac{\mu r^2}{4Tt_1}(\text{潜水}) \tag{附 1.1}$$

$$S_2=\frac{Q}{4\pi T}W(u_2),\quad u_2=\frac{\mu^* r^2}{4Tt_2}(\text{承压水})\text{或}\ u_1=\frac{\mu r^2}{4Tt_1}(\text{潜水}) \tag{附 1.2}$$

上二式中，μ 为给水度，μ^* 为贮水系数。

设式（附1.1）、式（附1.2）的比值为 α，则：

$$\alpha=S_1/S_2=W(u_1)/W(u_2) \tag{附 1.3}$$

若规定 $S_1<S_2$，则：

$$\alpha<1,W(u_1)<W(u_2)$$

由井函数的性质可推知 $u_1>u_2$，假设 $u_1/u_2=A(A>1)$，则：

$$u_1=Au_2 \tag{附 1.4}$$

所以，$A=\dfrac{u_1}{u_2}=\dfrac{\mu r^2/4Tt_1}{\mu r^2/4Tt_2}=\dfrac{t_2}{t_1}$（潜水，用1个观测孔计算时）　　（附1.5a）

或 $A=\dfrac{u_1}{u_2}=\dfrac{\mu^* r^2/4Tt_1}{\mu^* r^2/4Tt_2}=\dfrac{t_2}{t_1}$（承压水，用1个观测孔计算时）　　（附1.5b）

如利用2个观测孔的资料，则：

$$A=\frac{u_1}{u_2}=\frac{\mu r_1^2/4Tt_1}{\mu r_2^2/4Tt_2}=\frac{t_2 r_1^2}{t_1 r_2^2}(\text{潜水,用 2 个观测孔计算时}) \tag{附 1.6a}$$

或

$$A=\frac{u_1}{u_2}=\frac{\mu^* r_1^2/4Tt_1}{\mu^* r_2^2/4Tt_2}=\frac{t_2 r_1^2}{t_1 r_2^2}(\text{承压水,用 2 个观测孔计算时}) \tag{附 1.6b}$$

将式（附1.4）代入式（附1.3），得：

$$\alpha=W(Au_2)/W(u_2) \tag{附 1.7}$$

2. 资料整理的步骤

（1）根据选定的两个时刻 t_1、t_2 的抽水试验资料，利用式（附1.5）或式（附1.6）、式（附1.3）计算出相应的 A 值和 α 值；

（2）根据算出的 A、α 值，利用 $\alpha-u_2$ 的关系曲线（或试算法）反查出 u_2 值。再按式

（附 1.4）求出 u_1 值；

（3）将 u_1、u_2 值分别代入泰斯公式［式（附 1.1），式（附（1.2)］，即可计算参数。

即，导水系数：
$$T_1=\frac{Q}{4\pi S_1}W(u_1),T_2=\frac{Q}{4\pi S_2}W(u_2) \quad (附 1.8)$$

如含水层为潜水，则给水度：
$$\mu_1=\frac{4Tt_1u_1}{r^2},\mu_2=\frac{4Tt_2u_2}{r^2} \quad (附 1.9)$$

如含水层为承压水，则贮水系数：
$$\mu_1^*=\frac{4Tt_1u_1}{r^2},\mu_2^*=\frac{4Tt_2u_2}{r^2} \quad (附 1.10)$$

最后取平均值：$T=(T_1+T_2)/2$；

$$\mu=(\mu_1+\mu_2)/2 \text{ 或：} \mu^*=(\mu_1^*+\mu_2^*)/2$$

附表 1.1　　与 u 对应的 $W(u)$ 的值

u	$W(u)$	u	$W(u)$	u	$W(u)$	u	$W(u)$	u	$W(u)$
0.100	1.8229	0.079	2.0386	0.058	2.3272	0.037	2.7563	0.016	3.5739
0.099	1.8329	0.078	2.0503	0.057	2.3437	0.036	2.7827	0.015	3.6374
0.098	1.8412	0.077	2.0623	0.056	2.3604	0.035	2.8099	0.014	3.7054
0.097	1.8505	0.076	2.0744	0.055	2.3775	0.034	2.8379	0.013	3.7785
0.096	1.8599	0.075	2.0867	0.054	2.3948	0.033	2.8668	0.012	3.8576
0.095	1.8695	0.074	2.0991	0.053	2.4126	0.032	2.8965	0.011	3.9436
0.094	1.8791	0.073	2.1118	0.052	2.4306	0.031	2.9273	0.010	4.0379
0.093	1.8888	0.072	2.1246	0.051	2.4491	0.030	2.9591	9.0E-3	4.1423
0.092	1.8987	0.071	2.1376	0.050	2.4679	0.029	2.9920	8.0E-3	4.2591
0.091	1.9087	0.070	2.1508	0.049	2.4871	0.028	3.0261	7.0E-3	4.3916
0.090	1.9187	0.069	2.1643	0.048	2.5068	0.027	3.0615	6.0E-3	4.5448
0.089	1.9290	0.068	2.1779	0.047	2.5268	0.026	3.0983	5.0E-3	4.7261
0.088	1.9393	0.067	2.1917	0.046	2.5474	0.025	3.1365	4.0E-3	4.9482
0.087	1.9498	0.066	2.2058	0.045	2.5684	0.024	3.1763	3.0E-3	5.2349
0.086	1.9604	0.065	2.2201	0.044	2.5899	0.023	3.2179	2.0E-3	5.6394
0.085	1.9711	0.064	2.2346	0.043	2.6119	0.022	3.2614	1.9E-3	5.6906
0.084	1.9820	0.063	2.2494	0.042	2.6344	0.021	3.3069	1.8E-3	5.7446
0.083	1.9930	0.062	2.2645	0.041	2.6576	0.020	3.3547	1.7E-3	5.8016
0.082	2.0042	0.061	2.2797	0.040	2.6813	0.019	3.4050	1.6E-3	5.8621
0.081	2.0155	0.060	2.2953	0.039	2.7056	0.018	3.4581	1.5E-3	5.9266
0.080	2.0269	0.059	2.3111	0.038	2.7306	0.017	3.5143	1.0E-3	6.3315

注　本表范围以外的数据可利用表达式 $W(u)=-0.5772-\ln u$ 近似求出。

3. 计算实例

现有非稳定流抽水试验资料（附表 1.3），潜水井的抽水量为 27.18m^3/d。观测孔 2 个，编号分别为 B_1、B_2。试根据该抽水资料求水文地质参数。

解：

（1）先用同一孔不同时刻的降深求解。

1）选用 B_1 孔资料计算：

附表 1.3　　抽水试验资料

抽水历时/min ($r_1=60.96$m)	B_1 孔降深/m	B_2 孔降深/m ($r_2=243.8$m)
1.0	0.201	0.001
1.5	0.265	0.006
2.0	0.302	0.012
2.5	0.338	0.021
3.0	0.369	0.027
4.0	0.415	0.049
5.0	0.454	0.067
6.0	0.485	0.082
8.0	0.533	0.113
10.0	0.567	0.140
12.0	0.600	0.162
14.0	0.633	0.180
18.0	0.671	0.219
24.0	0.719	0.265
30.0	0.759	0.290
40.0	0.808	0.341
50.0	0.847	0.375
60.0	0.878	0.402
80.0	0.927	0.454
100.0	0.963	0.494
120.0	1.000	0.518

现选用 $t_1=60$min，$t_2=120$min。

与这两个时刻对应的 B_1 孔的降深分别为：

$S_1=0.878$m，$S_2=1.000$m。

由式（附 1.9）得：$A=t_2/t_1=120/60=2$

由式（附 1.3）得：$\alpha=S_1/S_2=0.878/1.00=0.878$

根据 A、α 值，由试算表（附表 1.2）求得 u_2 值。

在试算中，先假定 $u_2=0.01$ 和 0.001，查附表 1.1 分别得到 $W(Au_2)$ 和 $W(u_2)$ 的值，发现其比值 $\alpha=W(Au_2)/W(u_2)$ 随着 u_2 的增大 α 变小。由于真实的 α 值（0.878）在这两个比值之间，可以断定，所要求的 u_2 值应位于 0.01～0.001。为此，再次假定 $u_2=0.005$，经试算后再次断定，真实的 u_2 应位于 0.001～0.005。如此经过反复试算发现，当 $u_2=0.0019$ 时，$\alpha=W(Au_2)/W(u_2)$ 的比值很接近真实值（0.878）。

附表 1.2 试算过程表

u_2	0.01	0.001	0.005	0.002	0.0019	0.0018
$W(u_2)$	4.0379	6.3315	4.7261	5.6394	5.6906	5.7446
$W(Au_2)$	3.3547	5.6394	4.0379	4.9482	4.9993	5.0532
$W(Au_2)/W(u_2)$	0.8308	0.8907	0.8543	0.8774	0.8785	0.8796

因此得：$u_2=0.0019$

由式（附 1.4）求得：$u_1=Au_2=2\times0.0019=0.0038$

由试算表（附表 1.2）得：

$$W(u_1)=4.9993;W(u_2)=5.6906$$

由式（附 1.4）求出：

$$u_1=Au_2=2\times0.0019=0.0038$$

于是，由式（附 1.8）可求出导水系数为：

$$T_1=\frac{Q}{4\pi S_1}W(u_1)=\frac{27.18}{4\times3.14\times0.878}\times4.9993$$
$$=1231.56\text{m}^2/\text{d}$$

$$T_2=\frac{Q}{4\pi S_2}W(u_2)=\frac{27.18}{4\times3.14\times1.00}\times5.6906$$
$$=1230.83\text{m}^2/\text{d}$$

则：

所以：

$$T=(T_1+T_2)/2=(1231.56+1230.83)/2$$
$$=1231.20\text{m}^2/\text{d}$$

由式(附 1.9)又求得给水度：

$$\mu_1=\frac{4Tt_1u_1}{r^2}=\frac{4\times1231.2\times(60/1440)\times0.0038}{60.96^2}$$
$$=2.098\times10^{-4}$$

$$\mu_2=\frac{4Tt_2u_2}{r^2}=\frac{4\times1231.2\times(120/1440)\times0.0019}{60.96^2}=2.098\times10^{-4}$$

则 $\mu=(\mu_1+\mu_2)/2=2.098\times10^{-4}$

2）若用 B_2 孔的资料求参：

选 $t_1=60\text{min}$，$t_2=120\text{min}$；则相应的降深为 $S_1=0.402\text{m}$，$S_2=0.518\text{m}$

参照以上步骤分别求得：

$$A=2,\quad \alpha=0.7761,\quad u_2=0.03,\quad u_1=0.06;$$
$$W(u_1)=2.2953,\quad W(u_2)=2.9591$$
$$T_1=1234.96\text{m}^2/\text{d},\quad T_2=1234.58\text{m}^2/\text{d}$$
$$\mu_1=2.077\times10^{-4},\quad \mu_2=2.078\times10^{-4}$$

（2）选用不同孔不同时刻降深求解。同时用 B_1 和 B_2 孔的资料求参。方法如下：

选 B_1 孔：$t_1=1\text{min}$，$S_1=0.201\text{m}$；选 B_2 孔：$t_2=80\text{min}$，$S_2=0.454\text{m}$

由式（附1.6b）得：

$$A=\frac{u_1}{u_2}=\frac{\mu r_1^2/4Tt_1}{\mu r_2^2/4Tt_2}=\frac{t_2 r_1^2}{t_1 r_2^2}=\frac{80\times 60.96^2}{1\times 243.8^2}=5.00$$

由式（附1.3）得：$\alpha=S_1/S_2=0.201/0.454=0.4427$

附表1.4　　试算过程表（利用2个观测孔资料时）

u_2	0.01	0.001	0.02	0.03	0.04	0.05	0.045	0.044
$W(u_2)$	4.0379	6.3315	3.3547	2.9591	2.6813	2.4679	2.5684	2.5899
$W(Au_2)$	2.4679	4.7261	1.8229	1.4645	1.2227	1.0443	1.1642	1.1454
$W(Au_2)/W(u_2)$	0.6112	0.7464	0.5434	0.4949	0.4560	0.4231	0.4533	0.4423

由试算表（附表1.4）可见，当 $u_2=0.044$ 时，可使 $\alpha=W(Au_2)/W(u_2)=0.442$

故取 $u_2=0.044$

再由式（附1.4）求出：$u_1=Au_2=5\times 0.044=0.22$

据试算表查得，当 $u_2=0.044$ 时，$W(u_1)=1.1454$，$W(u_2)=2.5899$

由式（附1.8）得导水系数 T 为：

$$T_1=1234.54\text{m}^2/\text{d},\quad T_2=1233.86\text{m}^2/\text{d}$$

由式（附1.9）得：$\mu_1=2.027\times 10^{-4}$，$\mu_2=2.029\times 10^{-4}$

根据以上三次计算结果：

导水系数 $T=1230.83\sim 1235.58\text{m}^2/\text{d}$，平均值为 $1233.21\text{m}^2/\text{d}$

给水度 $\mu=2.027\times 10^{-4}\sim 2.098\times 10^{-4}$，平均值为 2.063×10^{-4}

此结果与用泰斯标准曲线配线法得计算的结果（$T=1272.77\text{m}^2/\text{d}$，$\mu=2.063\times 10^{-4}$）基本一致。

附录2　生活饮用水卫生标准（GB 5749—2006）（部分摘选）

1　前言

本标准的全部技术内容为强制性。本标准自实施之日代替 GB 5749—1985《生活饮用水卫生标准》。

本标准规定了生活饮用水水质卫生要求、生活饮用水水源水质卫生要求、集中式供水单位卫生要求、二次供水卫生要求、涉及生活饮用水卫生安全产品卫生要求、水质监测和水质检验方法。

本标准适用于城乡各类集中式供水的生活饮用水，也适用于分散式供水的生活饮用水。

2　生活饮用水水质卫生要求

生活饮用水水质应符合下列基本要求，保证用户饮用安全。

（1）生活饮用水中不得含有病原微生物；

（2）生活饮用水中化学物质不得危害人体健康；

（3）生活饮用水中放射性物质不得危害人体健康；

（4）生活饮用水的感官性状良好；

（5）生活饮用水应经消毒处理；

（6）生活饮用水水质应符合附表 2.1 和附表 2.3 卫生要求。集中式供水出厂水中消毒剂限值、出厂水和管网末梢水中消毒剂余量均应符合附表 2.2 的要求。

（7）农村小型集中式供水和分散式供水的水质因条件限制，部分指标可暂按照附表 2.4 执行，其余指标仍按附表 2.1、附表 2.2 和附表 2.3 执行。

（8）当发生影响水质的突发性公共事件时，经市级以上人民政府批准，感官性状和一般化学指标可适当放宽。

（9）当饮用水中含有附表 2.4 所列指标时，可参考该表限值评价。

附表 2.1　　水质常规指标及限值

指　　标	限　　值
1. 微生物指标[a]	
总大肠菌群/(MPN/100mL 或 CFU/100mL)	不得检出
耐热大肠菌群/(MPN/100mL 或 CFU/100mL)	不得检出
大肠埃希氏菌/(MPN/100mL 或 CFU/100mL)	不得检出
菌落总数/(CFU/mL)	100

续表

指　　标	限　　值
2. 毒理指标	
砷/(mg/L)	0.01
镉/(mg/L)	0.005
汞/(mg/L)	0.001
铬（六价）/(mg/L)	0.05
铅/(mg/L)	0.01
硒/(mg/L)	0.01
氰化物/(mg/L)	0.05
氟化物/(mg/L)	1.0
硝酸盐（以N计）/(mg/L)	10（地下水源限制时为20）
三氯甲烷/(mg/L)	0.06
四氯化碳/(mg/L)	0.002
溴酸盐（使用臭氧时）/(mg/L)	0.01
甲醛（使用臭氧时）/(mg/L)	0.9
亚氯酸盐（使用二氧化氯消毒时）/(mg/L)	0.7
氯酸盐（使用复合二氧化氯消毒时）/(mg/L)	0.7
3. 感官性状和一般化学指标	
色度/(铂钴色度单位)	15
浑浊度/(NTU-散射浊度单位)	1（水源与净水技术条件限制时为3）
臭和味	无异臭、异味
肉眼可见物	无
pH值/(pH单位)	≥6.5，且≤8.5
铝/(mg/L)	0.2
铁/(mg/L)	0.3
锰/(mg/L)	0.1
铜/(mg/L)	1.0
锌/(mg/L)	1.0
氯化物/(mg/L)	250
硫酸盐/(mg/L)	250
溶解性总固体/(mg/L)	1000
总硬度（以$CaCO^3$计）/(mg/L)	450
耗氧量（COD_{Mn}法，以O_2计）/(mg/L)	3 水源限制，原水耗氧量>6mg/L时为5
挥发酚类（以苯酚计）/(mg/L)	0.002
阴离子合成洗涤剂/(mg/L)	0.3
4. 放射性指标[b]	指导值
总α放射性/(Bq/L)	0.5
总β放射性/(Bq/L)	1

a　MPN表示最可能数；CFU表示菌落形成单位。当水样检出总大肠菌群时，应进一步检验大肠埃希氏菌或耐热大肠菌群；水样未检出总大肠菌群，不必检验大肠埃希氏菌或耐热大肠菌群。

b　放射性指标超过指导值，应进行核素分析和评价，判定能否饮用。

附表 2.2 饮用水中消毒剂常规指标及要求

消毒剂名称	与水接触时间/min	出厂水中限值/(mg/L)	出厂水中余量/(mg/L)	管网末梢水中余量/(mg/L)
氯气及游离氯制剂（游离氯）	≥30	4	≥0.3	≥0.05
一氯胺（总氯）	≥120	3	≥0.5	≥0.05
臭氧（O_3）	≥12	0.3	—	0.02 如加氯，总氯≥0.05
二氧化氯（ClO_2）	≥30	0.8	≥0.1	≥0.02

附表 2.3 水质非常规指标及限值

指　　标	限　　值
1. 微生物指标	
贾第鞭毛虫/(个/10L)	<1
隐孢子虫/(个/10L)	<1
2. 毒理指标	
锑/(mg/L)	0.005
钡/(mg/L)	0.7
铍/(mg/L)	0.002
硼/(mg/L)	0.5
钼/(mg/L)	0.07
镍/(mg/L)	0.02
银/(mg/L)	0.05
铊/(mg/L)	0.0001
氯化氰（以 CN^- 计）/(mg/L)	0.07
一氯二溴甲烷/(mg/L)	0.1
二氯一溴甲烷/(mg/L)	0.06
二氯乙酸/(mg/L)	0.05
1,2-二氯乙烷/(mg/L)	0.03
二氯甲烷/(mg/L)	0.02
三卤甲烷（三氯甲烷、一氯二溴甲烷、二氯一溴甲烷、三溴甲烷的总和）	该类化合物中各种化合物的实测浓度与其各自限值的比值之和不超过 1
1,1,1-三氯乙烷/(mg/L)	2
三氯乙酸/(mg/L)	0.1
三氯乙醛/(mg/L)	0.01
2，4，6-三氯酚/(mg/L)	0.2
三溴甲烷/(mg/L)	0.1
七氯/(mg/L)	0.0004

续表

指　　标	限　　值
马拉硫磷/(mg/L)	0.25
五氯酚/(mg/L)	0.009
六六六（总量）/(mg/L)	0.005
六氯苯/(mg/L)	0.001
乐果/(mg/L)	0.08
对硫磷/(mg/L)	0.003
灭草松/(mg/L)	0.3
甲基对硫磷/(mg/L)	0.02
百菌清/(mg/L)	0.01
呋喃丹/(mg/L)	0.007
林丹/(mg/L)	0.002
毒死蜱/(mg/L)	0.03
草甘膦/(mg/L)	0.7
敌敌畏/(mg/L)	0.001
莠去津/(mg/L)	0.002
溴氰菊酯/(mg/L)	0.02
2,4-滴/(mg/L)	0.03
滴滴涕/(mg/L)	0.001
乙苯/(mg/L)	0.3
二甲苯（总量）/(mg/L)	0.5
1,1-二氯乙烯/(mg/L)	0.03
1,2-二氯乙烯/(mg/L)	0.05
1,2-二氯苯/(mg/L)	1
1,4-二氯苯/(mg/L)	0.3
三氯乙烯/(mg/L)	0.07
三氯苯（总量）/(mg/L)	0.02
六氯丁二烯/(mg/L)	0.0006
丙烯酰胺/(mg/L)	0.0005
四氯乙烯/(mg/L)	0.04
甲苯/(mg/L)	0.7
邻苯二甲酸二（2-乙基己基）酯/(mg/L)	0.008
环氧氯丙烷/(mg/L)	0.0004
苯/(mg/L)	0.01
苯乙烯/(mg/L)	0.02
苯并（a）芘/(mg/L)	0.00001
氯乙烯/(mg/L)	0.005
氯苯/(mg/L)	0.3
微囊藻毒素-LR/(mg/L)	0.001
3. 感官性状和一般化学指标	
氨氮（以N计）/(mg/L)	0.5
硫化物/(mg/L)	0.02
钠/(mg/L)	200

附表 2.4　　小型集中式供水和分散式供水部分水质指标及限值

指　　标	限　　值
1. 微生物指标	
菌落总数/(CFU/mL)	500
2. 毒理指标	
砷/(mg/L)	0.05
氟化物/(mg/L)	1.2
硝酸盐（以 N 计）/(mg/L)	20
3. 感官性状和一般化学指标	
色度（铂钴色度单位）/(mg/L)	20
浑浊度（散射浑浊度单位）/NTU	3 水源与净水条件限制时为 5
pH 值	≥6.5，且≤9.5
溶解性总固体/(mg/L)	1500
总硬度（以 $CaCO_3$ 计）/(mg/L)	550
耗氧量（COD_{Mn}法，以 O_2 计）/(mg/L)	5
铁/(mg/L)	0.5
锰/(mg/L)	0.3
氯化物/(mg/L)	300
硫酸盐/(mg/L)	300

3　生活饮用水水源水质卫生要求

（1）采用地表水为生活饮用水水源时应符合 GB 3838 的要求。

（2）采用地下水为生活饮用水水源时应符合 GB/T 14848 的要求。

4　水质检验方法

生活饮用水水质检验方法应按照 GB/T 5750（所有部分）进行。

资 料 性 附 录

附表 2.5　　生活饮用水水质参考指标及限值

指　　标	限　　值
肠球菌/(CFU/100mL)	0
产气荚膜梭状芽孢杆菌/(CFU/100mL)	0
二（2-乙基己基）己二酸酯/(mg/L)	0.4
二溴乙烯/(mg/L)	0.00005
二噁英（2，3，7，8-TCDD）/(mg/L)	0.00000003
土臭素（二甲基萘烷醇）/(mg/L)	0.00001

续表

指　　标	限　　值
五氯丙烷/(mg/L)	0.03
双酚 A/(mg/L)	0.01
丙烯腈/(mg/L)	0.1
丙烯酸/(mg/L)	0.5
丙烯醛/(mg/L)	0.1
四乙基铅/(mg/L)	0.0001
戊二醛/(mg/L)	0.07
甲基异莰醇-2/(mg/L)	0.00001
石油类（总量）/(mg/L)	0.3
石棉/(>10μm，万/L)	700
亚硝酸盐/(mg/L)	1
多环芳烃/(总量，mg/L)	0.002
多氯联苯/(总量，mg/L)	0.0005
邻苯二甲酸二乙酯/(mg/L)	0.3
邻苯二甲酸二丁酯/(mg/L)	0.003
环烷酸/(mg/L)	1.0
苯甲醚/(mg/L)	0.05
总有机碳（TOC）/(mg/L)	5
β-萘酚/(mg/L)	0.4
丁基黄原酸/(mg/L)	0.001
氯化乙基汞/(mg/L)	0.0001
硝基苯/(mg/L)	0.017

附录3　农田灌溉水质标准（GB 5084—92）（部分摘选）

一、前言

本标准适用于全国以地面水、地下水和处理后的城市污水及与城市污水水质相近的工业废水作水源的灌溉用水。不适用医药、生物制品、化学试剂、农药、石油炼制、焦化和有机化工处理后的废水进行灌溉。

根据农作物的需求情况，将灌溉水质按灌溉作物分为3类：

水作，如水稻，灌水量800m^3/（亩·年）。

旱作，如小麦、玉米、棉花。灌水量300m^3/（亩·年）。

蔬菜，如大白菜、韭菜、洋葱、卷心菜等。蔬菜品种不同，灌水量差异很大，一般为200～500m^3/（亩·年）。

二、农田灌溉水质标准

灌溉水的水质，必须符合附表3.1的规定。

附表3.1　　农田灌溉水质标准　　单位：mg/L

序号	项目＼作物种类		水作	旱作	蔬菜
1	生化需氧量（BOD_5）	≤	80	150	80
2	化学需氧量（COD_{Cr}）	≤	200	300	150
3	悬浮物	≤	150	200	100
4	阴离子表面活性剂（LAS）	≤	5.0	8.0	5.0
5	凯氏氮	≤	12	30	30
6	总磷（以P计）	≤	5.0	10	10
7	水温/℃	≤	35		
8	pH值		5.5～5.8		
9	全盐量	≤	1000（非盐碱土地区）；2000（盐碱土地区）。有条件的地区可适当放宽		
10	氯化物	≤	250		
11	硫化物	≤	1.0		
12	总汞	≤	0.001		
13	总镉	≤	0.005		
14	总砷	≤	0.05	0.1	0.05
15	铬（六价）	≤	0.1		

续表

序号	项目 \ 作物种类		水作	旱作	蔬菜
16	总铅	≤	0.1		
17	总铜	≤	1.0		
18	总锌	≤	2.0		
19	总硒	≤	0.02		
20	氟化物	≤	2.0（高氟区）；3.0（一般地区）		
21	氰化物	≤	0.5		
22	石油类	≤	5.0	10	1.0
23	挥发酚	≤	1.0		
24	苯	≤	2.5		
25	三氯乙醛	≤	1.0	0.5	0.5
26	丙烯醛	≤	0.5		
27	硼	≤	1.0（对硼敏感的作物，如马铃薯、笋瓜、韭菜、洋葱、柑橘） 2.0（对硼耐受性较强的作物，如小麦、玉米、青椒、小白菜、葱等） 3.0（对硼耐受性强的作物，如水稻、萝卜、油菜、甘蓝等）		
28	粪大肠菌数/（个/L）	≤	10000		
29	蛔虫卵数/（个/L）	≤	2		

三、在以下地区，全盐量水质标准可适当放宽

（1）具有一定的水利灌排工程设施，能保证一定的排水和地下径流条件的地区。

（2）有一定淡水资源能满足冲洗土体中盐分的地区。

当本标准不能满足当地环境保护需要时，省、自治区、直辖市人民政府可以补充本标准中未规定的项目，作为地方补充标准，并报国务院环境保护行政主管部门备案。

四、标准的实施与管理

（1）本标准由各级农业部门负责实施与管理，环保部门负责监督。

（2）严格按照本标准所规定的水质及农作物灌溉的定额进行灌溉。

（3）向农田灌溉渠道排放处理后的工业废水和城市污水，应保证其下游最近灌溉取水点的水质符合本标准。

（4）严禁使用污水浇灌生食的蔬菜和瓜果。

附录 4　地下水样的保存、容器的洗涤和采样体积

附表 4.1　　地下水环境监测技术规范（HJ/T 164—2004）

项目名称	采样容器	保存剂及用量	保存期	采样量/mL	容器洗涤
色*	G，P		12h	250	Ⅰ
嗅和味*	G		6h	200	Ⅰ
浑浊度*	G，P		12h	250	Ⅰ
肉眼可见物*	G		12h	200	Ⅰ
pH 值*	G，P		12h	200	Ⅰ
总硬度**	G，P		24h	250	Ⅰ
		加 HNO_3，pH 值<2	30d		
溶解性总固体**	G，P		24h	250	Ⅰ
总矿化度**	G，P		24h	250	Ⅰ
硫酸盐**	G，P		30d	250	Ⅰ
氯化物**	G，P		30d	250	Ⅰ
磷酸盐**	G，P		24h	250	Ⅳ
游离二氧化碳**	G，P		24h	500	Ⅰ
碳酸氢盐**	G，P		24h	500	Ⅰ
钾	P	HNO_3，1L 水样中加浓 HNO_3 10mL	14d	250	Ⅱ
钠	P	HNO_3，1L 水样中加浓 HNO_3 10mL	14d	250	Ⅱ
铁	G，P	HNO_3，1L 水样中加浓 HNO_3 10mL	14d	250	Ⅲ
锰	G，P	HNO_3，1L 水样中加浓 HNO_3 10mL	14d	250	Ⅲ
铜	P	HNO_3，1L 水样中加浓 HNO_3 10mL①	14d	250	Ⅲ
锌	P	HNO_3，1L 水样中加浓 HNO_3 10mL①	14d	250	Ⅲ
钼	P	加 HNO_3，pH 值<2	14d	250	Ⅲ
钴	P	加 HNO_3，pH 值<2	14d	250	Ⅲ
挥发性酚类**	G	用 H_3PO_4 调至 pH 值=2，用 0.01～0.02g 抗坏血酸除去余氯	24h	1000	Ⅰ
阴离子表面活性剂**	G，P		24h	250	Ⅳ
高锰酸盐指数**	G		2d	500	Ⅰ
溶解氧**	溶解氧瓶	加入硫酸锰、碱性碘化钾溶液，现场固定	24h	250	Ⅰ
化学需氧量	G	H_2SO_4，pH 值<2	2d	500	Ⅰ
五日生化需氧量**	溶解氧瓶	0～4℃避光保存	12h	1000	Ⅰ
	P	冷冻保存	24h	1000	Ⅰ

续表

项目名称	采样容器	保存剂及用量	保存期	采样量/mL	容器洗涤
硝酸盐氮**	G，P		24h	250	Ⅰ
亚硝酸盐氮**	G，P		24h	250	Ⅰ
氨氮	G，P	H_2SO_4，pH值<2	24h	250	Ⅰ
氟化物**	P		14d	250	Ⅰ
碘化物**	G，P		24h	250	Ⅰ
溴化物**	G，P		14h	250	Ⅰ
总氰化物	G，P	NaOH，pH值>9	12h	250	Ⅰ
汞	G，P	HCl，1%，如水样为中性，1L水样中加浓HCl 2mL	14d	250	Ⅱ
砷	G，P	H_2SO_4，pH值<2	14d	250	Ⅰ
硒	G，P	HCl，1L水样中加浓HCl 10mL	14d	250	Ⅲ
镉	G，P	HNO_3，1L水样中加浓HNO_3 10mL①	14d	250	Ⅲ
六价铬	G，P	NaOH，pH值=8～9	24h	250	Ⅲ
铅	G，P	HNO_3，1L水样中加浓HNO_3 10mL①	14d	250	Ⅲ
铍	G，P	HNO_3，1L水样中加浓HNO_3 10mL	14d	250	Ⅲ
钡	G，P	HNO_3，1L水样中加浓HNO_3 10mL	14d	250	Ⅲ
镍	G，P	HNO_3，1L水样中加浓HNO_3 10mL	14d	250	Ⅲ
石油类	G	加入HCl至pH值<2	7d	500	Ⅱ
硫化物	G，P	1L水样加NaOH至pH值至9，加入5%抗坏血酸5ml，饱和EDTA3ml，滴加饱和$Zn(Ac)_2$至胶体产生，常温避光	24h	250	Ⅰ
滴滴涕**	G		24h	1000	Ⅰ
六六六**	G		24h	1000	Ⅰ
有机磷农药**	G		24h	1000	Ⅰ
总大肠菌群**	G（灭菌）	水样中如有余氯应在采样瓶消毒前按每125mL水样加0.1mL 100g/L硫代硫酸钠，以消除氯对细菌的抑制作用	6h	150	Ⅰ
细菌总数**	G（灭菌）	4℃保存	6h	150	Ⅰ
总α放射性	P	HNO_3，pH值<2	5d	5000	Ⅰ
总β放射性					
苯系物**	G	用1+10HCl调至pH值≤2，加入0.01～0.02g抗坏血酸除去余氯	12h	1000	Ⅰ
烃类**	G		12h	1000	Ⅰ
醛类**	G	加入0.2～0.5g/L硫代硫酸钠除去余氯	24h	250	Ⅰ

* 应尽量现场测定；

** 低温（0～4℃）避光保存；

① 如用溶出伏安法测定，可改用1L水样中加19mL浓$HClO_4$。

注 1. G为硬质玻璃瓶；P为聚乙烯瓶（桶）。

2. Ⅰ、Ⅱ、Ⅲ、Ⅳ分别表示四种洗涤方法：Ⅰ—洗涤剂洗1次，自来水洗3次，蒸馏水洗1次；Ⅱ—洗涤剂洗1次，自来水洗2次，1+3HNO_3荡洗1次，自来水洗3次，蒸馏水洗1次；Ⅲ—洗涤剂洗1次，自来水洗2次，1+3HNO_3荡洗1次，自来水洗3次，去离子水洗1次；Ⅳ—铬酸洗液洗1次，自来水洗3次，蒸馏水洗1次。

3. 经160℃干热灭菌2h的微生物采样容器，必须在两周内使用，否则应重新灭菌。经121℃高压蒸气灭菌15min的采样容器，如不立即使用，应于60℃将瓶内冷凝水烘干，两周内使用。细菌监测项目采样时不能用水样冲洗采样容器，不能采混合水样，应单独采样后2h内送实验室分析。

参 考 文 献

[1] GB 50027—2001 供水水文地质勘察规范 [S]. 北京：中国计划出版社，2001.

[2] SL 373—2007 水利水电工程水文地质勘察规范 [S]. 北京：中国水利水电出版社，2008.

[3] SL 55—2005 中小型水利水电工程地质勘察规范 [S]. 北京：中国水利水电出版社，2005.

[4] SL 245—1999 水利水电工程地质观测规程 [S]. 北京：中国水利水电出版社，1999.

[5] DD 2008—01 地下水污染地质调查评价规范 [S]. 北京：中国地质调查局，2008.

[6] DZ/T 0047—1993 水文水井钻机技术条件 [S]. 北京：中国标准出版社，1993.

[7] DD 2004—01 1：25 万区域水文地质调查技术要求 [S]. 北京：中国地质调查局，2004.

[8] SL 256—2000 机井技术规范 [S]. 北京：中国水利水电出版社，2000.

[9] SL 31—2003 水利水电工程钻孔压水试验规程 [S]. 北京：中国水利水电出版社，2003.

[10] DZ/T 0148—1994 水文地质钻探规程 [S]. 北京：中国标准出版社，1994.

[11] GB 15218—94 地下水资源分类分级 [S]. 北京：中国标准出版社，1995.

[12] GB 50287—99 水利水电工程地质勘察规范 [S]. 北京：中国计划出版社，1999.

[13] SL/T 188—96 堤防工程地质勘察规程 [S]. 长沙：湖南科技出版社，1997.

[14] SL 4—2013 农田排水工程技术规范 [S]. 北京：中国水利水电出版社，2013.

[15] SL 373—2007 水利水电工程水文地质勘察规范 [S]. 北京：中国水利水电出版社，2007.

[16] GB 5747—2006 生活饮用水卫生标准 [S]. 北京：中国标准出版社，2010.

[17] GB 50021—2001 岩土工程勘察规范 [S]. 北京：中国建筑工业出版社，2009.

[18] 蓝俊康，郭纯青. 水文地质勘察 [M]. 北京：中国水利水电出版社，2008.

[19] 国土资源部. 中国主要城市和地区地下水水情通报（2000 年度）.

[20] 高而坤. 贯彻《水法》推进水资源管理体制改革 [J]. 中国水利，2003，B 刊：11-13.

[21] 中国地质调查局. 严重缺水地区地下水勘查论文集 [C]. 北京：地质出版社，2003.

[22] 陈伟海. GIS 技术在岩溶水文地质工作中的若干应用——以广西来宾小平阳为例 [J]. 中国岩溶，2001，20（2）：161-166.

[23] 戴长雷，迟宝明. 地下水监测研究进展 [J]. 水土保持研究，2005，12（2）：86-88.

[24] 林祚顶. 对中国地下水监测工作的分析 [J]. 地下水，2003，25（4）：259-262.

[25] 蓝俊康. 地下水工程学的内涵及其发展前景 [J]. 地下水，2008，30（4）.

[26] 房佩贤，卫中鼎，廖资生. 专门水文地质学 [M]. 北京：地质出版社，1987.

[27] 叶水庭，施鑫源. 地下水文学 [M]. 南京：河海大学出版社，1991.

[28] 张元禧，施鑫源. 地下水文学 [M]. 北京：中国水利水电出版社，1998.

[29] 史长春. 水文地质勘察（上、下册）[M]. 北京：水利电力出版社，1983.

[30] 杨成田. 专门水文地质学 [M]. 北京：地质出版社，1981.

[31] 何雪洲，葛秀珍，孙党生，等. 国外水文物探技术的新进展 [C]//中国地质调查局. 严重缺水地区地下水勘查论文集. 北京：地质出版社，2003：82-95.

[32] 王守坦，刘士毅. 航空时间域瞬变电磁方法技术及其在找水中的应用 [C]//中国地质调查局. 严重缺水地区地下水勘查论文集. 北京：地质出版社，2003：96-103.

[33] 王芳. 重磁勘探方法新技术 [J]. 地质与资源，2004，13（3）：184-186.

[34] 耿瑞伦. 应用空气钻进技术钻采地下水 [C]//中国地质调查局. 严重缺水地区地下水勘查论文集. 北京：地质出版社，2003：112-114.

[35] 朱谷昌，杨自安，张普安，等．遥感和物探新方法在宁夏南部地下水勘查中的应用［C］//中国地质调查局．严重缺水地区地下水勘查论文集．北京：地质出版社，2003：115-122.
[36] 管志宁，郝天珧，姚长利．21世纪重力与磁法勘探的展望［J］．地球物理学进展，2002，17（2）：237-244.
[37] 杨桂新，朱庆俊．地面核磁共振技术在西北地区浅层地下水勘查中的应用［C］//中国地质调查局．严重缺水地区地下水勘查论文集．北京：地质出版社，2003：134-138.
[38] 彭成，杨桂新，等．地下水勘查中的地震勘探技术［C］//中国地质调查局．严重缺水地区地下水勘查论文集．北京：地质出版社，2003：139-143.
[39] 顾孝同．沿黄地下水凿井工程气举反循环钻进技术应用［J］．人民黄河，2006，28（8）：70-71.
[40] 蔡卫明．无固相冲洗液在水文地质钻探中的应用［J］．江苏煤炭，1999（3）：11-12.
[41] 工程地质手册编写委员会．工程地质手册［M］．北京：中国建筑工业出版社，1992.
[42] 王媛，秦峰，李冬田．北调西线工程区地下径流模数、岩体透水性及隧洞涌水量预测［J］．岩石力学与工程学报，2005，24（20）：3673-3678.
[43] 薛禹群．地下水动力学原理［M］．北京：地质出版社，1987.
[44] 唐新功，胡文宝，严良俊．瞬变电磁法找水研究［J］．工程地球物理学报，2005，2（3）：181-184.
[45] 潘玉玲，李振宇，万乐，等．利用核磁共振方法探查基岩裂隙水［J］．CT理论与应用研究，2000，9（1）：22-25.
[46] 万乐，潘玉玲．利用核磁共振方法探查岩溶水［J］．CT理论与应用研究，1999，8（3）：15-19.
[47] 顾功叙．地球物理勘探基础［M］．北京：地质出版社，1990.
[48] 尚作源，黄隆基，洪有密．测井与解释技术［M］．北京：石油工业出版社，1991.
[49] 地质矿产部水文地质工程地质技术方法研究队．水文地质手册［M］．北京：地质出版社，1978.
[50] 曹剑峰，迟宝明，王文科，等．专门水文地质学［M］．北京：科学出版社，2006.
[51] 朱学愚，钱孝星．地下水文学［M］．北京：中国环境科学出版社，2005.
[52] 陆小明，严锋，朱道军．江苏省地下水资源计算简介［C］//全国水文水资源科技信息网华东组、西北组2004年交流论文集，2004.
[53] 戴长雷，迟宝明．地下水监测研究进展［J］，水土保持研究，2005，12（2）：86-88.
[54] 雁冰．地下水监测研究工作现状分析及对策［J］．地下水，2005，27（4）：272-273.
[55] 英爱文．地下水监测与评价［J］．水文，2006，26（3）：63-66.
[56] 李幼锦，李秉森．地下水污染监测方法简介［J］．应用能源技术，2004，（5）：19-21.
[57] 房佩贤，卫中鼎，廖资生．专门水文地质学［M］．北京：地质出版社，1987.
[58] 朱学愚，钱孝星．地下水文学［M］．北京：中国环境科学出版社，2005.
[59] 李伯权．地下水资源评价中有关概念的讨论［J］．西北水电，2001（3）：1-4.
[60] 韩再生．地下水资源分类及其勘查研究程度分级［J］．水文地质工程地质，1994（2）：31-33.
[61] 韩再生．国家标准《地下水资源分类分级标准》简介［J］．工程勘察，1995（3）：38-39.
[62] 孙北祥．地下水资源评价原则［J］．吉林水利，2004（9）：5-8.
[63] 郭琳，陈植华．岩溶地区地下河系统水资源定量评价的问题［J］．中国岩溶，2006，25（1）：1-3.
[64] 唐克旺，侯杰，唐蕴．中国地下水质量评价（Ⅰ）——平原区地下水水化学特征［J］．水资源保护，2006（2）：105.
[65] 谷朝君，潘颖．内梅罗指数法在地下水水质评价中的应用及存在问题［J］．环境保护科学，2002，109：45-47.
[66] 邓安利．病险水库渗漏渗透变形特征及勘察要点分析［J］．山西水利，2003（2）：41-42.
[67] 赵万科，杨月菊，麻守忠，等．南门峡水库渗漏原因分析［J］．青海农林科技，2006（2）：82.

[68] 张咸恭，李智毅，郑达辉，等．专门工程地质学［M］．北京：地质出版社，1988.
[69] 光耀华．岩滩水电站水库岩溶浸没性内涝的研究［J］．水力发电，1997（4）：10－14.
[70] 郭见扬，谭周地．中小型水利水电工程地质［M］．北京：中国水利水电出版社，1995.
[71] 卓淳，沈英伟，吴英隆．充电瞬变电磁法在官庄水库渗漏勘察中的应用［J］．岩土工程界，2007，10（5）：67－70.
[72] 贾秀梅，刘满杰，孙继朝，等．万家寨水库右岸岩溶渗漏试验研究［J］．地球学报，2005，26（2）：179－182.
[73] 梅正星．中国喀斯特地下水示踪概况［J］．中国岩溶，1988，7（4）：371－376.
[74] 王建强，陈汉宝，朱纳显．连通试验在岩溶地区水库渗漏调查分析中的应用［J］．资源环境与工程，2007，21（1）：30－34.
[75] 冀建疆．官厅水库的浸没评价和范围预测［J］．水利水电技术，2005，36（2）：18－21.
[76] 彭樊源．广东河槽型水库浸没预测方法探讨［J］．人民珠江，2006（5）：59－60.
[77] 南京大学水文地质工程地质教研室．工程地质学［M］．北京：地质出版社，1982.
[78] 朱大力，李秋枫，等．预测隧道涌水量的方法［J］．工程勘察，2000（4）：19－23.
[79] 郑恒祥，金栋，黄海江，等．长—恰线深埋长隧洞涌水预测及处理［J］．人民黄河，2002，24（7）：40－41.
[80] 张武．对云南省开发利用地下水灌溉农田的探讨［J］．地下水，1985（2）：28－30.
[81] 高文山，韩桂春，康玉梅．农田灌溉开采地下水问题的探讨［J］．地下水，2003，25（3）：136－137.
[82] 朱建强，乔文军，刘德福，等．农田排水面临的形势、任务及发展趋势［J］．灌溉排水学报，2004，23（1）：62－65.
[83] 王友贞，叶乃杰．安徽淮北平原农田排水问题［J］．中国农村水利水电，2008（2）：5－7.
[84] 马思锦，许毅．陕北黄土区找水勘查方法［C］//中国地质调查局．严重缺水地区地下水勘查论文集．北京：地质出版社，2003：1－7.
[85] 安永会，邢卫国，姚秀菊．内陆盆地山前平原缺水类型区人畜饮用地下水勘查［C］//中国地质调查局．严重缺水地区地下水勘查论文集．北京：地质出版社，2003：32－34.
[86] 王兵，董建国，吕英．内蒙古自治区西部地区找水工作总结［C］//中国地质调查局．严重缺水地区地下水勘查论文集．北京：地质出版社，2003：35－40.
[87] 姚秀菊，邢卫国，贾淑琴．山地高原缺水类型区人畜饮用地下水勘查［C］//中国地质调查局．严重缺水地区地下水勘查论文集．北京：地质出版社，2003：41－43.
[88] 郑万模，魏伦武．西南红层严重缺水地区现状及找水方法综述［C］//中国地质调查局．严重缺水地区地下水勘查论文集．北京：地质出版社，2003：44－47.
[89] 李延强，留俊贤，葛文彬，等．四川盆地红层地区人畜饮用水地下水找水方法初步总结［C］//中国地质调查局．严重缺水地区地下水勘查论文集．北京：地质出版社，2003：48－56.
[90] 鄢毅，王全伟．四川红层区干旱缺水现状及对策［C］//中国地质调查局．严重缺水地区地下水勘查论文集．北京：地质出版社，2003：57－59.
[91] 安永会，张福存，吴登定，等．红层盆地缺水类型区人畜饮用地下水勘查［C］//中国地质调查局．严重缺水地区地下水勘查论文集．北京：地质出版社，2003：60－62.
[92] 曹玉志．贵州省麻江县贫困岩溶石山缺水地区地下水资源勘查与开发利用［C］//中国地质调查局．严重缺水地区地下水勘查论文集．北京：地质出版社，2003：71－78.
[93] 张福存，安永会，张二勇，等．岩溶石山缺水类型区地下水勘查［C］//中国地质调查局．严重缺水地区地下水勘查论文集．北京：地质出版社，2003：79－81.
[94] 姚秀菊，张福存，贾淑琴，等．黄土高原缺水类型区人畜饮用地下水勘查［C］//中国地质调查局．严重缺水地区地下水勘查论文集．北京：地质出版社，2003：14－16.

[95] 汪集旸．神奇的地热 [M]．广州：暨南大学出版社，2001.
[96] 唐健生，关碧珠，吴少斌，等．南宁新生代沉积盆地地热资源前景研究 [M]．桂林：广西师范大学出版社：2005.
[97] 李砚阁．地下水库建设研究 [M]．北京：中国环境科学出版社，2007.
[98] 云桂春，成徐州，等．人工地下水回灌 [M]．北京：中国建筑工业出版社，2004.
[99] 贾国东，李东艳，蒋景诚，等．充氧水回灌治理含铁和硫化物的地下水 [J]．中国给水排水，2000，16 (7)：50－52.
[100] 刘青勇，潘世兵，武晓峰．地下水回灌补源防治咸水入侵技术研究——以山东省广绕县为例 [J]．自然灾害学报，2006，15 (3)：96－100.
[101] 光耀华．水库周边地区"岩溶浸没—内涝"灾害研究 [J]．人民珠江，1997 (2)：10－15.
[102] 李松涛，张定邦．岩溶区坝址工程地质评价方法的探讨 [J]．吉林水利，2004，(7)：38－41.
[103] 张家发，许春敏，王满兴，等．三峡坝址区花岗岩全风化带渗流系数研究 [J]．岩石力学与工程学报，2001，20 (5)：705－709.
[104] 宋汉周，吕民康．图示法及饱和指数法在坝址环境水质分析中的应用 [J]．勘察科学技术，1997 (5)：27－31.
[105] 刘丕新，商高峰，杨建新．三门峡苍龙大坝闸坝坝址场地勘察与液化评价 [J]．西部探矿工程，2005 (115).
[106] 余素萍，彭汉兴．大坝坝址环境水化学潜蚀作用与防治对策 [J]．四川水力发电，2003，22 (1)：12－14.
[107] 底青云，伍法权，王光杰，等．地球物理综合勘探技术在南水北调西线工程深埋长隧洞勘察中的应用 [J]．岩石力学与工程学报，2005，24 (20)：3631－3637.
[108] 李广诚，司富安，杜忠信．堤防工程地质勘察与评价 [M]．北京：中国水利水电出版社，2004.
[109] 宋汉周．大坝坝址地下水析出物检测方法 [J]．水电能源科学，2004，22 (4)：43－46.
[110] 宋汉周，施希京．大坝坝址析出物及其对岩体渗透稳定性的影响 [J]．岩土工程学报，1997，19 (5)：14－19.
[111] 杨德军．羊湖电站引水隧洞中地下水引起的地质问题分析 [J]．水电站设计，2003，19 (3)：70－72.
[112] 陈奇，李广诚．南水北调西线隧洞工程地质勘察评价方法讨论 [J]．成都理工学院学报，2002，29 (3)：334－339.
[113] 李光亮，陈光祥．由高桥电站隧洞的勘察浅议长隧洞的勘察方法 [J]．人民长江，2005，36 (9)：9－10.
[114] 陶玉敬，彭金田，陶炳勋．隧道涌水量预测方法及其分析 [J]．四川建筑，2007，27 (6)：109－110.
[115] 黄涛，杨立中．山区隧道涌水量计算中的双场耦合作用研究 [M]．成都：西南交通大学出版社，2002.
[116] 雒浩．隧道涌水量的预测 [J]．山西建筑，2007，33 (32)：343.
[117] 张怀军，侯庆生，王彦峡，等．南水北调东线穿黄河隧洞涌水量预测 [J]．水利水电工程设计，2002，21 (4)：31－34.
[118] 蒙彦，雷明堂．岩溶区隧道涌水研究现状及建议 [J]．中国岩溶，2003，22 (4)：287－292.
[119] 林玉山，张之淦，李术才，等．锦屏二级水电站引水隧洞岩溶水防治思想的演变 [J]．水文地质工程地质，2007 (6)：19－23.
[120] 欧阳孝忠．水工隧洞岩溶涌水的水文法计算 [J]．地球与环境，2005，33 (s)：27－31.
[121] 赵才顺．草峪岭隧洞涌水段堵水方法探讨 [J]．山西建筑，2004，30 (1)：44－45.
[122] 宋岳，贾国臣，滕杰．隧洞外水压力折减系数工程地质研究 [J]．水利水电工程设计，2007，26

(3)：38-40.
[123] 阚二林，郭云英．隧道衬砌外水压力的研究进展 [J]. 西部探矿工程，2006 (s)：280-281.
[124] 董国贤．水下公路隧道 [M]. 北京：人民交通出版社，1984.
[125] 赵东辉．静水法渠道渗漏测试分析 [J]. 防渗技术，1997，3 (2)：17-20.
[126] 薛禹群．地下水动力学原理 [M]. 北京：地质出版社，1987.
[127] 张连胜．黄河下游平原引黄渠道渗漏强度测定方法研究 [J]. 人民黄河，2005，27 (7)：31-32.
[128] 吕建远，刘伟生，郎书尧，等．对渠道渗漏量计算方法的探讨 [J]. 山东水利，2005 (12)：31-32.
[129] 江崇安，高华，范守伟，邵英超．对渠道渗漏量计算方法的探讨 [J]. 节水灌溉，2005 (5)：28-32.
[130] 武汉水利水电学院．农田水利学 [M]. 北京：水利出版社，1980.
[131] 王少丽，R. Thielen，李福祥，等．渠道渗漏量的试验及分析方法 [J]. 灌溉排水，1998.17 (2)：39-42.
[132] 黄江深．渠道渗漏老化的灌浆处理 [J]. 水利科技，1998 (3)：31-34.
[133] 刘明寿．堤防工程地质评价刍议——以洞庭湖堤防勘察为例 [J]. 水利技术监督，2003 (1)：28-30.
[134] 曹云，肖武．长江堤防工程地质勘察 [J]. 西部探矿工程，2005 (8)：186-188.
[135] 白永年．中国堤坝防渗加固新技术 [M]. 北京：中国水利水电出版社，2001.
[136] 李广诚，司富安，杜忠信．堤防工程地质勘察与评价 [M]. 北京：中国水利水电出版社，2004.